普通高等教育"十三五"规划教材

大学物理

（下册）

方华为　薛　霞　主编

华中师范大学出版社

内 容 简 介

本书的编写参照了教育部理工类物理基础课程教学基本要求，内容包括电磁学和波动光学等内容。此书吸取了许多同类教材的优点，采纳了大量教学实践中的建议，简单明了、难度适中，注重学生科学思维方法的培养及分析、解决问题能力的提高。

本书可作为普通高等学校、独立学院、应用技术型民办高校的本科教学用书，或作为自学或自考用书。

新出图证(鄂)字 10 号

图书在版编目(CIP)数据

大学物理. 下册/方华为，薛霞主编. —武汉：华中师范大学出版社，2019.1(2021.7 重印)
(普通高等教育"十三五"规划教材)
ISBN 978-7-5622-8461-1

Ⅰ. ①大…　Ⅱ. ①方…　②薛…　Ⅲ. ①物理学—高等学校—教材　Ⅳ. ①O4

中国版本图书馆 CIP 数据核字(2019)第 002489 号

大学物理(下册)

© 方华为　薛　霞　主编

编辑室：高教分社
电话：027-67867364
责任编辑：苏　睿
责任校对：刘　峥
封面设计：罗明波
出版发行：华中师范大学出版社
社址：湖北省武汉市珞喻路 152 号
邮编：430079
销售电话：027-67863426/67861549
邮购电话：027-67861321
传真：027-67863291
网址：http://press.ccnu.edu.cn
电子信箱：press@mail.ccnu.edu.cn
印刷：湖北新华印务有限公司
督印：刘　敏
开本：787mm×1092mm　1/16
印张：12.25
字数：250 千字
版次：2019 年 3 月第 1 版
印次：2021 年 7 月第 2 次印刷
印数：3001—6000
定价：32.00 元

前　　言

物理学是研究物质结构、性质、运动和相互作用基本规律的科学，是人类认识自然、改造自然和推动社会进步的动力和源泉。物理学作为一门基础科学，可以使人们很好地认识世界、了解自然。同时，它对人们改造自然、推动社会发展也起着极其重要的作用。

物理学的发展密切影响着工业、农业等领域的发展，也同人类文明的进步息息相关。从电话的发明到当代互联网络的实时通信，从蒸汽机车的成功制造到磁悬浮列车的投入运行，从晶体管的发明到高速计算机技术的成熟等，这些无不体现着物理学对社会进步与人类文明的贡献。

大学物理是高等院校理工科各专业的重要基础课，掌握一点物理学知识是大学生综合素质培养的重要组成部分。基于国家对新时代高等院校培养应用型人才的基本要求和民办院校教学的现状，我们编写了这套《大学物理》教材。

本套教材内容体系简明清晰，基本概念透彻易懂，原理公式准确明了，避免了艰深、晦涩的内容。编写时，在保证物理学理论体系的科学性、完整性、系统性的前提下，我们还着重凸显了“加强基础，提高能力，削枝强干，突出主线”等特点，具体表现为：

1. 内容选取尽量照顾不同专业的需求，广而不深，与民办高校应用型人才的培养目标相契合。

2. 内容呈现由浅入深，由易到难，由具体到抽象，图文结合，注重直观性，通俗易懂，便于自学。

3. 论述和演练力求简洁明了，尽量避免或简化复杂的数学推导，尽可能地凸显物理学本质。

4. 强化对物理学概念、定律和定理的理解，着重对解决问题的思路和方法的阐述。

5. 实例丰富，不仅向学生传授物理学知识，还强调对学生学习兴趣、学习能力、思维方式的培养。

本套教材分上、下两册，上册包括力学、机械振动、机械波和热学等内容，下册包括电学、磁学、光学等内容。

本套教材由武汉华夏理工学院组织编写。在编写过程中,我们参考了市场上大量的优质资料和相关文献,在许多方面深受启发;王金凤、朱凌、陶波林、向馗、王国标、潘麒祺、陈庆晓、方小为在编写过程中也给我们提供了很大的支持和帮助;在此,对这些文献资料的作者,对所有参与这项编写工作的人员一并表示衷心的感谢。

由于水平有限,加之时间仓促,教材中难免存在诸多不妥之处,恳请广大专家、读者批评指正。

编　者

2019 年 1 月

目　　录

第10章　静　电　场

电磁运动是物质的一种基本运动形式。电磁运动的规律，是人类探索自然规律的理论武器，在日常生产和生活中都有着广泛的应用。

作为电磁学的开始，本章讨论静电场的相关问题。相对于观察者静止的电荷称为静电荷，由静电荷产生的电场称为静电场。本章首先研究真空中静电场的基本性质，从电场对电荷产生力的作用以及电荷在电场中移动时电场力对电荷做功两方面出发，引入描述电场的两个基本物理量——电场强度和电势，介绍了静电场的高斯定理和环路定理。接着讨论了非真空中的静电场，阐述了静电场与场中导体和电介质的相互作用的规律。最后介绍了静电场的能量。

10.1　电　　荷

早在古希腊时期人们就发现，两种不同物体相互摩擦后，有吸引轻小物体的性质。这种现象称为起电，即使物体带了电，或者说物体具有了电荷。物体能产生电磁现象，现在都归因于物体带上了电荷以及这些电荷的运动。

10.1.1　电荷的种类

实验发现：自然界中的电荷有两种，同种电荷相互排斥，异种电荷相互吸引。美国物理学家富兰克林(Benjamin Franklin，1706—1790)最先以正电荷、负电荷为两种电荷命名：用丝绸摩擦过的玻璃棒带正电，用毛皮摩擦过的橡胶棒带负电。宏观带电体所带电荷种类的不同，源于组成它们的微观粒子所带电荷种类的不同：电子带负电荷，质子带正电荷，中子不带电荷。

10.1.2　电荷的量子化

带电体所带电荷的多少称为**电量**，通常用符号 q 或 Q 表示。在国际单位制(SI)中，电量的单位为库仑，符号为 C。一个带电体所带电量为其所带正、负电荷量的代数和。

实验表明，自然界中存在最小的基元电荷 e，其大小等于电子或质子所带电荷量的绝对值。经测定

$$e \approx 1.602 \times 10^{-19}\ \text{C}。$$

任何带电体或微观粒子所带电量都是基元电荷 e 的整数倍，即

$$Q = ne\ (n\ 为整数),$$

电荷的这种只能取分立的、不连续量值的性质称为**电荷的量子化效应**。当然，在近代

物理的理论研究中,曾有对基元电荷新的预言。1964 年盖尔曼等人曾经提出,构成强子的夸克可能带有 $\pm\frac{1}{3}e$ 或 $\pm\frac{2}{3}e$ 的电量。然而迄今为止,尚未在实验室中找到单独存在的夸克,即使找到了,电荷量子化效应的结论仍然不会改变,只不过基元电荷的数值有了新变化。

后面几章大部分内容讨论的是电磁现象的宏观规律,带电体所带的电量往往是基元电荷的许多倍。在这种情况下,我们可以忽略电荷的量子化效应,认为带电体所带电量是连续变化的。如果要阐述宏观现象的微观本质,仍然要从电荷的量子性出发。

10.1.3 电荷守恒定律

在一个孤立系统(即与外界没有电荷交换的系统)中,不管系统中发生了什么变化,在任一时刻,系统中正、负电荷的代数和保持不变,这一规律称为**电荷守恒定律**。大量的近代物理实验表明,电荷守恒定律不仅在宏观过程中成立,在微观过程中也成立,如在各种核反应过程中,反应前、后的电荷代数和维持不变。电荷守恒定律是自然界基本守恒定律之一。

10.2 库仑定律

发现电现象后的 2000 多年的漫长时间里,人们对电的认识一直停留在定性阶段。直到 18 世纪中叶,随着各种精密测量仪器的出现,人们才开始研究电荷之间作用力的定量规律。最先研究的是静止电荷之间的作用力,与之相关的理论称为静电学。1785 年,法国物理学家库仑通过扭秤实验总结出两个点电荷之间相互作用的静电力的规律,即库仑定律。库仑定律是静电学的基础。所谓点电荷,是我们在研究带电体之间的相互作用时,为了使问题简化,引入的一个理想的物理模型:当带电体本身的几何线度比它与其他带电体之间的距离小得多时,我们可以忽略带电体的大小和形状,把它当成一个几何点来处理。

10.2.1 库仑定律

库仑定律:两个静止的点电荷之间的相互作用力的大小与这两个点电荷电量的乘积成正比,与这两个电荷之间距离的平方成反比,作用力的方向沿着这两个点电荷的连线,同号电荷相斥,异号电荷相吸。其数学表达式为

$$\boldsymbol{F} = k\frac{q_1 q_2}{r^2}\boldsymbol{e}_r,$$

式中,k 为比例系数,在 SI 中,实验测得,在真空中,k 的数值和单位为

$$k = 8.9880\times 10^9\ \mathrm{N\cdot m^2\cdot C^{-2}} \approx 9.00\times 10^9\ \mathrm{N\cdot m^2\cdot C^{-2}},$$

q_1、q_2 分别表示两个点电荷的电量(带有正、负号),r 表示两个点电荷之间的距离,$\boldsymbol{e}_r$ 表示由施力电荷指向受力电荷的单位矢量。通常还引入另一常量 ε_0 来代替 k,使得

$$k=\frac{1}{4\pi\varepsilon_0},$$

于是,真空中的库仑定律又可写成

$$\boldsymbol{F}=\frac{1}{4\pi\varepsilon_0}\frac{q_1q_2}{r^2}\boldsymbol{e}_r=\frac{1}{4\pi\varepsilon_0}\frac{q_1q_2}{r^3}\boldsymbol{r},\tag{10-1}$$

式中,ε_0 为真空中的介电常数(或真空中的电容率),在 SI 中它的数值和单位为

$$\varepsilon_0=\frac{1}{4\pi k}\approx 8.85\times10^{-12}\ \mathrm{C^2\cdot N^{-1}\cdot m^{-2}},$$

$\boldsymbol{r}$ 为由施力电荷指向受力电荷的有向线段,$\boldsymbol{e}_r=\dfrac{\boldsymbol{r}}{r}$。

从库仑定律的矢量式不难看出,当两个点电荷同号时,$\boldsymbol{F}$ 与单位矢量 $\boldsymbol{e}_r$ 的方向相同,表现为斥力;当两个点电荷异号时,$\boldsymbol{F}$ 与 $\boldsymbol{e}_r$ 的方向相反,表现为引力。且有,两个静止点电荷之间的相互作用力满足牛顿第三定律,即

$$\boldsymbol{F}_{12}=-\boldsymbol{F}_{21},$$

式中,$\boldsymbol{F}_{12}$ 为 q_1 受到 q_2 的作用力,$\boldsymbol{F}_{21}$ 为 q_2 受到 q_1 的作用力。

10.2.2　静电力的叠加原理

实验表明:**两个静止点电荷之间的相互作用力不会因为其他点电荷的存在而改变。因此,当空间存在 N 个静止点电荷时,该点电荷系作用在某一静止点电荷 q_0 上的静电力为这 N 个静止点电荷单独存在时对 q_0 作用力的矢量和**,即

$$\boldsymbol{F}=\sum\boldsymbol{F}_i=\sum\frac{1}{4\pi\varepsilon_0}\frac{q_iq_0}{r_i^3}\boldsymbol{r}_i,\tag{10-2}$$

这就是**静电力的叠加原理**,它是计算点电荷系或带电体之间相互作用力的基础。

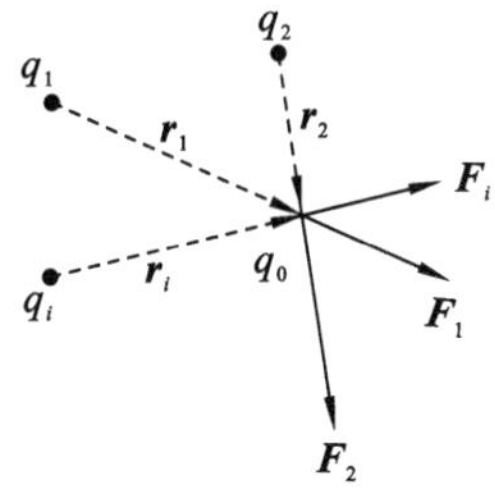

图 10-1　静电力的叠加

例 10-1　氢原子中电子和质子的距离为 5.3×10^{-11} m,求此两粒子间的静电作用力和万有引力。

解　两粒子间的静电作用力大小为

$$F_e=\frac{1}{4\pi\varepsilon_0}\frac{e^2}{r^2}=\frac{9.0\times10^9\times(1.6\times10^{-19})^2}{(5.3\times10^{-11})^2}\mathrm{N}=8.2\times10^{-8}\ \mathrm{N},$$

这相当于大约 10^{-8} kg 物体所受到的重力。两粒子间的万有引力大小为

$$F_g = G\frac{m_e m_p}{r^2} = \frac{6.7\times10^{-11}\times9.1\times10^{-31}\times1.7\times10^{-27}}{(5.3\times10^{-11})^2}\ \text{N} = 3.7\times10^{-47}\ \text{N}。$$

由此可见,万有引力比起静电作用力来说是很小的。所以,在研究带电粒子的相互作用时,它们之间的万有引力通常是可以忽略不计的。

10.3　电场　电场强度

10.3.1　电场　电场强度

1. 电场

库仑定律给出了两个点电荷之间相互作用力的定量计算规律。那么这种作用力是如何传递的呢?早期的电磁理论是超距作用理论,认为电荷之间的相互作用不需要任何的传递介质,也不需要传递时间,即

$$\text{电荷} \Longleftrightarrow \text{电荷}。$$

近代物理学的发展证明超距作用的观点是错误的,19 世纪初,英国物理学家法拉第在大量实验研究的基础上,提出了以近距作用观点为基础的场的概念,认为任何电荷在它的周围都产生电场。电场的基本性质是,它对处在其中的其他电荷产生力的作用,这种力称为电场力。也就是说,电荷与电荷之间的相互作用是通过电场来传递的,即

$$\text{电荷} \Longleftrightarrow \text{电场} \Longleftrightarrow \text{电荷}。$$

这种传递也是需要时间的,场的传递速度约为 3×10^8 m/s。

电场是一种特殊的物质,它具有通常物质所具有的动量和能量等客观属性。电场的物质性主要体现在:

(1) 能对电场中其他的带电体施加力的作用。

(2) 当带电体在电场中移动时,电场力做功,这表明电场具有能量。

(3) 变化的电场以光速在空间传播,表明电场具有动量。

本章主要研究的是**静电场**,即**相对于观察者为静止的电荷所激发的电场**。这种电场分布不随时间发生变化。后面对静电场的阐述,主要围绕上述(1)、(2) 两条性质展开。

2. 电场强度

为了定量地描述电场的力学性质,下面引入电场强度的概念。把一个试验电荷 q_0 放入电场中,观察 q_0 在电场中不同位置受电场力的情况。试验电荷必须满足以下条件:首先,必须是一个带电量很小的正电荷,以致其放入电场后,对原电场的影响足够小,可以忽略不计;其次,试验电荷必须是一个点电荷,这样它测量的才是空间某一点的电场的性质。

实验发现,在固定的场点(电场中的任意点简称场点) 处,当 q_0 的电量按其倍数

变化时，它所受到的电场力 F 也按同样的倍数变化，但 F 与 q_0 的比值为一固定值，其大小与 q_0 无关；场点不同，该比值则不同。我们将这一比值定义为电场强度，简称场强 $\boldsymbol{E}$，即

$$\boldsymbol{E}=\frac{\boldsymbol{F}}{q_0},\tag{10-3}$$

式(10-3) 表明，电场中某一点的电场强度 $\boldsymbol{E}$ 在数值上等于该点处单位正电荷所受到的电场力，方向与正电荷受力的方向相同。在 SI 中，电场强度的单位为牛顿 / 库仑(N/C) 或伏特 / 米(V/m)。

10.3.2　电场强度的计算

1. 点电荷的电场

若电场由一个点电荷 q 产生，现计算空间任一点 P 点的场强。将检验电荷 q_0 放在 P 处，由库仑定律可得检验电荷 q_0 在该点所受的电场力为

$$\boldsymbol{F}=\frac{1}{4\pi\varepsilon_0}\frac{qq_0}{r^2}\boldsymbol{e}_r=\frac{1}{4\pi\varepsilon_0}\frac{qq_0}{r^3}\boldsymbol{r},$$

式中，$\boldsymbol{e}_r$ 是从场源电荷 q 指向 P 点的单位矢量，$\boldsymbol{r}$ 是从场源电荷 q 指向场点 P 的矢量。由电场强度的定义式(10-3) 可得场点 P 处的电场强度为

$$\boldsymbol{E}=\frac{\boldsymbol{F}}{q_0}=\frac{q}{4\pi\varepsilon_0 r^2}\boldsymbol{e}_r=\frac{q}{4\pi\varepsilon_0 r^3}\boldsymbol{r},\tag{10-4}$$

式(10-4) 是真空中点电荷的电场强度分布公式，从此式可以看出，如果 $q>0$，则场强 $\boldsymbol{E}$ 的方向与 $\boldsymbol{r}$ 的方向相同；如果 $q<0$，则场强 $\boldsymbol{E}$ 的方向与 $\boldsymbol{r}$ 的方向相反，如图 10-2 所示。上式还表明，点电荷的电场具有球对称性。

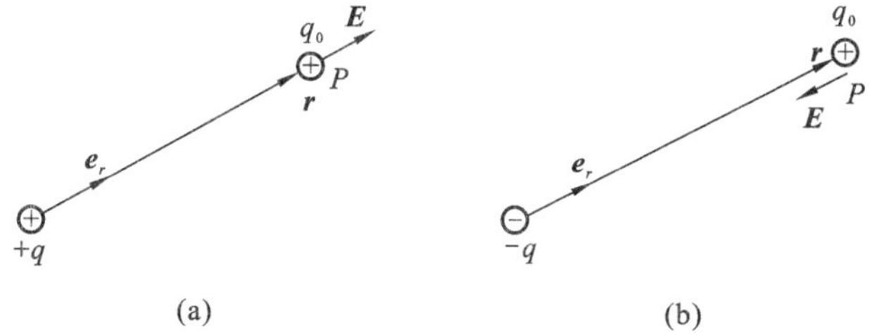

图 10-2　静止的点电荷的电场

2. 点电荷系的电场　场强叠加原理

若电场是由 n 个点电荷 $q_1,q_2,\cdots,q_n$ 组成的点电荷系，将检验电荷 q_0 放在电场中某点 P 处，由静电力的叠加原理可得检验电荷 q_0 在该点所受的力 $\boldsymbol{F}$ 等于 $q_1,q_2,\cdots,q_n$ 分别单独存在时作用于 q_0 的电场力 $\boldsymbol{F}_1,\boldsymbol{F}_2,\cdots,\boldsymbol{F}_n$ 的矢量和，即

$$\boldsymbol{F}=\boldsymbol{F}_1+\boldsymbol{F}_2+\cdots+\boldsymbol{F}_n,$$

由电场强度的定义式，可得场点 P 处的电场强度为

$$\boldsymbol{E}=\frac{\boldsymbol{F}}{q_0}=\frac{\boldsymbol{F}_1}{q_0}+\frac{\boldsymbol{F}_2}{q_0}+\cdots+\frac{\boldsymbol{F}_n}{q_0}=\boldsymbol{E}_1+\boldsymbol{E}_2+\cdots+\boldsymbol{E}_n,$$

即

$$\boldsymbol{E}=\sum_i \boldsymbol{E}_i=\sum_i \frac{q_i}{4\pi\varepsilon_0 r_i^2}\boldsymbol{e}_{ri}=\sum_i \frac{q_i}{4\pi\varepsilon_0 r_i^3}\boldsymbol{r}_i, \tag{10-5}$$

式(10-5)中,r_i 表示点电荷q_i 到场点P 的距离,$\boldsymbol{e}_{ri}$ 表示从q_i 指向场点P 的单位矢量,$\boldsymbol{r}_i$ 表示由 q_i 指向场点 P 的矢量。式(10-5)表明,在点电荷系激发的电场中,任一点处的电场强度等于各点电荷分别单独存在时,在该点产生的电场强度的矢量和,这就是**场强的叠加原理**。

3. 带电体(电荷连续分布)的场强

若带电体所带的电荷是连续分布的,可认为该带电体的电荷由许多无限小的电荷元 $\mathrm{d}q$ 组成,每个电荷元都可以看成一个点电荷,则任一电荷元 $\mathrm{d}q$ 在 P 点产生的场强为

$$\mathrm{d}\boldsymbol{E}=\frac{\mathrm{d}q}{4\pi\varepsilon_0 r^2}\boldsymbol{e}_r=\frac{\mathrm{d}q}{4\pi\varepsilon_0 r^3}\boldsymbol{r},$$

式中,r 表示电荷元 $\mathrm{d}q$ 到场点 P 的距离,$\boldsymbol{e}_r$ 表示从 $\mathrm{d}q$ 指向场点 P 的单位矢量,$\boldsymbol{r}$ 表示由 $\mathrm{d}q$ 指向场点 P 的矢量。由场强的叠加原理,可得整个带电体在 P 点产生的场强为

$$\boldsymbol{E}=\int \mathrm{d}\boldsymbol{E}=\int \frac{\mathrm{d}q}{4\pi\varepsilon_0 r^2}\boldsymbol{e}_r=\int \frac{\mathrm{d}q}{4\pi\varepsilon_0 r^3}\boldsymbol{r}。 \tag{10-6}$$

连续带电体可以是一维的、二维的、三维的,带电体不同,电荷元的表达形式也不同。对于一维的带电体,电荷是线分布的,设电荷分布的线密度是 λ,则电荷元的电荷

$$\mathrm{d}q=\lambda \mathrm{d}l。$$

对于二维的带电体,电荷是面分布的,设电荷分布的面密度是 σ,则电荷元的电荷

$$\mathrm{d}q=\sigma \mathrm{d}S。$$

对于三维的带电体,电荷是体分布的,设电荷分布的体密度是 ρ,则电荷元的电荷

$$\mathrm{d}q=\rho \mathrm{d}V。$$

综上所述,如果电荷的分布已知,那么根据场强的叠加原理,并利用点电荷的场强公式式(10-4),可以求得任意带电体产生的电场的空间分布。下面举例来说明。

例 10-2　如图 10-3 所示为电偶极子,即电量相等、符号相反、相隔某一微小距离 l 的两点电荷组成的系统,求在其中垂面上任意一点 A 产生的电场强度。

解　取直角坐标系 Oxy,O 为电偶极子的中点,Oy 轴过 A 点,如图 10-3 所示,OA 长为 r,$\boldsymbol{E}_-$、$\boldsymbol{E}_+$ 分别表示 $-q$ 和 $+q$ 在 A 点产生的电场强度。由图中几何关系知

$$E_+=E_-=\frac{1}{4\pi\varepsilon_0}\frac{q}{r^2+(\pm l/2)^2},$$

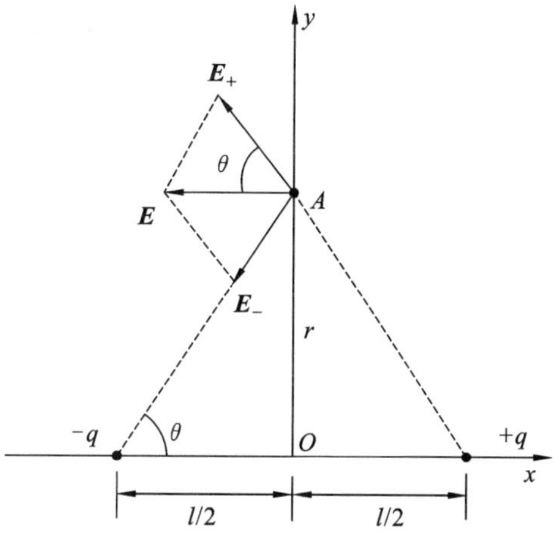

图 10-3　电偶极子的电场

$$E_y = E_{+y} + E_{-y} = 0,$$

$$E_x = E_{+x} + E_{-x} = -2E_+ \cos\theta$$

$$= -2E_+ \frac{l/2}{(r^2 + l^2/4)^{1/2}}$$

$$= -\frac{1}{4\pi\varepsilon_0} \frac{ql}{(r^2 + l^2/4)^{3/2}},$$

由题意可知，有 $r \gg l$，此不等式意味着要做近似计算，这时

$$E_x \approx -\frac{1}{4\pi\varepsilon_0} \frac{ql}{r^3} = -\frac{1}{4\pi\varepsilon_0} \frac{p}{r^3},$$

这里定义**电偶极矩**矢量 $\boldsymbol{p}$，简称**电矩**，其大小 $p = ql$，其方向是由 $-q$ 指向 $+q$。$\boldsymbol{p}$ 是描述这一电荷系统特征的物理量。于是得到离 O 点距离为 r 的 A 点的电场强度为

$$\boldsymbol{E} = -\frac{1}{4\pi\varepsilon_0} \frac{\boldsymbol{p}}{r^3}。$$

例 10-3　如图 10-4 所示，设真空中一均匀带电细棒 AB 的线电荷密度为 λ，P 为 AB 外的一点，它到 AB 的距离为 a，AP、BP 与 y 轴间的夹角分别为 θ_1、θ_2，求带电棒在 P 点产生的场强。

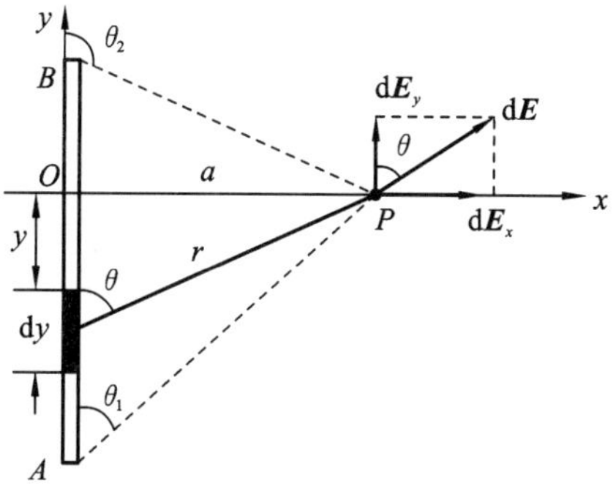

图 10-4　均匀带电细棒的场强

解 将 AB 棒分成许多线元，$\mathrm{d}y$ 为其中之一，其所带电荷量 $\mathrm{d}q=\lambda\mathrm{d}y$，它在场点 P 处产生的 $\mathrm{d}\boldsymbol{E}$ 的大小为

$$\mathrm{d}E=\frac{1}{4\pi\varepsilon_0}\frac{\lambda\mathrm{d}y}{r^2},$$

式中，r 表示线元 $\mathrm{d}y$ 至 P 点的距离。

$\mathrm{d}\boldsymbol{E}$ 在 x、y 轴上的投影分别为

$$\mathrm{d}E_x=\mathrm{d}E\sin\theta=\frac{\lambda\sin\theta}{4\pi\varepsilon_0 r^2}\mathrm{d}y,$$

$$\mathrm{d}E_y=\mathrm{d}E\cos\theta=\frac{\lambda\cos\theta}{4\pi\varepsilon_0 r^2}\mathrm{d}y,$$

式中，θ 为 $\mathrm{d}\boldsymbol{E}$ 与 y 轴间的夹角。

由图 10-4 可见

$$y=-a\cot\theta,\ r=\frac{a}{\sin\theta}=a\csc\theta。$$

将以上关系代入 $\mathrm{d}E_x$、$\mathrm{d}E_y$ 的表达式，注意到 $\mathrm{d}y=\dfrac{a\mathrm{d}\theta}{\sin^2\theta}=a\csc^2\theta\mathrm{d}\theta$，得

$$\mathrm{d}E_x=\frac{\lambda}{4\pi\varepsilon_0 a}\sin\theta\mathrm{d}\theta,$$

$$\mathrm{d}E_y=\frac{\lambda}{4\pi\varepsilon_0 a}\cos\theta\mathrm{d}\theta,$$

对以上两式分别积分，得

$$E_x=\int_L\mathrm{d}E_x=\int_{\theta_1}^{\theta_2}\frac{\lambda\sin\theta}{4\pi\varepsilon_0 a}\mathrm{d}\theta=\frac{\lambda}{4\pi\varepsilon_0 a}(\cos\theta_1-\cos\theta_2),$$

$$E_y=\int_L\mathrm{d}E_y=\int_{\theta_1}^{\theta_2}\frac{\lambda\cos\theta}{4\pi\varepsilon_0 a}\mathrm{d}\theta=\frac{\lambda}{4\pi\varepsilon_0 a}(\sin\theta_2-\sin\theta_1),$$

故

$$\boldsymbol{E}=\frac{\lambda}{4\pi\varepsilon_0 a}[(\cos\theta_1-\cos\theta_2)\boldsymbol{i}+(\sin\theta_2-\sin\theta_1)\boldsymbol{j}]。$$

当细棒 AB 向两端延伸，致使棒长远大于 P 点至棒的距离 a 时，可认为棒为“无限长”，这时 $\theta_1\to 0$，$\theta_2\to\pi$，上式化为

$$\boldsymbol{E}=E_x\boldsymbol{i}=\frac{\lambda}{2\pi\varepsilon_0 a}\boldsymbol{i}。$$

例 10-4 如图 10-5 所示，一均匀带电细圆环，其半径为 R，所带总电量为 q(设 $q>0$)，细圆环轴线上场点 P 到圆心的距离为 x，求均匀带电细圆环过环心的轴线上任一点的场强。

解 在细圆环上任取一电荷元 $\mathrm{d}q$，设此电荷元在 P 点的场强为 $\mathrm{d}\boldsymbol{E}$，$\mathrm{d}\boldsymbol{E}$ 沿平行和垂直于轴线的两个方向的分量分别为 $\mathrm{d}\boldsymbol{E}_x$ 和 $\mathrm{d}\boldsymbol{E}_\perp$。由于细圆环电荷分布关于轴线对称，所以细圆环上全部电荷的 $\mathrm{d}\boldsymbol{E}_\perp$ 分量的矢量和为零，因而 P 点的场强沿轴线方向，且

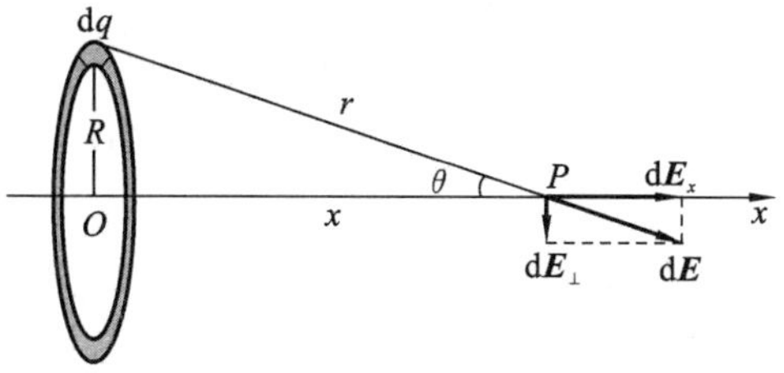

图 10-5　均匀带电细圆环轴上的电场

$$E = E_x = \oint_q dE_x 。$$

设 P 点与 dq 的距离为 r，由于

$$dE_x = dE\cos\theta = \frac{dq}{4\pi\varepsilon_0 r^2}\cos\theta,$$

其中 θ 为 $d\boldsymbol{E}$ 与 x 轴间的夹角，所以

$$E = \oint_q dE_x = \frac{\cos\theta}{4\pi\varepsilon_0 r^2}\oint_q dq = \frac{q\cos\theta}{4\pi\varepsilon_0 r^2},$$

考虑到 $\cos\theta = \dfrac{x}{r}$，而 $r = \sqrt{x^2+R^2}$，则

$$E = \frac{qx}{4\pi\varepsilon_0 (x^2+R^2)^{3/2}},$$

$\boldsymbol{E}$ 的方向为沿着轴线指出来。

讨论：(1) 在细圆环环心处，$x=0$，则 $E=0$。

(2) 远离细圆环处，即 $x \gg R$ 时，则

$$E = \frac{q}{4\pi\varepsilon_0 x^2},$$

此结果说明，远离环心处的电场相当于一个点电荷 q 所产生的电场。

例 10-5　如图 10-6 所示，一带电圆盘半径为 R，电荷面密度（即单位面积上的电荷）为 σ（设 $\sigma > 0$），圆盘轴线上场点 P 到盘心的距离为 x，求均匀带电圆盘过盘心且垂直于盘面的轴线上任一点 P 的场强。

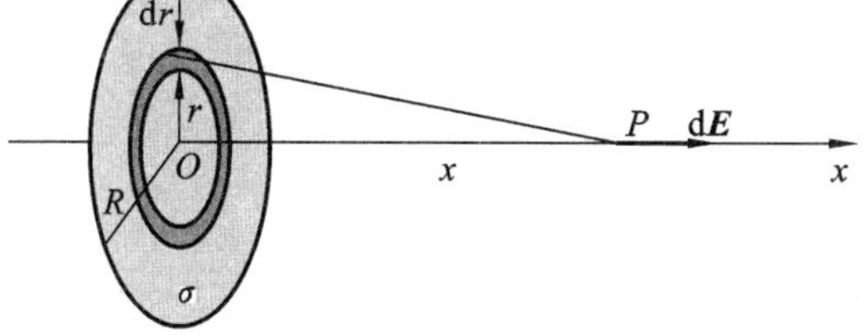

图 10-6　均匀带电圆盘轴线上的电场

解　带电圆盘可看成由许多同心的带电细圆环组成。取一个半径为 r、宽度为 dr

的细圆环,此环的面积为 $2\pi r\mathrm{d}r$,带有电荷 $\sigma\cdot 2\pi r\mathrm{d}r$,由例 10-4 的结论可知,该带电细圆环在 P 点产生的电场为

$$\mathrm{d}E=\frac{\sigma\cdot 2\pi r\mathrm{d}r\cdot x}{4\pi\varepsilon_0\,(x^2+r^2)^{3/2}}=\frac{\sigma x r\,\mathrm{d}r}{2\varepsilon_0\,(x^2+r^2)^{3/2}},$$

方向沿着轴线指出来。由于盘面上各圆环的电场 $\mathrm{d}\boldsymbol{E}$ 的方向都相同,所以 P 点的总场强为各个圆环在 P 点的场强之和,其大小为

$$E=\int\mathrm{d}E=\int_0^R\frac{\sigma x r\,\mathrm{d}r}{2\varepsilon_0\,(x^2+r^2)^{3/2}}=\frac{\sigma}{2\varepsilon_0}\left[1-\frac{x}{(x^2+R^2)^{1/2}}\right],$$

其方向也垂直于圆面指出来。

当 $x\ll R$ 时,可将圆盘看成"无限大"带电平面,这时

$$\boldsymbol{E}=\frac{\sigma}{2\varepsilon_0}\boldsymbol{i},$$

即一无限大均匀带电平面外的电场是一个均匀场,其大小为 $E=\dfrac{\sigma}{2\varepsilon_0}$,方向垂直于带电平面。

例 10-6　如图 10-7 所示,三个平行无限大均匀带电平面,电荷面密度分别为 σ_1、σ_2 和 σ_3,求下列情况下图中四个区域的电场强度(选定向右为正)。

(1) $\sigma_1=\sigma_2=\sigma_3=\sigma$;

(2) $\sigma_1=\sigma_3=\sigma,\sigma_2=-\sigma_3$。

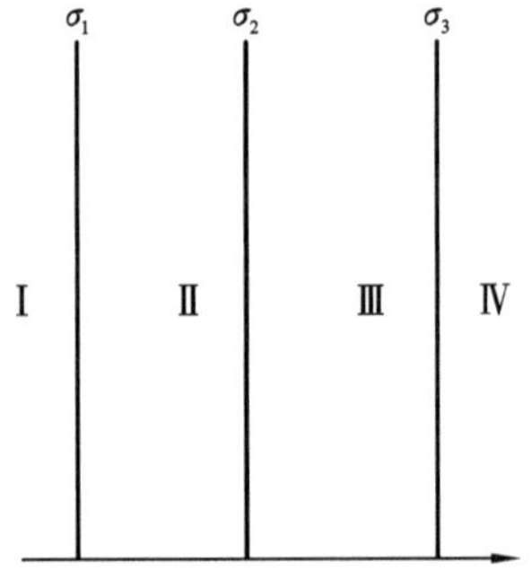

图 10-7　无限大均匀带电平面组的电场

解　如图 10-7 所示,取向右为正。根据无限大带电平面的场强 $E=\dfrac{\sigma}{2\varepsilon_0}$ 和场强叠加原理,有

$$E_{\mathrm{I}}=-\frac{\sigma_1}{2\varepsilon_0}-\frac{\sigma_2}{2\varepsilon_0}-\frac{\sigma_3}{2\varepsilon_0},\quad E_{\mathrm{II}}=\frac{\sigma_1}{2\varepsilon_0}-\frac{\sigma_2}{2\varepsilon_0}-\frac{\sigma_3}{2\varepsilon_0},$$

$$E_{\mathrm{III}}=\frac{\sigma_1}{2\varepsilon_0}+\frac{\sigma_2}{2\varepsilon_0}-\frac{\sigma_3}{2\varepsilon_0},\quad E_{\mathrm{IV}}=\frac{\sigma_1}{2\varepsilon_0}+\frac{\sigma_2}{2\varepsilon_0}+\frac{\sigma_3}{2\varepsilon_0},$$

根据题意,分别得

(1) $E_{\mathrm{I}}=-\dfrac{3\sigma}{2\varepsilon_0}$，$E_{\mathrm{II}}=-\dfrac{\sigma}{2\varepsilon_0}$，$E_{\mathrm{III}}=\dfrac{\sigma}{2\varepsilon_0}$，$E_{\mathrm{IV}}=\dfrac{3\sigma}{2\varepsilon_0}$；

(2) $E_{\mathrm{I}}=-\dfrac{\sigma}{2\varepsilon_0}$，$E_{\mathrm{II}}=\dfrac{\sigma}{2\varepsilon_0}$，$E_{\mathrm{III}}=-\dfrac{\sigma}{2\varepsilon_0}$，$E_{\mathrm{IV}}=\dfrac{\sigma}{2\varepsilon_0}$。

10.4 高斯定理

10.4.1 电场线

为了形象地描述电场及其分布情况，引入电场线的概念，也称 $\boldsymbol{E}$ 线。电场线最早是由法拉第提出来的，它是在电场中人为地画出的一些有方向的曲线，曲线上每一点的切线方向表示该点的场强的方向。图 10-8 画出了几种不同分布的电荷所产生的电场的电场线。

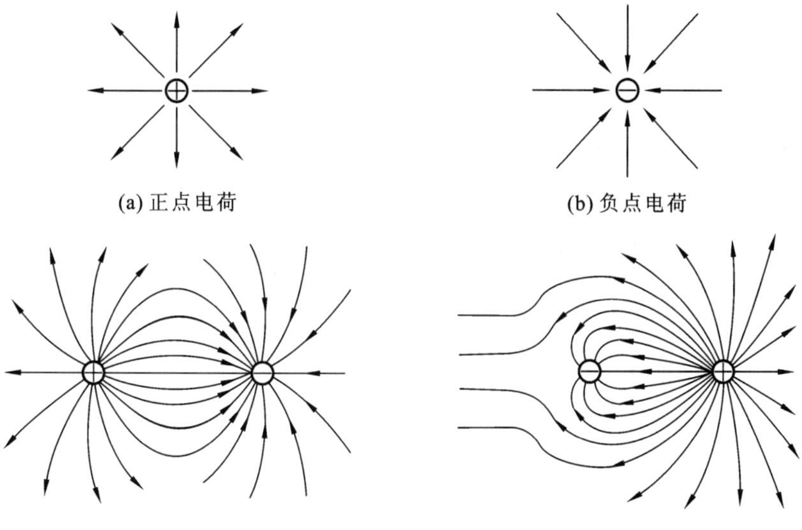

(a) 正点电荷　(b) 负点电荷

(c) 等量异号点电荷 $+q$ 和 $-q$　(d) $+3q$ 和 $-q$ 两点电荷

图 10-8　几种电荷系统的电场线

电场线不仅能描述电场中某点电场强度的方向，同时也能表示出该点电场强度的大小，即用该点附近电场线数密度表示该点电场强度的大小。电场中某点电场线数密度是指该点附近垂直于电场方向的单位面积上穿过的电场线条数，即过电场中某点作一垂直于电场方向的面元 $\mathrm{d}S_{\perp}$，如图 10-9 所示，通过该面元的电场线条数为 $\mathrm{d}\Phi_e$，则该点的电场强度大小为

$$E=\frac{\mathrm{d}\Phi_e}{\mathrm{d}S_{\perp}}。$$

因此，电场线越密集的地方，场强越大；电场线越稀疏的地方，场强越小。特别的，均匀电场的电场线是一些方向一致、距离相等的平行线。

静电场的电场线具有如下的特点：

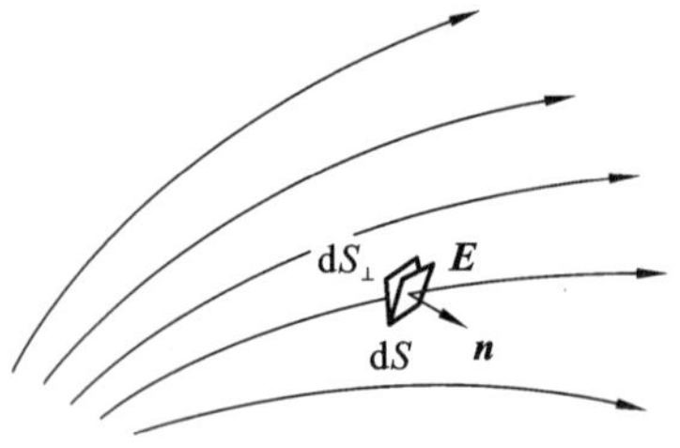

图 10-9　电场线数密度与场强大小的关系

(1) 静电场的电场线是非闭合的,总是起于正电荷,终止于负电荷,绝不会在无电荷处中断。

(2) 任何两条电场线不可能相交。

10.4.2　电通量

通过电场中某一个面的电场线条数称为通过该面的**电场强度通量**(简称为 $\boldsymbol{E}$ 通量、电通量),用 Φ_e 表示。

为了得到电通量的计算式,我们分以下几种情况讨论。

1. 均匀电场

(1) 平面 S 与 $\boldsymbol{E}$ 垂直。如图 10-10(a) 所示,根据前面对场强大小的描述,通过此平面的电通量为

$$\Phi_e = E \cdot S。$$

(2) 平面 S 的法线方向与 $\boldsymbol{E}$ 之间的夹角为 θ,如图 10-10(b) 所示,则可将 S 投影到垂直电场的方向上,该投影面的面积为 $S\cos\theta$,通过平面 S 的电通量为

$$\Phi_e = ES_\perp = ES\cos\theta。$$

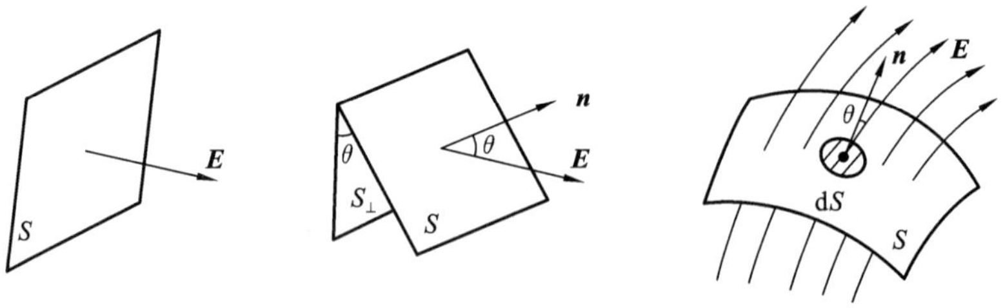

(a) 均匀场通过垂直平面的 $\boldsymbol{E}$ 通量　(b) 均匀场通过任意平面的 $\boldsymbol{E}$ 通量　(c) 非均匀场通过任意曲面的 $\boldsymbol{E}$ 通量

图 10-10　$\boldsymbol{E}$ 通量

为了今后讨论的方便,我们定义有向平面的概念,用矢量 $\boldsymbol{S}$ 表示。此矢量的大小就是该平面面积的大小 S,其方向就是我们事先取定的平面的法线方向,即

$$\boldsymbol{S} = S\boldsymbol{n},$$

式中,$\boldsymbol{n}$ 为平面 S 的法线方向的单位矢量。则通过该平面的电通量又可以写成

$$\Phi_e = \boldsymbol{E} \cdot \boldsymbol{S}。$$

2. 在任意电场中通过任意曲面 S 的电通量

若电场是非均匀的，且 S 为一曲面，如图 10-10(c) 所示，则可将 S 分割成许多个小平面的面元。在 S 上取面元 $\mathrm{d}S$，$\mathrm{d}S$ 可看成平面，$\mathrm{d}S$ 上 $\boldsymbol{E}$ 可视为均匀的，设该面元的法线方向与该处 $\boldsymbol{E}$ 之间的夹角为 θ，则通过该面元 $\mathrm{d}S$ 的电通量为

$$\mathrm{d}\Phi_e = E\cos\theta \mathrm{d}S,$$

此处若引入面元矢量 $\mathrm{d}\boldsymbol{S}$，则 $\mathrm{d}\boldsymbol{S} = \mathrm{d}S\boldsymbol{n}$，式中 $\boldsymbol{n}$ 为面元 $\mathrm{d}S$ 法线方向的单位矢量。于是通过该面元 $\mathrm{d}S$ 的电通量又可以写成

$$\mathrm{d}\Phi_e = \boldsymbol{E} \cdot \mathrm{d}\boldsymbol{S}。$$

注意，从上式可以看出，电通量 $\mathrm{d}\Phi_e$ 有正、负之分。当 $0 \leqslant \theta < \pi/2$ 时，$\mathrm{d}\Phi_e$ 为正；当 $\pi/2 < \theta \leqslant \pi$ 时，$\mathrm{d}\Phi_e$ 为负。通过曲面 S 的电通量为

$$\Phi_e = \int_S \mathrm{d}\Phi_e = \int_S \boldsymbol{E} \cdot \mathrm{d}\boldsymbol{S} = \int_S E\cos\theta \mathrm{d}S。 \tag{10-7}$$

若 S 为闭合曲面，则在任意电场中通过封闭曲面 S 的电通量为

$$\Phi_e = \oint_S \boldsymbol{E} \cdot \mathrm{d}\boldsymbol{S} = \oint_S E\cos\theta \mathrm{d}S。 \tag{10-8}$$

对于闭合曲面，一般规定自内向外为各处面元法向的正方向。因此，电场线从内部穿出的地方，$\mathrm{d}\Phi_e$ 为正；电场线从外面穿入的地方，$\mathrm{d}\Phi_e$ 为负。穿过整个闭合曲面的电通量 Φ_e 等于穿出与穿入曲面的电场线条数之差，也就是净穿出曲面的电场线条数。

10.4.3　高斯定理

高斯(K. F. Gauss，1777—1855) 是德国物理学家和数学家，他在实验物理和理论物理以及数学方面都作出了很多贡献，他导出的高斯定理是电磁学的一条重要规律，是静电场有源性的完美的数学表达。高斯定理是用电通量表示电场和场源电荷关系的定理，它给出了通过任意闭合曲面的电通量与闭合曲面内部所包围的电荷的关系。

真空中静电场的高斯定理：在真空中通过任意闭合曲面(又称高斯面) 的电通量等于该曲面内所包围的一切电荷的代数和除以 ε_0。高斯定理的数学表达式为

$$\Phi_e = \oint_S \boldsymbol{E} \cdot \mathrm{d}\boldsymbol{S} = \frac{1}{\varepsilon_0} \sum_{S内} q_i。 \tag{10-9}$$

下面，我们利用电通量的概念、库仑定律和场强的叠加原理来推导高斯定理。

1. 通过包围点电荷 q 的同心球面的电通量

如图 10-11(a) 所示，q 为正点电荷，S 为以 q 为中心以任意 r 为半径的球面，球面上任一点的场强大小为

$$E = \frac{q}{4\pi\varepsilon_0 r^2}。$$

由于球面上任一个面元 d$\boldsymbol{S}$ 与该处的场强 $\boldsymbol{E}$ 方向一致,因此通过闭合曲面 S 的电通量为

$$\Phi_e=\oint_S \boldsymbol{E}\cdot \mathrm{d}\boldsymbol{S}=\oint_S E\mathrm{d}S=\oint_S \frac{q}{4\pi\varepsilon_0 r^2}\mathrm{d}S=\frac{q}{4\pi\varepsilon_0 r^2}\oint_S \mathrm{d}S=\frac{q}{4\pi\varepsilon_0 r^2}\times 4\pi r^2=\frac{q}{\varepsilon_0}。$$

结果表明,Φ_e 与 r 无关,仅与 q 有关,即通过包围点电荷 q 的同心球面的电通量均为 q/ε_0。

2. 通过包围点电荷 q 的任意闭合面的电通量

如图 10-11(b) 所示,点电荷 q 在任意闭合曲面 S' 内,在 S' 内作一个以 $+q$ 为中心、任意半径 r 的闭合球面 S,由前面的讨论知,通过 S 的电通量为 q/ε_0。由于通过 S 的电场线必全部通过 S',所以通过 S' 的电通量与通过 S 的电通量相等,都为 q/ε_0。

即通过包围点电荷 q 的任意闭合面的电通量均为 q/ε_0。

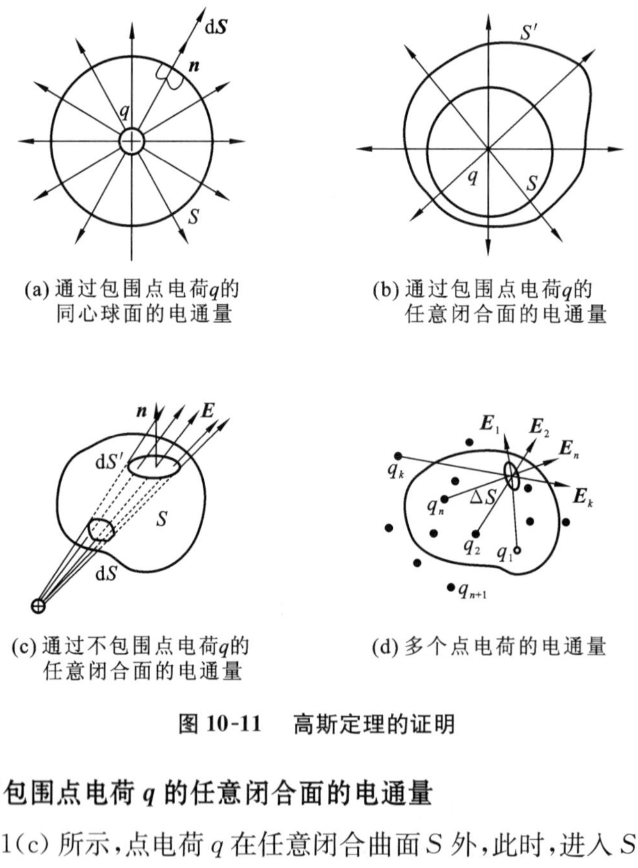

(a) 通过包围点电荷q的同心球面的电通量

(b) 通过包围点电荷q的任意闭合面的电通量

(c) 通过不包围点电荷q的任意闭合面的电通量

(d) 多个点电荷的电通量

图 10-11 高斯定理的证明

3. 通过不包围点电荷 q 的任意闭合面的电通量

如图 10-11(c) 所示,点电荷 q 在任意闭合曲面 S 外,此时,进入 S 面内的电场线必穿出 S 面,即穿入与穿出 S 面的电场线数相等,根据前面对电通量的讨论知,穿过 S 面的电通量为 0,即

$$\Phi_e=\oint_S \boldsymbol{E}\cdot \mathrm{d}\boldsymbol{S}=0。$$

4. 点电荷系的电场中,通过任意闭合曲面的电通量

如图 10-11(d) 所示,空间有 k 个点电荷,其中,$q_1,q_2,\cdots,q_n$ 在闭合曲面内,q_{n+1},$q_{n+2},\cdots,q_k$ 在闭合曲面外。根据场强的叠加原理,闭合曲面上的场强为

$$\boldsymbol{E}=\boldsymbol{E}_1+\boldsymbol{E}_2+\cdots+\boldsymbol{E}_k,$$

式中,$\boldsymbol{E}_1,\boldsymbol{E}_2,\cdots,\boldsymbol{E}_k$ 为点电荷系中各个点电荷单独存在时在曲面上产生的场强,则通过闭合曲面 S 的电通量为

$$\begin{aligned}\Phi_e&=\oint_S\boldsymbol{E}\cdot\mathrm{d}\boldsymbol{S}=\oint_S\boldsymbol{E}_1\cdot\mathrm{d}\boldsymbol{S}+\cdots+\oint_S\boldsymbol{E}_n\cdot\mathrm{d}\boldsymbol{S}+\oint_S\boldsymbol{E}_{n+1}\cdot\mathrm{d}\boldsymbol{S}+\cdots+\oint_S\boldsymbol{E}_k\cdot\mathrm{d}\boldsymbol{S}\\&=\Phi_{e1}+\cdots+\Phi_{en}+\Phi_{e(n+1)}+\cdots+\Phi_{ek},\end{aligned}$$

式中,$\Phi_{e1},\cdots,\Phi_{en},\Phi_{e(n+1)},\cdots,\Phi_{ek}$ 为点电荷系中各个点电荷单独存在时对曲面的电通量。由前面的分析结果知

$$\Phi_{e(n+1)}=\Phi_{e(n+2)}=\cdots=\Phi_{ek}=0,$$

故通过闭合曲面的电通量为

$$\Phi_e=\oint_S\boldsymbol{E}\cdot\mathrm{d}\boldsymbol{S}=\Phi_{e1}+\cdots+\Phi_{en}=\frac{q_1}{\varepsilon_0}+\cdots+\frac{q_n}{\varepsilon_0}=\frac{1}{\varepsilon_0}\sum_{S内}q_i,$$

上式即为真空中静电场的高斯定理的数学表达式。

高斯定理表明,静电场为有源场,其源头在正电荷处,终点在负电荷处:当高斯面内包含的电荷为正电荷时,$\Phi_e>0$,电场线从曲面内的正电荷发出,穿出高斯面;当高斯面内包含的电荷为负电荷时,$\Phi_e<0$,电场线由外向内穿入高斯面,终止于曲面内的负电荷。

对高斯定理的理解我们应该注意以下两点:

(1) 高斯定理表达式左边的场强 $\boldsymbol{E}$ 是高斯面上各点的场强,它是由空间全部电荷(包括闭合曲面内外)共同产生的总电场,并非只由闭合曲面内的电荷产生。

(2) 通过闭合曲面的电通量只与该曲面内的电荷有关,与闭合曲面外的电荷无关。

10.4.4 高斯定理的应用

利用高斯定理可以求解具有高度对称性的带电体系所产生的电场的场强。具体的方法是:

(1) 对已知电荷分布的对称性进行分析,确定出它产生的电场的对称性。常见的电荷分布对称性有球对称性、轴对称性、面对称性等。

(2) 选取一个恰当的闭合曲面(即高斯面)。这是利用高斯定理求解场强的关键,所选取的高斯面必须使得通过该高斯面的电通量的积分易于计算。

(3) 计算通过高斯面的电通量和高斯面内包围的电荷电量的代数和,利用高斯定理解出电场强度。

下面我们举例具体说明高斯定理求场强的方法。

例 10-7　求均匀带电球面的电场分布。已知球面半径为 R，所带总电量为 $+q$。

解　本题中的电荷分布是球对称的。按对称性的理论，如果原因具有什么样的对称性，则它的结果也必然具有同样的对称性，因而本题中电荷激发的电场也应该满足球对称。先对球面外任一点 P 处的场强进行具体分析。设 P 距球心为 $r(r>R)$，如图 10-12 所示，连接直线 OP。

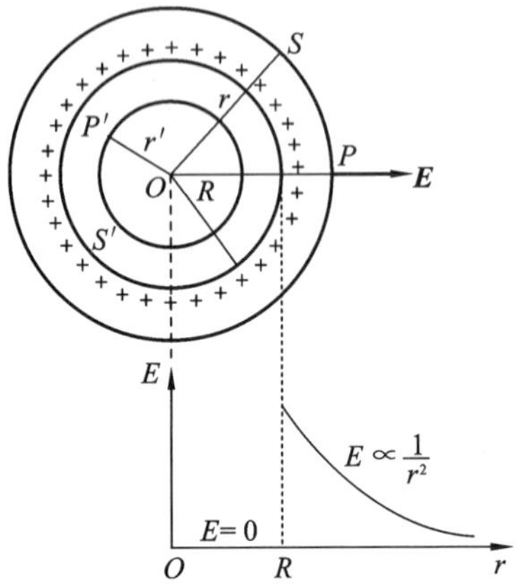

图 10-12　均匀带电球面的电场

由于自由空间的各向同性和电荷分布对于 O 点的球对称性，P 点场强 $\boldsymbol{E}$ 的方向只可能是沿矢径 OP 的方向。其他各点的电场方向也都沿各自的矢径方向。又由于电荷分布的球对称性，在以 O 为球心的同一球面 S 上，各点的场强的大小都应该相等。可选该球面 S 为高斯面，由于球面上每个面元 $\mathrm{d}\boldsymbol{S}$ 上的场强 $\boldsymbol{E}$ 的方向都和面元矢量的方向相同且大小不变，故通过它的电通量为

$$\Phi_e=\oint_S \boldsymbol{E}\cdot \mathrm{d}\boldsymbol{S}=E\cdot 4\pi r^2,$$

此球面内包围的电荷为 q。由高斯定理得

$$\Phi_e=E\cdot 4\pi r^2=\frac{q}{\varepsilon_0},$$

由此式得出

$$E=\frac{q}{4\pi\varepsilon_0 r^2},$$

考虑到 $\boldsymbol{E}$ 的方向，可得电场强度的矢量式为

$$\boldsymbol{E}=\frac{q}{4\pi\varepsilon_0 r^2}\boldsymbol{e}_r,$$

式中，$\boldsymbol{e}_r$ 为过 P 点沿球面径向的单位矢量。此结果说明，均匀带电球面外的场强分布与球面上的电荷都集中在球心时所形成的点电荷的场强分布一样。

对球面内部任一点 P'，对场强的大小和方向的分析与前面相同。过 P' 点作半径 r' 的同心球面为高斯面($r'<R$)，通过它的电通量为

$$\Phi_e = \oint_S \boldsymbol{E} \cdot d\boldsymbol{S} = E \cdot 4\pi r^2,$$

但由于高斯面内没有电荷，根据高斯定理，有

$$\Phi_e = E \cdot 4\pi r^2 = 0,$$

所以，$E = 0$。

这表明：均匀带电球面内部的场强处处为零。上述结果我们可以统一描述为

$$\boldsymbol{E} = \begin{cases} \dfrac{q}{4\pi\varepsilon_0 r^2}\boldsymbol{e}_r, & r > R; \\ 0, & r < R。\end{cases}$$

根据上述结果，可画出场强随距离 r 的变化曲线——E-r 曲线如图 10-12 所示，从 E-r 曲线中可看出，场强的值在球面($r = R$)处是不连续的。

例 10-8　一无限长均匀带电直线，设其电荷线密度为 $+\lambda$，求带电直线外任一点场强。

解　由题意知，这里的电场是关于带电直线轴对称的，$\boldsymbol{E}$ 的方向为过场点垂直于带电直线。在以带电直线为轴的任一圆柱面上的各点场强大小是相等的。

如图 10-13 所示，以带电直线为轴线，过场点 P 作半径为 r、高为 h 的圆柱高斯面，其上底为 S_1，下底为 S_2，侧面为 S_3。通过此高斯面的电通量为

$$\Phi_e = \oint_S \boldsymbol{E} \cdot d\boldsymbol{S} = \oint_{S_1} \boldsymbol{E} \cdot d\boldsymbol{S} + \oint_{S_2} \boldsymbol{E} \cdot d\boldsymbol{S} + \oint_{S_3} \boldsymbol{E} \cdot d\boldsymbol{S}。$$

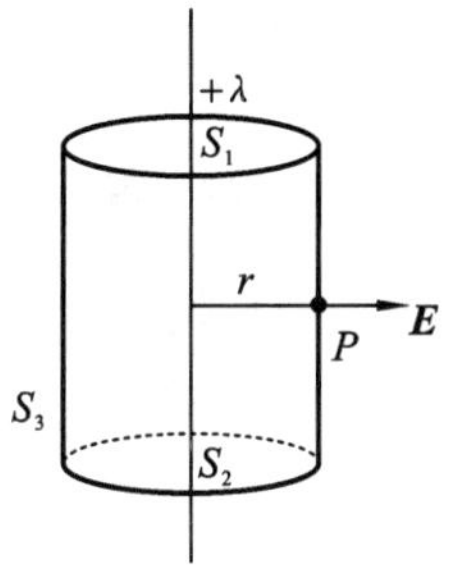

图 10-13　无限长均匀带电直线的电场

因为在上、下底面 S_1、S_2 上各面元 $d\boldsymbol{S}$ 的方向与场强 $\boldsymbol{E}$ 的方向垂直，所以上式中前两项积分为 0，而在侧面 S_3 上 $\boldsymbol{E}$ 与 $d\boldsymbol{S}$ 方向一致，且各点场强大小相等，因此，

$$\Phi_e = \oint_S \boldsymbol{E} \cdot d\boldsymbol{S} = \int_{S_3} \boldsymbol{E} \cdot d\boldsymbol{S} = \int_{S_3} E dS = E\int_{S_3} dS = E \cdot 2\pi rh,$$

高斯面内的电荷为

$$\sum q_i = \lambda h,$$

根据高斯定理，得

$$\Phi_e = E \cdot 2\pi rh = \frac{\lambda h}{\varepsilon_0},$$

由此得

$$E=\frac{\lambda}{2\pi\varepsilon_0 r},$$

场强的方向为垂直于带电直线沿径向。若$\lambda>0$,场强的方向背离带电直线;若$\lambda<0$,场强的方向指向带电直线。写成矢量式为

$$\boldsymbol{E}=\frac{\lambda}{2\pi\varepsilon_0 r}\boldsymbol{e}_r,$$

式中,$\boldsymbol{e}_r$ 为垂直于带电直线指出的沿径向的单位矢量。

例 10-9　如图 10-14 所示,已知半径为 a 的无限长均匀带电圆柱体,其电荷体密度为常数 ρ,试求其电场的分布。

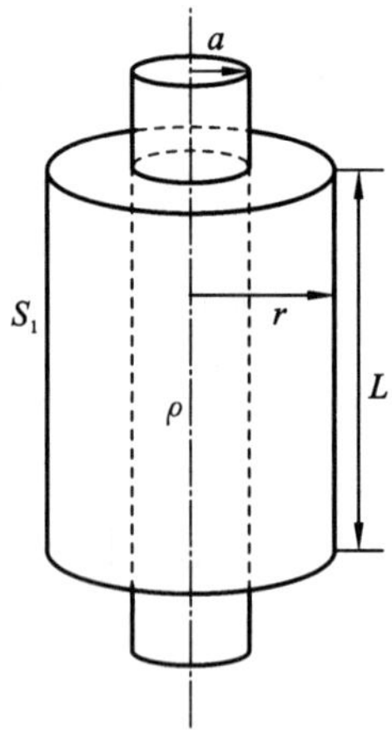

图 10-14　无限长均匀带电圆柱的电场

解　取半径为 r、长度为 L、与无限长均匀带电圆柱体同轴的圆柱面和其上下端面构成高斯面。因电场强度方向处处与圆柱侧面 S_1 的外法线方向一致,而与上下端面的外法线方向垂直,应用高斯定理,有

$$\begin{aligned}\oint_S \boldsymbol{E}\cdot\mathrm{d}\boldsymbol{S}&=\int_{\text{上底面}}\boldsymbol{E}\cdot\mathrm{d}\boldsymbol{S}+\int_{\text{下底面}}\boldsymbol{E}\cdot\mathrm{d}\boldsymbol{S}+\int_{S_1}\boldsymbol{E}\cdot\mathrm{d}\boldsymbol{S}\\&=0+0+\int_{S_1}E\mathrm{d}S=2\pi rLE=\frac{Q_{S\text{内}}}{\varepsilon_0}。\end{aligned}$$

当 $r<a$ 时,则电量 $Q_{S\text{内}}=\pi r^2\rho L$,求得无限长均匀带电圆柱体内电场强度的大小为

$$E=\frac{\rho r}{2\varepsilon_0}。$$

当 $r>a$ 时,则电量 $Q_{S\text{内}}=\pi a^2\rho L$,求得无限长均匀带电圆柱体外电场强度的大小为

$$E=\frac{a^2\rho}{2\varepsilon_0 r}。$$

考虑到无限长均匀带电圆柱体内、外电场强度的方向都垂直轴线且沿径向，设垂直轴线且沿径向的单位矢量为 $\boldsymbol{e}_r$，于是得无限长均匀带电圆柱体内、外电场强度的矢量式为

$$\boldsymbol{E}=\frac{\rho r}{2\varepsilon_0}\boldsymbol{e}_r,\quad r<a,$$

$$\boldsymbol{E}=\frac{\rho a^2}{2\varepsilon_0 r}\boldsymbol{e}_r,\quad r>a。$$

因 $\pi a^2\rho$ 可以认为是单位长度圆柱内的电荷量，所以，柱外电场可以看作位于圆柱轴上线密度为 $\lambda=\pi a^2\rho$ 的线电荷产生的电场。

例 10-10　无限大的均匀带电平面，其电荷面密度为 $+\sigma$，求平面外任一点场强。

解　由题意知，无限大均匀带电平面产生的电场是关于平面两侧对称的，场强方向垂直平面，且到平面距离相等的两点场强大小相等。

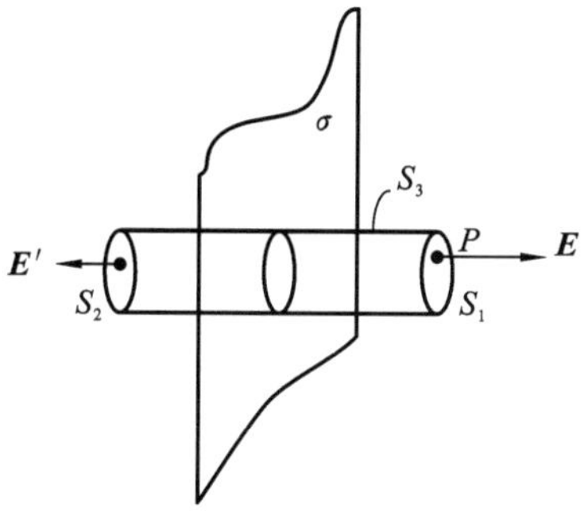

图 10-15　无限大均匀带电平面的电场

如图 10-15 所示，设 P 点为考察点，过 P 点作一底面平行于平面且关于平面对称的圆柱形高斯面，其右底面为 S_1，左底面为 S_2，侧面为 S_3，则通过此高斯面的电通量为

$$\Phi_e=\oint_S\boldsymbol{E}\cdot d\boldsymbol{S}=\int_{S_1}\boldsymbol{E}\cdot d\boldsymbol{S}+\int_{S_2}\boldsymbol{E}\cdot d\boldsymbol{S}+\int_{S_3}\boldsymbol{E}\cdot d\boldsymbol{S}。$$

因为在侧面 S_3 上的各面元 $d\boldsymbol{S}$ 方向与 $\boldsymbol{E}$ 垂直，所以上式中第三项积分为 0。

而在 S_1、S_2 上的各面元 $d\boldsymbol{S}$ 方向与 $\boldsymbol{E}$ 同向，且在 S_1、S_2 上各点的场强大小相等，则有

$$\Phi_e=\int_{S_1}\boldsymbol{E}\cdot d\boldsymbol{S}+\int_{S_2}\boldsymbol{E}\cdot d\boldsymbol{S}+\int_{S_3}\boldsymbol{E}\cdot d\boldsymbol{S}=ES_1+ES_2=2ES_1。$$

高斯面内包围的电荷为 σS_1，根据高斯定理得

$$\Phi_e=2ES_1=\frac{\sigma S_1}{\varepsilon_0},$$

解出场强

$$E=\frac{\sigma}{2\varepsilon_0},$$

场强方向过场点垂直于带电平面。若 $\sigma>0$，则场强方向背离带电平面；若 $\sigma<0$，则场

强方向指向带电平面。

上面,我们应用高斯定理求出了几种带电体产生的场强,从这几个例子可以看出,用高斯定理求场强是比较简单的。但是我们应该明确,不是所有带电体产生的场强都可以用高斯定理求的。因为这样的计算是有条件的,它要求电场分布具有一定的对称性,在具有某种对称性时,才能选择合适的高斯面,从而很方便地计算出场强的值。

10.5　静电场的环路定理　电势

前面从电荷在电场中受力的性质,引入了电场强度的概念。本节将从电荷在电场中移动时,静电力做功的角度来研究静电场的另一重要性质,从而引出描述静电场特征的另一个物理量 —— 电势的概念。

10.5.1　静电场的环路定理

1. 静电场力的功

如图 10-16 所示,设试验电荷 q_0 在位于原点 O 的点电荷 q 所产生的电场中沿 $\widehat{ACB}$ 路径由 A 点向 B 点运动,d$\boldsymbol{l}$ 为上述路径中的一元位移,电场力在这一元位移中对 q_0 做的元功

$$\mathrm{d}A = \boldsymbol{F} \cdot \mathrm{d}\boldsymbol{l} = q_0 \boldsymbol{E} \cdot \mathrm{d}\boldsymbol{l} = q_0 E\cos\theta \mathrm{d}l,$$

式中,$\boldsymbol{E}$ 为元位移处的场强,θ 为 $\boldsymbol{E}$ 与 d$\boldsymbol{l}$ 间的夹角。由图 10-16 可见,$\mathrm{d}l\cos\theta = \mathrm{d}r$,将其代入上式,并注意到 $F = \dfrac{qq_0}{4\pi\varepsilon_0 r^2}$,则得

$$\mathrm{d}A = \frac{1}{4\pi\varepsilon_0}\frac{qq_0}{r^2}\mathrm{d}r,$$

积分上式,即得试验电荷 q_0 在电场中由 A 点经路径 $\widehat{ACB}$ 运动到 B 点时电场力做的功

$$A = \int_{r_A}^{r_B} \frac{1}{4\pi\varepsilon_0}\frac{qq_0}{r^2}\mathrm{d}r = \frac{qq_0}{4\pi\varepsilon_0}\left(\frac{1}{r_A} - \frac{1}{r_B}\right),$$

式中,r_A 和 r_B 分别表示电荷 q 至 A 点和 B 点的距离。

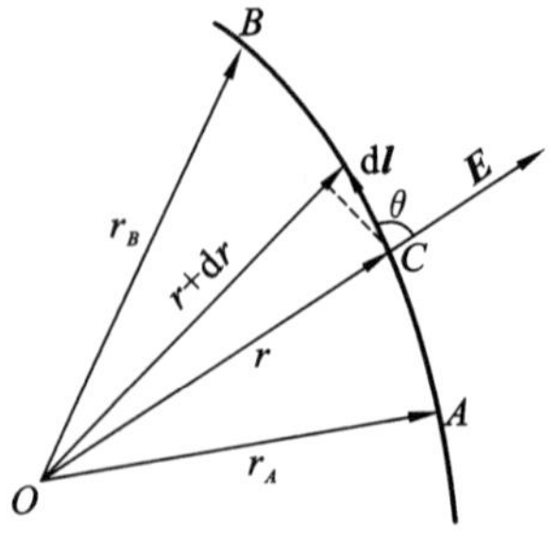

图 10-16　电场力的功

在点电荷系的电场中,按照静电力的叠加原理,q_0 受到的力应为各个点电荷对 q_0

作用的静电力的矢量和，即

$$\boldsymbol{F}=\sum_i \boldsymbol{F}_i。$$

在前面力学的学习中，我们知道作用在质点上的合力的功等于各分力功的代数和。所以，当点电荷 q_0 在这个电场中从 P_1 点沿任意路径移动到 P_2 点时，q_0 所受的静电力所做的功应等于各个点电荷的静电力做功的总和，即

$$A_{12}=\int_{P_1}^{P_2}\boldsymbol{F}\cdot \mathrm{d}\boldsymbol{l}=\sum_i A_{i12}=\sum_i \frac{q_0 q_i}{4\pi\varepsilon_0}\left(\frac{1}{r_{i1}}-\frac{1}{r_{i2}}\right), \tag{10-10}$$

式中，r_{i1}、r_{i2} 分别表示 q_i 到起点 P_1 和终点 P_2 的距离。

式(10-10)说明，在点电荷的电场中，点电荷 q_0 所受的电场力做的功只与始末位置有关而与路径无关。这一结论对于点电荷系或带电体所产生的静电场也同样成立。前面力学中我们学习过，这种做功只与始末位置有关，与路径无关的力叫保守力，所以静电力是保守力，静电场为保守场。即在任意静电场中，电场力做功都与路径无关，只与始末位置有关。这就是静电力做功的特点。

2. 静电场的环路定理

前面已经论述了静电力是保守力。在力学中，我们已经知道，保守力还可以表述为：沿闭合路径一周做功恒为零。那么，在静电场中，试验电荷 q_0 沿一闭合路径运动一周，静电力对它所做的功为

$$A=\oint_l \boldsymbol{F}\cdot \mathrm{d}\boldsymbol{l}=\oint_l q_0\boldsymbol{E}\cdot \mathrm{d}\boldsymbol{l}=0。$$

由于 $q_0\neq 0$，故有

$$\oint_l \boldsymbol{E}\cdot \mathrm{d}\boldsymbol{l}=0。\tag{10-11}$$

式(10-11)称为**静电场的环路定理**，它表明，在静电场中，场强沿任一闭合回路的线积分恒等于0，即电场强度的环流等于零。

10.5.2　电势能

由于静电场是保守场，所以在静电场中可以引入**电势能**的概念。根据力学中学习过的保守力做功与势能之间的关系知，静电力对电荷所做的功等于电荷电势能增量的负值。这样，当试验电荷 q_0 从 a 点移动到 b 点时，静电力所做的功为

$$A_{ab}=q_0\int_a^b \boldsymbol{E}\cdot \mathrm{d}\boldsymbol{l}=-(W_b-W_a)=W_a-W_b, \tag{10-12}$$

式(10-12)中，W_a 和 W_b 分别表示试验电荷 q_0 在电场中 a 点和 b 点的电势能。电势能是电荷与电场间的相互作用能，是电荷与电场所组成的系统共有的。和重力势能一样，它是一个相对量。要确定电荷在某点的电势能，就必须选择一个电势能为零的参考点。在式(10-12)中，若选 q_0 在 b 点处的电势能为零，即 $W_b=0$，则 q_0 在 a 点处的电势能为

$$W_a = q_0 \int_a^{参考点b} \boldsymbol{E} \cdot \mathrm{d}\boldsymbol{l}, \tag{10-13}$$

即试验电荷 q_0 在电场中 a 点的电势能,在数值上等于把它从 a 点移动到电势能零点处电场力做的功。电势能零点的选择是任意的,要视处理问题的方便而定。一般多选电荷在无穷远处的电势能为零,则 q_0 在电场中某一点 P 处的电势能为

$$W_P = q_0 \int_P^{\infty} \boldsymbol{E} \cdot \mathrm{d}\boldsymbol{l}。 \tag{10-14}$$

在 SI 中,电势能的单位是焦耳,用符号 J 表示。

10.5.3 电势　电势差

由式(10-14) 可知:电势能既与电场的分布有关,也与试验电荷 q_0 有关,所以不能用电荷在静电场中的电势能来描述静电场的性质。但是,电势能与电荷量的比值 W_P/q_0 却是一个与试验电荷 q_0 无关的量值,它反映了电场本身的性质。我们将该比值定义为表征静电场中给定点电场性质的物理量 —— **电势**,用符号 U 表示。则电场中某一点 P 的电势为

$$U_P = \frac{W_P}{q_0} = \int_P^{\infty} \boldsymbol{E} \cdot \mathrm{d}\boldsymbol{l}, \tag{10-15}$$

式(10-15) 中取的是无穷远处为电势零点。式(10-15) 表明,静电场中某点的电势,在数值上等于单位正电荷在该点所具有的电势能。或者说,在数值上等于把单位正电荷从该点移动到电势零点的过程中,电场力所做的功。电势是一个标量,是描述静电场特征的另一个物理量,它是空间位置的单值函数。

由于电势能是相对的,所以电势也是相对的,其值与电势的零点选择有关。原则上电势零点可以任意选取,但对尺寸有限的带电体,一般选无穷远处为电势零点;而对于无限大的带电体,电势零点多选一个有限远处的参考点,实际中,也常选地球(或电气设备的外壳) 为电势零点。

与电势相关的另一个重要概念是**电势差**。顾名思义,电势差就是电场中某两点的电势之差。根据式(10-15),电场中 a、b 两点的电势差为

$$U_{ab} = U_a - U_b = \int_a^{P_0} \boldsymbol{E} \cdot \mathrm{d}\boldsymbol{l} - \int_b^{P_0} \boldsymbol{E} \cdot \mathrm{d}\boldsymbol{l} = \int_a^b \boldsymbol{E} \cdot \mathrm{d}\boldsymbol{l}, \tag{10-16}$$

式(10-16) 中,P_0 为电势零点。由式(10-16) 我们可以知道,电场中 a、b 两点的电势差实际上就是把一个单位正电荷从 a 点移动到 b 点电场力所做的功。在静电场中给定的两点,电势差具有完全确定的值,与电势零点的选择没有任何关系。根据式(10-12),将试验电荷 q_0 从 a 点移动到 b 点,静电力所做的功为

$$A_{ab} = W_a - W_b = q_0(U_a - U_b) = q_0 U_{ab}, \tag{10-17}$$

式(10-17) 表明,点电荷在电场中移动时,电场力做的功为点电荷电荷量乘以始末两点的电势差。

电势与电势差具有相同的单位，在 SI 中，电势和电势差的单位都是伏特，用符号 V 表示。

10.5.4　电势的计算

一般来说，计算电势的方法有两种。第一种方法是由电势的定义式通过场强的线积分来计算；另一种方法是下面马上要介绍的电势叠加原理。对不同的带电体系，一般来讲上述两种方法都能够计算出电势，但是选择不同的方法计算的难易程度大不相同。下面我们介绍电势的叠加原理。

1. 点电荷的电势

首先考虑一点电荷产生的电场中任意一点的电势。如图 10-17 所示，一个点电荷 q 处于 O 点处，则距离 O 点为 r 的 P 点处的电势可以根据电势的定义式计算得到。选无穷远处为电势零点，为了计算的方便，积分路径选择沿 OP 方向由 P 点延伸到无穷远。则

$$U_P=\int_P^{\infty}\boldsymbol{E}\cdot\mathrm{d}\boldsymbol{l}=\int_P^{\infty}E\mathrm{d}r=\int_r^{\infty}\frac{q}{4\pi\varepsilon_0 r^2}\mathrm{d}r=\frac{q}{4\pi\varepsilon_0 r},\tag{10-18}$$

式(10-18) 就是点电荷的电势计算公式，它是计算其他带电体系电势的基础。

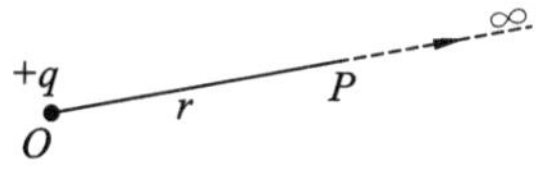

图 10-17　点电荷的电势

2. 点电荷系的电势　电势的叠加原理

设场源电荷系由若干个点电荷 $q_1, q_2, \cdots, q_n$ 组成，它们各自的场强为 $\boldsymbol{E}_1, \boldsymbol{E}_2, \cdots, \boldsymbol{E}_n$，由场强的叠加原理知道，点电荷系在某一点激发的总场强

$$\boldsymbol{E}=\boldsymbol{E}_1+\boldsymbol{E}_2+\cdots+\boldsymbol{E}_n,$$

根据电势的定义式(10-15)，可得

$$U_P=\int_P^{\infty}\boldsymbol{E}\cdot\mathrm{d}\boldsymbol{l}=\int_P^{\infty}\boldsymbol{E}_1\cdot\mathrm{d}\boldsymbol{l}+\int_P^{\infty}\boldsymbol{E}_2\cdot\mathrm{d}\boldsymbol{l}+\cdots+\int_P^{\infty}\boldsymbol{E}_n\cdot\mathrm{d}\boldsymbol{l}=\sum_i U_i,\tag{10-19}$$

式(10-19) 中，取的是无穷远处为电势零点，$U_1, U_2, \cdots, U_n$ 是各个点电荷单独存在时在 P 点产生的电势。即**在点电荷系产生的电场中，某点的电势是各个点电荷单独存在时，在该点产生的电势的代数和**，这就是**电势的叠加原理**。结合式(10-18)，点电荷系在 P 点产生的电势又可以写为

$$U_P=\sum_i U_i=\sum_i\frac{q_i}{4\pi\varepsilon_0 r_i},\tag{10-20}$$

式(10-20) 中，r_i 为点电荷 q_i 到 P 点的距离。

3. 带电体的电势

对于电荷连续分布的带电体，可以把它分解成由很多电荷元 $\mathrm{d}q$ 所组成，$\mathrm{d}q$ 可视

为点电荷,由电势的叠加原理可知,电场中任一点的电势为

$$U=\int_q \frac{\mathrm{d}q}{4\pi\varepsilon_0 r}。\tag{10-21}$$

下面我们举例说明电势的两种计算方法。

例 10-11 一个电偶极子电量为 q,相距 l。点电荷 q_0 沿半径为 R 的半圆路径 L 从左端 A 点运动到右端 B 点,如图 10-18 所示,试求 q_0 所受的电场力做的功。

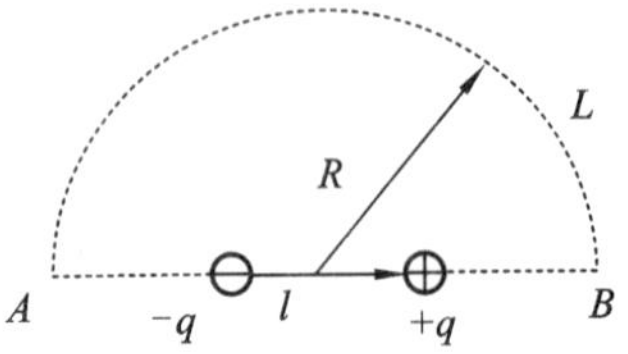

图 10-18 电偶极子电势

解 首先,根据点电荷产生电势的公式和电势的叠加原理,可得电偶极子在 A、B 两点的电势分别为

$$U_A=\frac{q}{4\pi\varepsilon_0(R+l/2)}+\frac{-q}{4\pi\varepsilon_0(R-l/2)},$$

$$U_B=\frac{q}{4\pi\varepsilon_0(R-l/2)}+\frac{-q}{4\pi\varepsilon_0(R+l/2)},$$

A、B 两点的电势差为

$$U_{AB}=U_A-U_B=-\frac{ql}{2\pi\varepsilon_0(R^2-l^2/4)},$$

所以,点电荷 q_0 沿半径为 R 的路径 L 从左端 A 点运动到右端 B 点电场力所做的功为

$$A=q_0U_{AB}=-\frac{q_0ql}{2\pi\varepsilon_0(R^2-l^2/4)}=-\frac{q_0p}{2\pi\varepsilon_0(R^2-l^2/4)},$$

上式中,p 为电偶极矩的大小,$p=ql$。若 $R\gg l$,则上式可以写成

$$A=-\frac{q_0p}{2\pi\varepsilon_0R^2}。$$

例 10-12 求电荷线密度为 λ 的无限长均匀带电直线电场中的电势分布。

解 由例 10-8 的结论知,无限长均匀带电直线周围的场强的大小为 $E=\frac{\lambda}{2\pi\varepsilon_0 r}$,方向垂直于带电直线。因电荷无限分布,如果仍选无限远处作为电势零点,则由积分的结果可知各点电势都将为无限大而失去意义,故可取有限远处的某点 P_0 为电势零点。假设 P_0 到带电直线的距离为 r_0,如图 10-19 所示,则距带电直线为 r 的 P 点的电势为

$$U=\int_P^{P_0}\boldsymbol{E}\cdot\mathrm{d}\boldsymbol{l}=\int_r^{r_0}\frac{\lambda}{2\pi\varepsilon_0 r}\mathrm{d}r=\frac{\lambda}{2\pi\varepsilon_0}\ln\frac{r_0}{r},$$

式中积分路径沿着 PP_0 连线的方向,即垂直于带电直线的方向。由此例看出,当电荷

的分布扩展到无限远时，电势零点不能再选在无限远处。

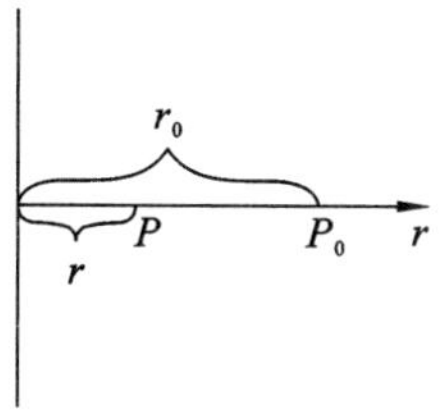

图 10-19　无限长均匀带电直线的电势

例 10-13　求均匀带电球面的电场中的电势分布。球面半径为 R，总电量为 q。

解　均匀带电球面的场强分布很有规律性，本题适宜用电势的定义式通过对场强的积分来求电势。根据例 10-7 的结论知，均匀带电球面的场强分布为

$$\boldsymbol{E}=\begin{cases}\dfrac{q}{4\pi\varepsilon_0 r^2}\boldsymbol{e}_r, & r>R,\\ 0, & r<R,\end{cases}$$

式中，$\boldsymbol{e}_r$ 为沿球面径向的单位矢量。

取无穷远处为电势零点，如图 10-20 所示，则球面内任一点 $P_1(r<R)$ 的电势为

$$\begin{aligned}U&=\int_{P_1}^{\infty}\boldsymbol{E}\cdot \mathrm{d}\boldsymbol{l}=\int_r^R E\mathrm{d}r+\int_R^{\infty}E\mathrm{d}r\\&=0+\int_R^{\infty}\frac{q}{4\pi\varepsilon_0 r^2}\mathrm{d}r=\frac{q}{4\pi\varepsilon_0 R},\end{aligned}$$

上面积分路径选择的是沿径向从 P_1 延伸到无穷远，要注意的是，由于球面内外的场强分布不同，求电势的时候，要分段积分。

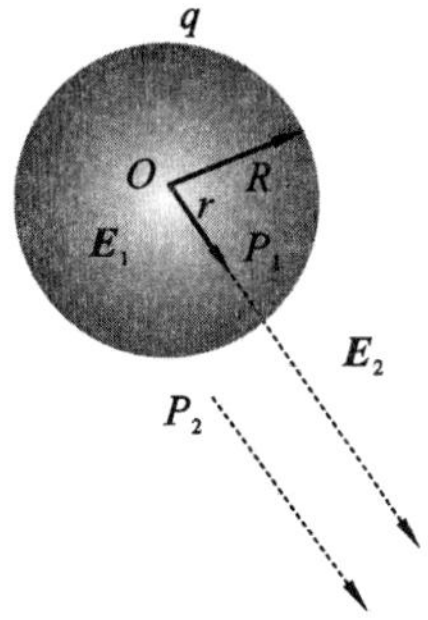

图 10-20　均匀带电球面的电势

对于球面外的任一点 $P_2(r>R)$，同样根据电势的定义有

$$U=\int_{P_2}^{\infty}\boldsymbol{E}\cdot \mathrm{d}\boldsymbol{l}=\int_r^{\infty}E\mathrm{d}r=\int_r^{\infty}\frac{q}{4\pi\varepsilon_0 r^2}\mathrm{d}r=\frac{q}{4\pi\varepsilon_0 r}。$$

综上，均匀带电球面的电势分布可写为

$$U=\begin{cases}\dfrac{q}{4\pi\varepsilon_0 R}, & r\leqslant R;\\ \dfrac{q}{4\pi\varepsilon_0 r}, & r>R。\end{cases}$$

这说明,均匀带电球面球面内的电势是相等的,在球面内移动试验电荷时,无电场力做功;球面外的电势与场点到球心的距离 r 有关;在球面处,电势是连续的。

例 10-14 如图 10-21 所示,一半径为 R 的均匀带电细圆环,所带电量为 q,求在圆环轴线上任意点 P 的电势。

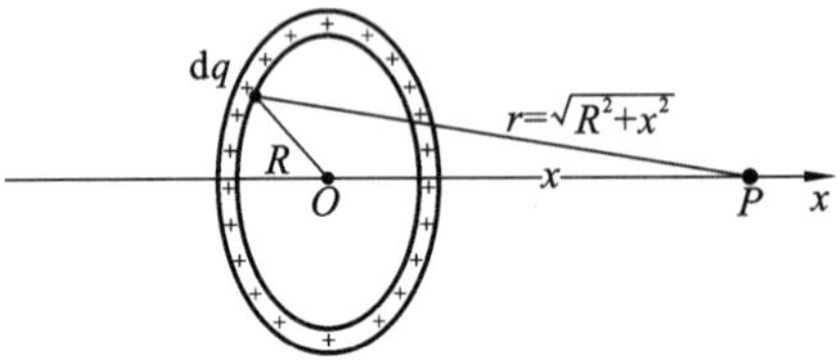

图 10-21 均匀带电圆环轴线上的电势分布

解 本题可以用两种方法求解,我们先用场强积分法来求解。由例 10-4 可知,圆环在轴线上任一点的场强为

$$E=\frac{qx}{4\pi\varepsilon_0\ (x^2+R^2)^{3/2}},$$

其方向沿轴向。为了计算的方便,我们选择积分路径沿轴向从 P 点向无穷远处积分,则 P 点处的电势由电势的定义式可得

$$U=\int_P^{\infty}\boldsymbol{E}\cdot\mathrm{d}\boldsymbol{l}=\int_x^{\infty}E\mathrm{d}x=\int_x^{\infty}\frac{qx}{4\pi\varepsilon_0\ (x^2+R^2)^{3/2}}\mathrm{d}x=\frac{q}{4\pi\varepsilon_0\ \sqrt{R^2+x^2}}。$$

本题还可以用电势的叠加原理来求解。在圆环上取一电荷元 $\mathrm{d}q$,由电势的叠加原理可得 P 点的电势为

$$U=\int_q\mathrm{d}U=\int_q\frac{\mathrm{d}q}{4\pi\varepsilon_0 r}=\frac{q}{4\pi\varepsilon_0 r}=\frac{q}{4\pi\varepsilon_0\ \sqrt{R^2+x^2}}。$$

当 P 点位于环心 O 处时,$x=0$,则

$$U=\frac{q}{4\pi\varepsilon_0 R}。$$

10.6 电场强度与电势梯度

10.6.1 等势面

一般而言,静电场中的电势值是逐点变化的,它们是空间坐标的标量函数。**等势面**是由电势相等的点所组成的面,它们应满足方程

$$U(x,y,z)=C。$$

当常量 C 取等间隔的一系列数值时,可以得到一系列等势面。由式(10-16) 可

知，在这样画出的等势面较密集的地方场强较大，较稀疏的地方场强较小。图 10-22 给出了两个等量异号的点电荷的电场线和等势面的分布图。

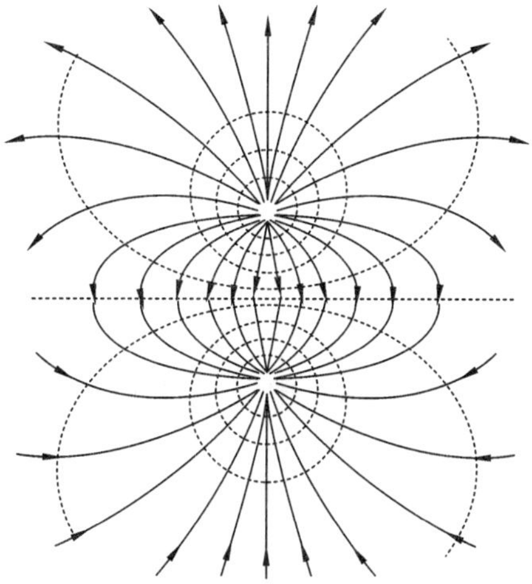

图 10-22　等量异号点电荷的等势面

等势面有一个重要的性质，就是等势面处处与电场线垂直。如果不是这样，而是在某处等势面与电场线不垂直，则场强就会有一个沿等势面切线方向的分量，此场强分量就会在此等势面上移动电荷做功，这就同在等势面上移动电荷不做功相矛盾。

10.6.2　电势梯度

如图 10-23 所示，设 A 和 B 是两个靠得很近的等势面，电势分别为 U 和 $U+\Delta U$，$\boldsymbol{n}$ 为等势面 A 上某一点 P 处的法向单位矢量。在两等势面之间沿 $\boldsymbol{n}$ 取一线段 PQ，其长度为 Δn。由等势面与电场线垂直可知，场强 $\boldsymbol{E}$ 与 $\boldsymbol{n}$ 只能同向或反向。若以 E_n 表示 $\boldsymbol{E}$ 在 $\boldsymbol{n}$ 方向上的投影，即 $\boldsymbol{E}=E_n\boldsymbol{n}$，则 $E_n>0$ 时 $\boldsymbol{E}$ 与 $\boldsymbol{n}$ 同向，否则反向。

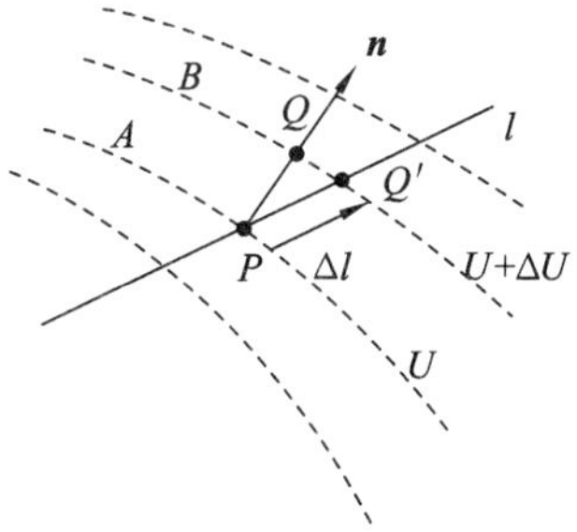

图 10-23　电势的梯度

利用式(10-16)，有

$$U(P)-U(Q)=\int_P^Q \boldsymbol{E}\cdot \mathrm{d}\boldsymbol{l},$$

可以得到

$$U-(U+\Delta U)=\int_P^Q \boldsymbol{E}\cdot \mathrm{d}\boldsymbol{l}=\int_P^Q E_n\boldsymbol{n}\cdot \mathrm{d}\boldsymbol{l},$$

令积分沿 PQ 连线进行，并考虑到 P 与 Q 两点很靠近，可以认为连线上各点的 E_n 与 P 点的相同，因此有

$$-\Delta U=\int_P^Q E_n\boldsymbol{n}\cdot \mathrm{d}\boldsymbol{l}=E_n\Delta n,$$

由此有

$$E_n=-\frac{\Delta U}{\Delta n}。$$

P 与 Q 两点很靠近意味着上式取极限，并考虑到方向关系：$\boldsymbol{E}=E_n\boldsymbol{n}$，可得

$$\boldsymbol{E}=-\lim_{\Delta n\to 0}\frac{\Delta U}{\Delta n}\boldsymbol{n}=-\frac{\partial U}{\partial n}\boldsymbol{n}, \tag{10-22}$$

由此得到了电势和场强之间的微分关系：电场中某点的场强等于这一点的电势沿等势面法线方向的方向导数 $\partial U/\partial n$ 的负值。式(10-22) 中的负号表示场强方向沿电势降落的方向。

如果在两邻近等势面之间取任意方向的线段 PQ'，其长度为 Δl，与 $\boldsymbol{n}$ 间的夹角为 θ，则有

$$U-(U+\Delta U)=\int_P^Q \boldsymbol{E}\cdot \mathrm{d}\boldsymbol{l}=E_n\cos\theta\Delta l=E_l\Delta l,$$

上式取极限，可得

$$E_l=-\lim_{\Delta l\to 0}\frac{\Delta U}{\Delta l}=-\frac{\partial U}{\partial l}。 \tag{10-23}$$

这就是说，电场中某点的场强沿任一方向的分量，等于这一点的电势沿该方向的方向导数 $\partial U/\partial l$ 的负值。

由于 $E_n\cos\theta=E_l$，即$(\partial U/\partial n)\cos\theta=\partial U/\partial l$，所以 $\partial U/\partial n>\partial U/\partial l$。因此，在所有的方向导数中，以等势面法线方向的方向导数数值最大，而其他方向的方向导数等于它乘以 $\cos\theta$。为体现这一特征，可以定义一个矢量，它沿着电势增加的方向，若 U 沿着 $\boldsymbol{n}$ 的方向增加，则它沿着 $\boldsymbol{n}$ 的方向，大小等于 $\partial U/\partial n$。这个矢量称为 U 的**梯度**，用 ∇U 或 $\mathrm{grad}U$ 表示。沿其余方向的方向导数 $\partial U/\partial l$ 是梯度矢量 ∇U 在该方向上的投影。因为场强 $\boldsymbol{E}$ 总是指向电势减小的方向，这时 $\boldsymbol{E}$ 与 $\boldsymbol{n}$ 方向相反，所以由式(10-23)，有

$$\boldsymbol{E}=-\nabla U。 \tag{10-24}$$

在直角坐标系中

$$\nabla U\equiv\frac{\partial U}{\partial x}\boldsymbol{i}+\frac{\partial U}{\partial y}\boldsymbol{j}+\frac{\partial U}{\partial z}\boldsymbol{k}, \tag{10-25}$$

称其为**电势梯度**，$\boldsymbol{i}$、$\boldsymbol{j}$、$\boldsymbol{k}$ 分别为沿 x、y、z 轴正方向的单位矢量。电势梯度是一个矢量，它指向电势增大的方向。由式(10-24) 知，电场强度的方向总是指向电势减小的方

向。式(10-24)就是电场强度和电势之间的微分关系,式(10-25)是这一关系在直角坐标系中的表示式。

例 10-15　已知点电荷的电势公式为 $U=\frac{q}{4\pi\varepsilon_0 r}$,用场强与电势的关系求点电荷 q 产生的场强。

解　如图 10-24 建立坐标系,距离电荷 q 为 x 的任一点 P 的电势为

$$u_P=\frac{q}{4\pi\varepsilon_0 x},$$

根据场强与电势的关系,则有

$$E_x=-\frac{\partial u_p}{\partial x}=\frac{q}{4\pi\varepsilon_0 x^2},\quad E_y=E_z=0,$$

即

$$E=E_x=\frac{q}{4\pi\varepsilon_0 x^2}。$$

$q>0$,$\boldsymbol{E}$ 沿 x 轴正向;$q<0$,$\boldsymbol{E}$ 沿 x 轴负向。

图 10-24　点电荷的场强与电势的关系

例 10-16　利用电场强度与电势的微分关系,求均匀带电细圆环轴线上任一点的电场强度。

解　均匀带电细圆环轴线上任一点的电势为

$$U=\frac{q}{4\pi\varepsilon_0\sqrt{R^2+x^2}},$$

由于电势只是 x 的单值函数,根据电场强度与电势的微分关系可得任一 P 点处的电场强度为

$$E=E_x=-\frac{\partial U}{\partial x}=-\frac{\mathrm{d}}{\mathrm{d}x}\left(\frac{q}{4\pi\varepsilon_0\sqrt{R^2+x^2}}\right)=\frac{1}{4\pi\varepsilon_0}\frac{qx}{\sqrt[3]{R^2+x^2}},$$

其方向沿圆环的轴向。

10.7　静电场中的导体

10.7.1　导体的静电平衡条件

所谓导体就是能够导电的物体,在形态上可以是固体、液体或气体。本节所讨论的导体专指金属导体。金属导体的重要特征是在它的内部具有大量的自由电子。当导体不带电也不受电场力作用时,自由电子做微观热运动,没有电荷的定向的宏观运动,整个导体呈电中性,如图 10-25(a) 所示。如果我们把导体放入静电场 $\boldsymbol{E}_0$ 中,电场

将驱使自由电荷定向运动,使导体上的电荷重新分布。这些正、负电荷在导体两端表面聚集,如图 10-25(b) 所示。这种在电场的作用下导体上的电荷重新分布的过程称为静电感应现象,在静电感应过程中聚集在导体表面的电荷称为感应电荷。根据电荷守恒定律,感应电荷的总电量是零,即导体两端表面上的感应电荷是等量异号的。感应电荷在导体内部会产生一个附加电场 $\boldsymbol{E}'$,如图 10-25(c) 所示,这个电场的方向与外电场 $\boldsymbol{E}_0$ 的方向相反,其作用是削弱外电场。随着静电感应的进行,感应电荷不断累积,附加电场增强,当 $\boldsymbol{E}'$ 与外电场 $\boldsymbol{E}_0$ 大小相等时,导体内部的总场强为 0,自由电荷的定向移动停止,静电感应过程结束,导体达到**静电平衡**,如图 10-25(d) 所示。这一过程进行得很快,大约在 10^{-9} 秒内即可完成。通常在我们处理静电场中的导体问题时,若非特别说明,总是把它当作已达到静电平衡的状态来讨论。

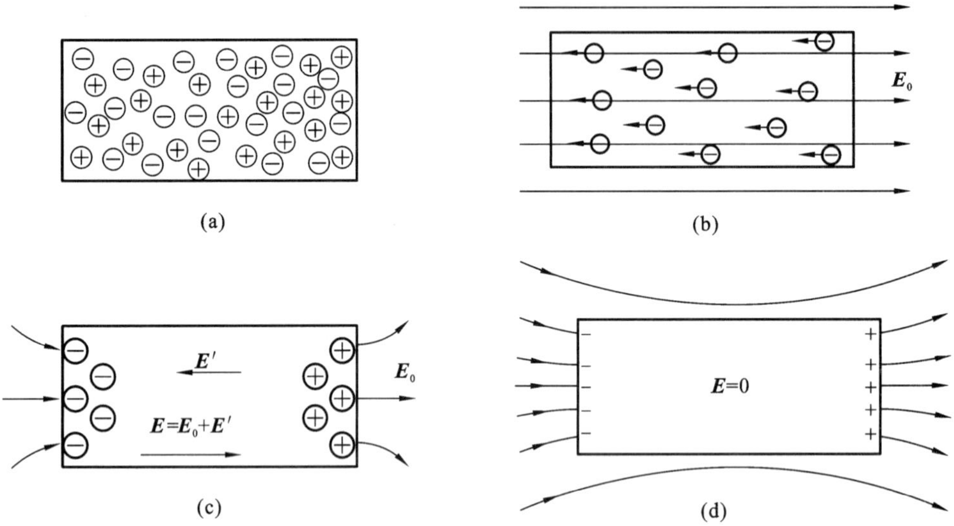

图 10-25　静电感应和导体的静电平衡

根据上面的讨论可知,导体要达到静电平衡,必须满足以下条件:

1. 场强条件

(1) 导体内部任意一点的电场强度为零。

(2) 导体表面的场强方向处处与导体表面垂直。

导体内部的场强为零是显然的,否则电场将继续驱使自由电荷运动,这就与导体处于静电平衡状态相矛盾了。导体表面附近的场强可以不为零,但它的方向必须与表面垂直,否则场强沿表面的切向分量也能驱使自由电荷运动,破坏静电平衡。

2. 电势条件

处于静电平衡的导体是一个等势体;导体表面是一个等势面。利用电势差的概念及静电平衡的条件很容易证明这一点。

设 P、Q 为导体中任意两点，由于静电平衡时导体内部场强为 0，由电势差的定义可得

$$U_{PQ}=U_P-U_Q=\int_P^Q \boldsymbol{E}\cdot\mathrm{d}\boldsymbol{l}=0,$$

即

$$U_P=U_Q,$$

所以，处于静电平衡中的导体，其内部任意两点的电势相等，整个导体为一个等势体，其表面为一个等势面。

10.7.2　处于静电平衡状态导体上的电荷分布

1. 在静电平衡状态下导体内部无净电荷，净电荷只能分布在导体的外表面上。这一点，可以用高斯定理证明。下面分情况来说明：

(1) 实心导体

如图 10-26 所示，实心导体带电量为 Q，在其内部任作一高斯面 S，根据高斯定理有

$$\Phi_e=\oint_S \boldsymbol{E}\cdot\mathrm{d}\boldsymbol{S}=\frac{\sum\limits_{S内} q_i}{\varepsilon_0},$$

由于静电平衡时导体内部场强处处为 0，故

$$\oint_S \boldsymbol{E}\cdot\mathrm{d}\boldsymbol{S}=0,$$

即高斯面内电荷代数和 $\sum\limits_{S内} q_i=0$。由于高斯面 S 可以取在导体内部任意处，且可收缩到任意小，所以，可以得出结论：静电平衡时，导体内部处处无净电荷，净电荷只能分布在导体的外表面上。

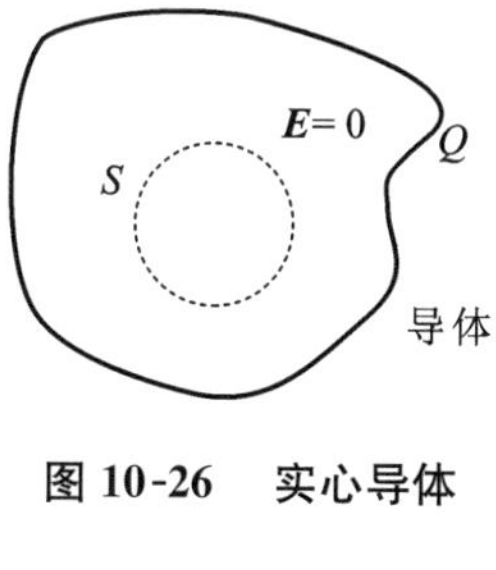

图 10-26　实心导体

(2) 空腔导体

a. 空腔内无其他电荷

如图 10-27 所示，空腔导体带电量为 Q，在其内作一包围空腔的高斯面 S，根据高斯定理有

$$\Phi_e=\oint_S \boldsymbol{E}\cdot\mathrm{d}\boldsymbol{S}=\frac{\sum\limits_{S内} q_i}{\varepsilon_0},$$

由于静电平衡时导体内部场强处处为 0,故

$$\oint_S \boldsymbol{E} \cdot \mathrm{d}\boldsymbol{S} = 0,$$

即高斯面内电荷代数和 $\sum_{S内} q_i = 0$。由于空腔内无其他电荷,静电平衡时,导体内部又无净电荷,所以空腔内表面上的净电荷为 0。这存在两种可能:要么在空腔内表面上没有电荷,要么分布着等量异号电荷。但是,在空腔内表面上能否出现等量的异号电荷呢?我们设想有这种可能,如图 10-27 所示,假设在 A 点附近出现 $+q$,B 点附近出现 $-q$,这样在腔内就会分布从 $+q$ 指向 $-q$ 的电场线,由此可知,$U_A > U_B$,但静电平衡时,导体为等势体,即 $U_A = U_B$,这显然违背了静电平衡的条件,因此,假设不成立。我们因此可以得出结论:静电平衡时,腔内无电荷的空腔导体,其电荷只能分布在空腔导体的外表面上,导体内部和内表面上均没有净电荷。

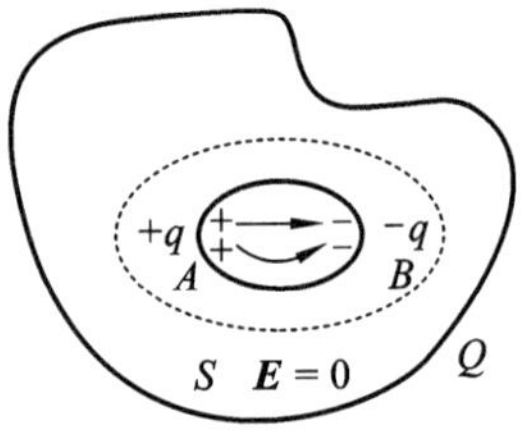

图 10-27　腔内无电荷的空腔导体

b. 空腔内有其他电荷

如图 10-28 所示,空腔导体带电量为 Q,其空腔中有一点电荷 $+q$,在导体内作一包围空腔的高斯面 S,根据高斯定理有

$$\Phi_e = \oint_S \boldsymbol{E} \cdot \mathrm{d}\boldsymbol{S} = \frac{\sum_{S内} q_i}{\varepsilon_0},$$

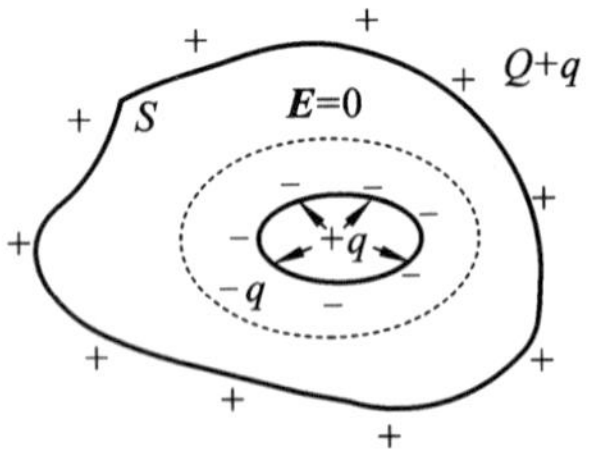

图 10-28　腔内有电荷的空腔导体

由于静电平衡时导体内 $E = 0$,因此,

$$\oint_S \boldsymbol{E} \cdot \mathrm{d}\boldsymbol{S} = 0,$$

即高斯面内电荷代数和 $\sum_{S内} q_i = 0$。又因为此时导体内部无净电荷,而腔内有电荷 $+q$,

所以腔内表面必有感应电荷 $-q$。根据电荷守恒定律，导体外表面带电量为 $Q+q$。结论是：静电平衡时，腔内有电荷的空腔导体，空腔内表面会出现等量异号感应电荷，外表面上所带电量与内表面上的电量之和遵循电荷的守恒定律。

2. 静电平衡时，导体表面外附近的电场强度的大小与该处表面上的电荷密度成正比，即 $E=\dfrac{\sigma}{\varepsilon_0}$。

这个结论也可以用高斯定理来证明：如图 10-29 所示，考察点 P 在导体表面附近，过 P 点作一个很小的圆柱形高斯面 S，柱面的上底 ΔS 过 P 点且与导体表面平行，柱面的侧面与导体表面垂直。根据高斯定理，通过高斯面的电通量

$$\Phi_e=\oint_S \boldsymbol{E}\cdot \mathrm{d}\boldsymbol{S}=\frac{\sum\limits_{S内} q_i}{\varepsilon_0},$$

由于导体表面附近的场强方向与表面垂直，故柱面侧面与场强 $\boldsymbol{E}$ 平行没有通量，柱面下底在导体内，$\boldsymbol{E}=0$，故通量也为零，所以只有上底面上有电通量。由于上底与 $\boldsymbol{E}$ 垂直，在一个很小的区域内 $\boldsymbol{E}$ 又可以看作均匀场，故通过上底的电通量为 $E\Delta S$。圆柱面内包围的净电荷为柱面在导体表面上截出的一块面积为 ΔS 的面上所带的电荷，由于电荷可以看作均匀分布的，故 $\sum\limits_{S内} q_i=\sigma\Delta S$，$\sigma$ 为导体表面的电荷密度，于是有 $E\Delta S=\dfrac{\sigma\Delta S}{\varepsilon_0}$，即 $E=\dfrac{\sigma}{\varepsilon_0}$。

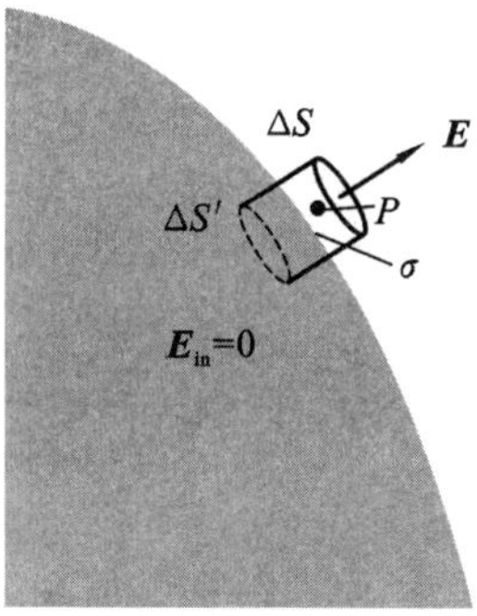

图 10-29　导体表面电荷密度与场强的关系

3. 导体处于静电平衡时，其表面上各处的电荷面密度与各处表面的曲率半径有关，曲率半径越小的地方，电荷面密度越大。

如图 10-30 所示，在导体尖端附近处的电荷面密度最大，其周围的电场很强，空气中的电子或离子在强电场的作用下做加速运动，获得足够大的能量，它们和空气分子相碰，又产生新的带电粒子，由此产生大量的带电粒子。与导体尖端上相异的粒子飞向导体尖端；而与导体尖端上相同的粒子则飞离导体尖端，就像导体尖端上的电荷被“喷射”出来一样。这就是导体尖端放电现象。为了尽量避免因导体尖端放电而引

起的危害和漏电造成损失,高压电输电线的表面均是光滑的,高电压的零部件也必须做得十分光滑并尽可能做成球形。相反,火花放电设备的电极往往做成尖端形状。避雷针就是利用导体尖端的电场强度大,空气被电离,形成放电通道,使云地间电流通过导线流入地下而达到避雷的目的。

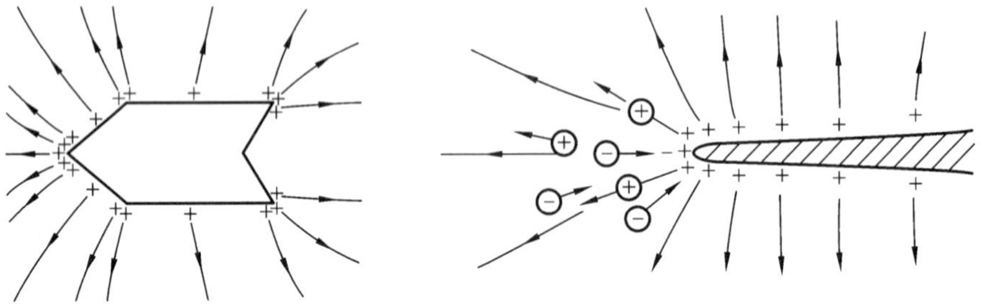

图 10-30　导体尖端放电现象

10.7.3　静电屏蔽

根据前面的介绍,导体放入静电场中,达到静电平衡时,导体内部的场强为零。如果是空腔导体,导体内部和空腔内电场仍然为零。这样一来,我们可以利用空腔导体来屏蔽外电场,使空腔内的物体不受外电场的影响。

如果空腔内有带电体,根据前面的分析,会在空腔导体外表面感应出等量的电荷,从而对导体外的空间产生影响,消除这种影响的方法就是接地。接地后,外表面的电荷全部流入大地,这样,电场就局限于导体内部了。接地的空腔导体不仅能屏蔽内电场,还能保护空腔内的物体不受空腔外带电体的影响,即屏蔽外电场。

以上就是**静电屏蔽**原理。

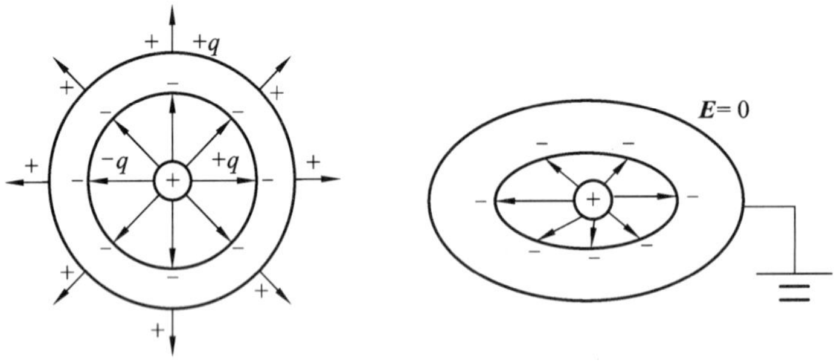

图 10-31　静电屏蔽

静电屏蔽在工程技术中有很多的应用,为了避免外场对某些精密元件的影响,可以把元件用一个金属壳或金属网罩起来。高压作业时,操作人员要穿上用金属丝网做成的屏蔽服也是为了防止电场对人体的伤害。屏蔽服也会带电,电势可能会很高,但屏蔽服内的场强却为零,这就保证了操作者的安全。传输微弱信号的导线,为了避免外界的干扰，在导线外包一层用接地的金属丝编织的屏蔽线层。

例 10-17　接地导体球附近有一点电荷，如图 10-32 所示。求导体球上感应电荷的电量。

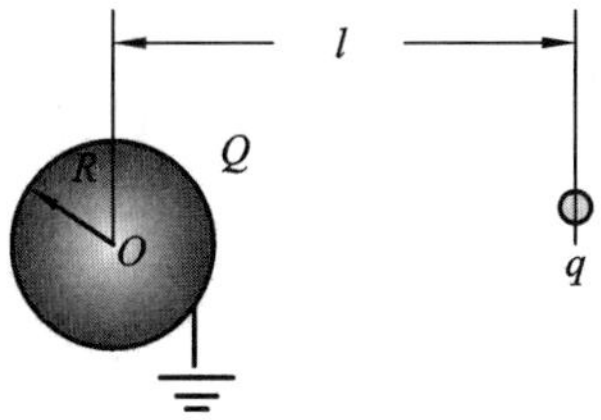

图 10-32　接地导体球上的感应电量

解　导体球接地，即电势为 0，设球上出现的感应电量为 Q，由于静电平衡时，导体球是个等势体，因此球心 O 点的电势为 0，则

$$U_O=\frac{Q}{4\pi\varepsilon_0 R}+\frac{q}{4\pi\varepsilon_0 l}=0,$$

即

$$Q=-\frac{R}{l}q。$$

例 10-18　有两块面积较大的导体薄板平行放置，它们的面积均为 S，距离为 d，如图 10-33 所示。若给 a 板电荷 Q_a，b 板电荷 Q_b，求：(1) 导体薄板四个表面上的电荷分布、空间的场强分布及两板之间的电势差；(2) 若将 b 板接地，再求电荷分布、空间的场强分布及两板之间的电势差。

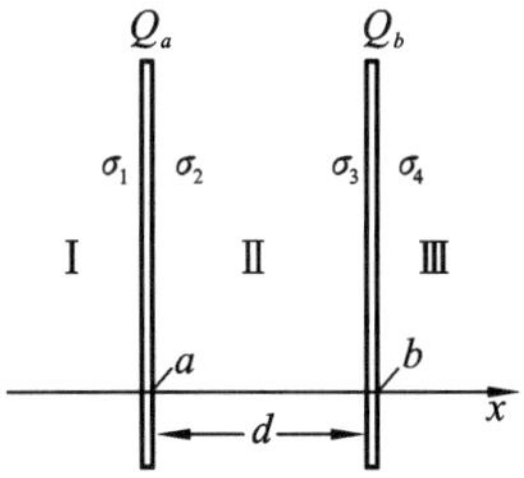

图 10-33　导体平板的电荷及场强分布

解　(1) 不考虑边缘效应，静电平衡时电荷将分布在导体薄板的表面上形成四个均匀带电平面，设电荷面密度分别为 σ_1、σ_2、σ_3、σ_4。由电荷守恒定律可知

$$\sigma_1+\sigma_2=\frac{Q_a}{S},\qquad ①$$

$$\sigma_3+\sigma_4=\frac{Q_b}{S}。\qquad ②$$

由静电平衡条件，导体薄板内的 A 点和 B 点的场强应为零。A、B 点的场强均是

四个均匀带电平面场强叠加而来。以向右为正,A 点的合场强可表示为

$$\frac{1}{2\varepsilon_0}(\sigma_1-\sigma_2-\sigma_3-\sigma_4),$$

故有

$$\frac{1}{2\varepsilon_0}(\sigma_1-\sigma_2-\sigma_3-\sigma_4)=0。 \qquad ③$$

同理,B 点的合场强为

$$\frac{1}{2\varepsilon_0}(\sigma_1+\sigma_2+\sigma_3-\sigma_4)=0。 \qquad ④$$

联立 ① ~ ④ 四式可得

$$\sigma_1=\sigma_4=\frac{Q_a+Q_b}{2S},\quad \sigma_2=-\sigma_3=\frac{Q_a-Q_b}{2S},$$

两板左边的场强

$$E_{\mathrm{I}}=\frac{1}{2\varepsilon_0}(-\sigma_1-\sigma_2-\sigma_3-\sigma_4)=-\frac{Q_a+Q_b}{2\varepsilon_0 S},$$

两板之间的场强

$$E_{\mathrm{II}}=\frac{1}{2\varepsilon_0}(\sigma_1+\sigma_2-\sigma_3-\sigma_4)=\frac{Q_a-Q_b}{2\varepsilon_0 S},$$

两板右边的场强

$$E_{\mathrm{III}}=\frac{1}{2\varepsilon_0}(\sigma_1+\sigma_2+\sigma_3+\sigma_4)=\frac{Q_a+Q_b}{2\varepsilon_0 S}。$$

以上三式中若 $E>0$,表示场强向右;$E<0$,表示场强向左。两板之间的电势差

$$U_{ab}=\int_a^b \boldsymbol{E}\cdot \mathrm{d}\boldsymbol{l}=E_{\mathrm{II}}d=\frac{Q_a-Q_b}{2\varepsilon_0 S}d。$$

(2) 若将 B 板接地,则地面和接地的导体电势均为零。此时 B 板右表面的电荷应为零,即

$$\sigma_4=0, \qquad ⑤$$

此时 ② 式由于 B 板和地面交换电荷已经不成立了,而 ①、③、④ 式仍成立。注意到已有 $\sigma_4=0$,联立 ①、③、④、⑤ 式可解得

$$\sigma_1=\sigma_4=0,\quad \sigma_2=-\sigma_3=\frac{Q_a}{S},$$

进而可求出三个区域此时的场强为

$$E_{\mathrm{I}}=E_{\mathrm{III}}=0,\quad E_{\mathrm{II}}=\frac{Q_a}{\varepsilon_0 S},$$

两板之间的电势差为

$$U_{ab}=\int_a^b \boldsymbol{E}\cdot \mathrm{d}\boldsymbol{l}=E_{\mathrm{II}}d=\frac{Q_a}{\varepsilon_0 S}d。$$

10.8　静电场中的电介质

10.8.1　极化的微观机制

为了了解极化的原因和极化的规律，必须从介质的微观结构入手。电介质是由许多电中性的原子或分子组成的。这些原子或分子中，带负电的电子(或负离子)与带正电的原子核(或正离子)之间，由于相互作用而束缚得很紧，不像导体中的载流子那样能在导体中自由运动。但这绝不是说，电介质的分子、原子中的电荷不受外电场的影响。

自然界中组成电介质的分子有两种类型，可以设想每个分子中正、负电荷分别有自己的"中心"，一种是其正、负电荷中心重合的分子，其电偶极矩 $\boldsymbol{p}_{分子}=0$，因而被称为**无极分子**；另一种是其正、负电荷中心不重合的分子，其电偶极矩 $\boldsymbol{p}_{分子}\neq 0$，因而被称为**有极分子**。这里应该说明的是，所谓电荷分布和其"中心"都是对时间的平均。例如氢原子中的负电荷，我们认为它是球对称分布的，其"中心"在球心，这正是电子绕核运动对时间平均的结果，而带正电的原子核可看成点电荷，所以氢原子的电偶极矩为零。

两个氢原子组成的氢分子，其每个分子的负电荷对称地分布在正电荷周围，电偶极矩为零，属于无极分子。此外，O_2、N_2、CH_4 等气体的分子也是无极分子。当有外电场作用时，无极分子中正、负电荷的中心发生相对位移，产生了电偶极矩，如图 10-34(a) 所示，这引起两个后果：

(1) 每个分子的电偶极矩都沿着外电场的方向，结果在和外电场垂直的电介质的两个表面上，分别出现了未被抵消的正、负电荷，如图 10-34(b) 所示，这种电荷称为极化电荷或束缚电荷，与导体中的自由电荷不一样，它既不能离开电介质而转移到其他物体上去，又不能在电介质内自由运动，它是束缚电荷微观运动的宏观结果。

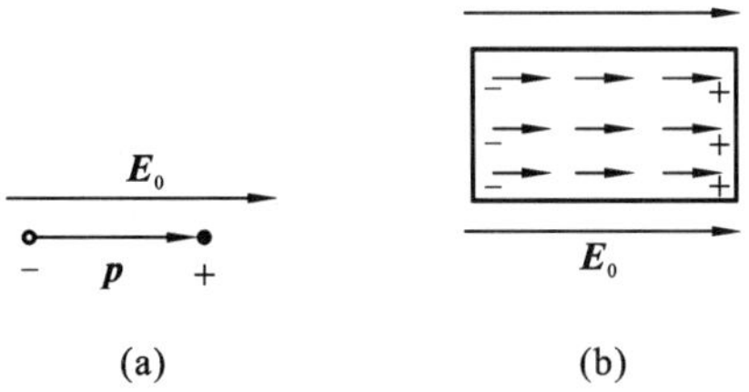

图 10-34　位移极化

(2) 该极化电荷在电介质中产生的电场对外场起抵消作用，使介质中实际电场减弱。无极分子的极化称为**位移极化**。

另一类有极分子，例如 H_2O、NH_3、CH_3OH 等的分子，由于它们的分子内部结构上的特点，其分子内正、负电荷中心不重合，具有电偶极矩。在无外场时，由于分子不规则的热运动，分子电矩的方向是混乱的，如图 10-35(a) 所示，电介质中所有分子的电矩总体上相互抵消,即$\sum \boldsymbol{p}_{分子}=0$,不产生电场。如果加上外电场$\boldsymbol{E}_0$,则每个分子的电矩都受到力矩作用,如图10-35(b)所示,电矩方向有转向外电场$\boldsymbol{E}_0$方向的趋势,导致$\sum \boldsymbol{p}_{分子}\neq 0$,如图10-35(c)所示。当外场$\boldsymbol{E}_0$越强,分子偶极矩排列得就越整齐。其结果与无极分子极化结果相同:极化形成的等效偶极子对外产生电场,与外电场垂直的电介质表面上出现极化电荷。这种有极分子的极化称为取向极化。应该指出,有极分子在出现取向极化的同时,也存在位移极化,只是取向极化的效应比位移极化强得多,约大一个数量级。所以,对有极分子的电介质一般只考虑取向极化。

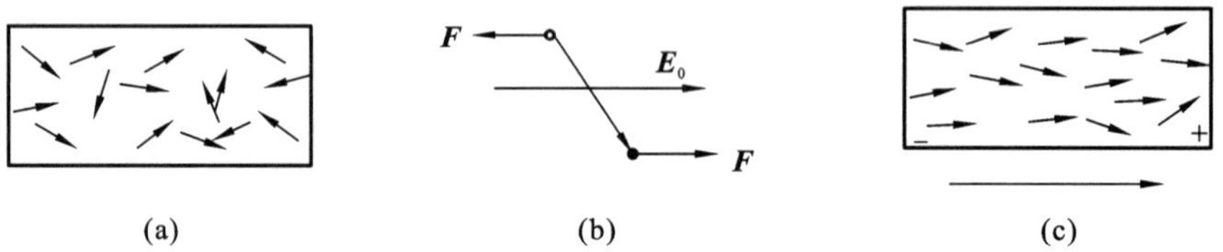

图 10-35 取向极化

10.8.2 电介质的极化

这里只讨论各向同性均匀线性电介质的情况。至于各向异性以及非均匀电介质的情况不做讨论。下面就以平行板电容器(电容器的知识会在后面详细介绍)两极板间充满了各向同性均匀电介质在电场中的表现为例来讨论电介质中的高斯定理。尽管是从特例得出的结论,但对于各向同性的均匀电介质是普遍适用的。

从上节可知,电介质的特点是在外场中会极化,于是出现极化电荷,从而产生附加电场$\boldsymbol{E}'$。

如图10-36所示,平行板电容器两极板间充满了电介质。由于是平行板电容器,充电后,若忽略边缘效应,两极板内侧上的自由电荷分布是均匀的,其面密度分别为$\pm\sigma_0$。在放入电介质之前,自由电荷在极板间产生的电场强度$\boldsymbol{E}_0$的大小为$E_0=\dfrac{\sigma_0}{\varepsilon_0}$,当两极板间充满电介质后,因为充满的是各向同性的均匀电介质,在它的两个垂直于$\boldsymbol{E}_0$的表面上分别出现的正、负极化电荷也是均匀的,其极化面密度分别为$\pm\sigma'$。极化电荷在极板间产生的电场强度$\boldsymbol{E}'$与$\boldsymbol{E}_0$的方向相反,其大小为$E'=\dfrac{\sigma'}{\varepsilon_0}$,这时,两极板间某一点的总电场强度为

$$\boldsymbol{E}=\boldsymbol{E}_0+\boldsymbol{E}',$$

由于$\boldsymbol{E}'$的方向与$\boldsymbol{E}_0$的相反,因此,电介质中某一点的合场强$\boldsymbol{E}$的大小比没有电介质时的场强$\boldsymbol{E}_0$要小,即极化电荷的电场$\boldsymbol{E}'$起到了削弱原有电场$\boldsymbol{E}_0$的作用,这种削弱的程度应该与电介质有关。由于$E<E_0$,为此,定义一个电介质影响原有电场程度的物理量——**相对介电常数**ε_r,其定义式为

$$E=\frac{E_0}{\varepsilon_r}。\tag{10-26}$$

由于 $E<E_0$，所以 $\varepsilon_r>1$。对于不同的电介质，其 ε_r 的数值不相同。由实验测得，ε_r 的值愈大，该电介质对原有电场的影响就愈大。但电介质不可能像导体那样，使得极化电荷的电场完全抵消原有电场，这是由于导体中的附加电场是由可在其中自由移动的自由电子 —— 感应电荷所产生，而电介质中因极化而产生的极化电荷只能在分子尺度内移动或转动，且数量上远小于导体中的感应电荷。

于是电介质内总电场强度 $\boldsymbol{E}$ 的大小为

$$E=E_0-E'=\frac{E_0}{\varepsilon_r},$$

由此可得

$$E'=\frac{\varepsilon_r-1}{\varepsilon_r}E_0,\tag{10-27}$$

和

$$\sigma'=\frac{\varepsilon_r-1}{\varepsilon_r}\sigma_0,\tag{10-28a}$$

同时，式(10-28a) 也可写成

$$Q'=\frac{\varepsilon_r-1}{\varepsilon_r}Q_0,\tag{10-28b}$$

这里，Q_0、Q' 分别是电容器带正电导体板上的自由电荷和极板间电介质与负自由电荷导体板接触的一个平面上的极化电荷。式(10-28a)、式(10-28b) 给出了电介质内极化电荷与自由电荷和电介质的相对介电常数 ε_r 之间的数值关系，而没有涉及它们的正、负。由于 ε_r 总是大于 1，所以 σ' 总比 σ_0 要小。

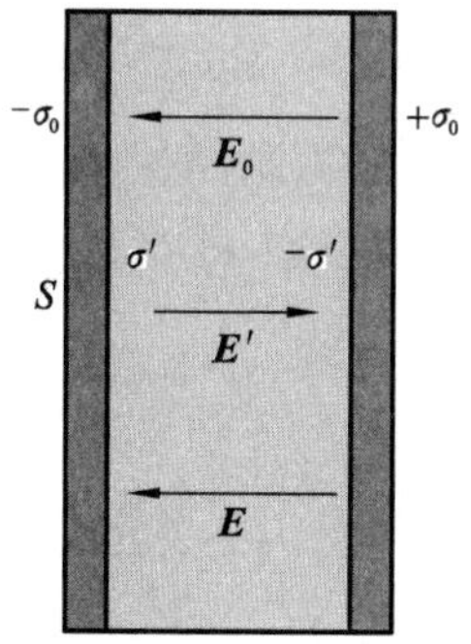

图 10-36　充满电介质的平行板电容器

10.8.3　电介质中的高斯定理

本章前面只研究了真空中静电场的高斯定理，当静电场中有电介质时，在高斯面内不仅有自由电荷，还会有极化电荷，这时，高斯定理将会是什么形式呢?下面就来讨论这个问题。

从静电学角度分析，电介质的作用就是其极化电荷的作用，这时，只见极化电荷，不见电介质。这样，在真空中的高斯定理可以很容易推广到电介质中来。

为简单起见，以图 10-37 中充满均匀各向同性电介质平行板电容器进行讨论。

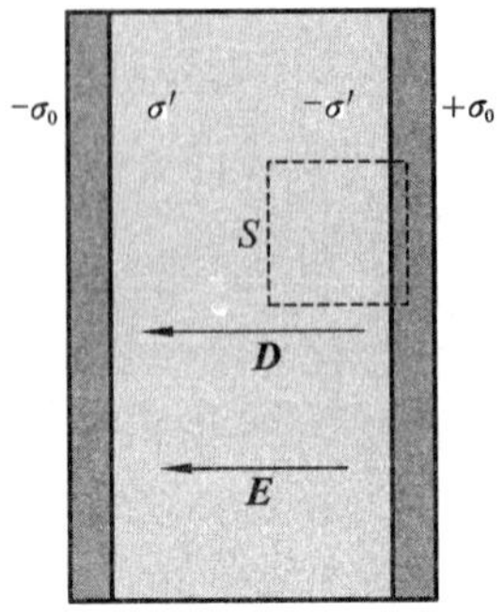

图 10-37　有电介质时的高斯定理

在图 10-37 中，取一闭合的正柱面为高斯面(如图 10-37 中虚线框所示)，电容器正、负极板上的自由电荷面密度分别为 $+\sigma_0$ 和 $-\sigma_0$，介质的相对介电常数为 ε_r，电介质中与极板相对的两个面上的极化电荷面密度分别为 $-\sigma'$ 和 σ'。圆柱形高斯面的两端面与极板平行，其中一端面在电介质之中，另一端面在电介质之外的导体中，端面的面积为 S。对此高斯面来说，由真空中的高斯定理，有

$$\oint_S \boldsymbol{E}\cdot \mathrm{d}\boldsymbol{S} = \frac{-1}{\varepsilon_0}(Q_0 - Q'), \tag{10-29}$$

其中，$Q_0 = \sigma_0 S$、$Q' = \sigma' S$ 分别为高斯面所包围的自由电荷和极化电荷，而

$$\boldsymbol{E} = \boldsymbol{E}_0 + \boldsymbol{E}' \tag{10-30}$$

为总电场。在式(10-29) 中，极化电荷 Q' 是一个既不容易测量又不容易控制的物理量，期待着用其他的物理量取而代之。为此，把由式(10-28b) 得到的 $Q_0 - Q' = \dfrac{Q_0}{\varepsilon_r}$ 代入式(10-29) 得

$$\oint_S \boldsymbol{E}\cdot \mathrm{d}\boldsymbol{S} = \frac{Q_0}{\varepsilon_0\varepsilon_r},$$

对于均匀各向同性电介质，$\varepsilon_0\varepsilon_r$ 为常数，上式经整理得

$$\oint_S \varepsilon_0\varepsilon_r \boldsymbol{E}\cdot \mathrm{d}\boldsymbol{S} = Q_0, \tag{10-31}$$

引入辅助矢量

$$\boldsymbol{D} = \varepsilon_0\varepsilon_r \boldsymbol{E} = \varepsilon \boldsymbol{E}, \tag{10-32}$$

称 $\boldsymbol{D}$ 为电位移矢量，于是式(10-31) 可写成

$$\oint_S \boldsymbol{D}\cdot \mathrm{d}\boldsymbol{S} = Q_0, \tag{10-33}$$

式(10-33) 就是电介质中的高斯定理。注意此式不含极化电荷。式(10-32) 中

$$\varepsilon = \varepsilon_r \varepsilon_0, \tag{10-34}$$

称为介质的**介电常数或电容率**,而$\oint_S \boldsymbol{D} \cdot \mathrm{d}\boldsymbol{S}$则是通过任意闭合曲面$S$的电位移通量。

注意,真正描写电场的物理量仍是 $\boldsymbol{E}$,不是 $\boldsymbol{D}$。从式(10-33) 可见,引进辅助矢量 $\boldsymbol{D}$ 的好处是,$\boldsymbol{D}$ 的值只由自由电荷 Q_0 决定,可以绕过考虑极化电荷的复杂问题。通过电介质中的高斯定理算出 $\boldsymbol{D}$,可以直接由式(10-32) 求出 $\boldsymbol{E}$。

虽然式(10-33) 是从两平行带电平板中充以均匀各向同性电介质得出的,但可以证明,在普遍情况下该式仍然是正确的。所以,有电介质时的高斯定理可叙述为:在静电场中,通过任意闭合曲面的电位移通量等于该闭合曲面内所包围的所有自由电荷的代数和,而与闭合曲面外的自由电荷无关。其数学表达式为

$$\oint_S \boldsymbol{D} \cdot \mathrm{d}\boldsymbol{S} = \sum_{S内} q_0。 \tag{10-35}$$

例 10-19　如图 10-38 所示,介电常数为 ε 的均匀电介质球壳,壳的外半径为 R_2,包围着一个半径为 R_1 的导体球,导体球所带电量为 Q_0,求空间的电场分布以及导体球的电势。

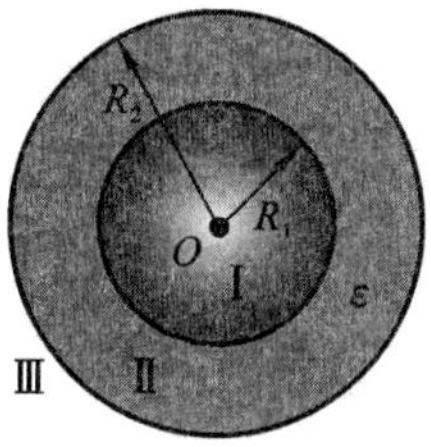

图 10-38　导体球和电介质球壳的电场

解　将全空间分为三个区域,如图 10-38 中罗马数字所示。由于带电体及均匀介质的球对称性,经分析知道其电场分布具有球对称性。因此,可以分别在 Ⅰ、Ⅱ、Ⅲ 区域中,取以 O 为球心的球面为高斯面。应用电介质中的高斯定理式(10-35),有

$$\oint_S \boldsymbol{D} \cdot \mathrm{d}\boldsymbol{S} = 4\pi r^2 D = \sum_{S内} q_0,$$

对于不同的区域,分别得到

Ⅰ 区:$r < R_1$,$\sum\limits_{S内} q_0 = 0$,所以 $\boldsymbol{D}_{\mathrm{I}} = 0$,依式(10-32) 得:$\boldsymbol{E}_{\mathrm{I}} = 0$;

Ⅱ 区:$R_1 < r < R_2$,$\sum\limits_{S内} q_0 = Q_0$,所以 $\boldsymbol{D}_{\mathrm{II}} = \dfrac{Q_0}{4\pi r^3}\boldsymbol{r}$,依式(10-32) 得:$\boldsymbol{E}_{\mathrm{II}} = \dfrac{Q_0 \boldsymbol{r}}{4\pi\varepsilon r^3}$;

Ⅲ 区:$r > R_2$,$\sum\limits_{S内} q_0 = Q_0$,所以 $\boldsymbol{D}_{\mathrm{III}} = \dfrac{Q_0}{4\pi r^3}\boldsymbol{r}$,依式(10-32) 得:$\boldsymbol{E}_{\mathrm{III}} = \dfrac{Q_0 \boldsymbol{r}}{4\pi\varepsilon_0 r^3}$。

导体球内离球心距离为 r 的任意一点的电势为

$$U=\int_r^{\infty}\boldsymbol{E}\cdot\mathrm{d}\boldsymbol{l}=\int_r^{R_1}\boldsymbol{E}_{\mathrm{I}}\cdot\mathrm{d}\boldsymbol{l}+\int_{R_1}^{R_2}\boldsymbol{E}_{\mathrm{II}}\cdot\mathrm{d}\boldsymbol{l}+\int_{R_2}^{\infty}\boldsymbol{E}_{\mathrm{III}}\cdot\mathrm{d}\boldsymbol{l}$$
$$=0+\int_{R_1}^{R_2}\frac{Q_0\boldsymbol{r}}{4\pi\varepsilon r^3}\cdot\mathrm{d}\boldsymbol{r}+\int_{R_2}^{\infty}\frac{Q_0\boldsymbol{r}}{4\pi\varepsilon_0 r^3}\cdot\mathrm{d}\boldsymbol{r}$$
$$=\frac{Q_0}{4\pi\varepsilon}\left(\frac{1}{R_1}-\frac{1}{R_2}\right)+\frac{Q_0}{4\pi\varepsilon_0 R_2}。$$

由计算结果可知导体球为等势体。

10.8.4　电介质中的环路定理

由于 $\boldsymbol{E}_0$ 和 $\boldsymbol{E}'$ 是由静止的自由电荷和极化电荷产生的，即都是由电荷产生的，说明 $\boldsymbol{E}_0$ 和 $\boldsymbol{E}'$ 都是保守场，均满足环路定理式(10-11)，所以 $\boldsymbol{E}=\boldsymbol{E}_0+\boldsymbol{E}'$ 也满足环路定理，即可得

$$\oint_L \boldsymbol{E}\cdot\mathrm{d}\boldsymbol{l}=0,\tag{10-36}$$

这表明有介质存在时，静电场仍是一个保守场，是一个无旋场，从而仍可以用电势 U 描述，即仍有 $\boldsymbol{E}=-\nabla U$。

10.9　电容和电容器

电容是电学中一个重要的物理量，它反映了电容器储存电荷的能力。本节将首先介绍孤立导体的电容，然后讨论几种典型电容器的电容。

10.9.1　孤立导体的电容

孤立导体指导体附近无其他带电体或导体。下面以真空中一孤立导体球为例，引出电容的概念。在真空中设有一半径为 R 的孤立的导体球，它所带电量为 Q，若取无限远处为电势零点，则该导体球的电势为

$$U=\frac{Q}{4\pi\varepsilon_0 R}。$$

对于给定的导体球，R 一定，则 Q 变大时，U 也变大，Q 变小时，U 也变小，但是 $\dfrac{Q}{U}=4\pi\varepsilon_0 R$ 却不变，此结论虽然是对孤立导体球而言的，但对一定形状的其他导体也是如此，即 Q 与 U 的比值仅与导体的大小、形状和导体周围电介质的性质有关，与 Q、U 无关。我们将这一比值定义为孤立导体的电容。

定义：孤立导体的电量 Q 与其电势 U 之比称为孤立导体的**电容**，用 C 表示，记作

$$C=\frac{Q}{U}。\tag{10-37}$$

对于孤立导体球，其电容为 $C=\dfrac{Q}{U}=4\pi\varepsilon_0 R$。电容的物理意义是：导体电势每升高 1 伏时所需的电荷量。电容越大，说明该导体容纳电荷的本领越强。

在 SI 中，电容的单位为法拉，用 F 表示，1 F = 1 C/V。在实用中 F 太大，常用微法

(μF) 或皮法(pF),它们之间的换算关系为

$$1\ \text{F} = 10^6\ \mu\text{F} = 12^{12}\ \text{pF}。$$

应当注意的是,电容是表述导体电学性质的物理量,它与导体带电与否无关。

10.9.2　电容器和它的电容

实际上,孤立的导体是不存在的,周围总会有别的导体,当有其他导体存在时,则必然因静电感应而改变原来的电场分布和电势,进而影响导体的电容。为了使导体不受其他导体和外场的影响,可以将导体屏蔽起来,制成**电容器**。

电容器由两块一定形状的导体板组成,这两块板称为电容器的极板,当两块极板分别带等量异号电荷时,在极板间形成封闭的电场。设电容器 A、B 两个极板所带电量分别为 Q 与 $-Q$,相应的电势分别为 U_A、U_B,定义电容器的电容为

$$C = \frac{Q}{U_A - U_B}, \tag{10-38}$$

上式中,如果将 B 移至无限远处,$U_B = 0$,上式就变成了孤立导体的电容。所以,孤立导体可以看作一个极板在无限远处的电容器。从式(10-38) 可知,在电压相同的条件下,电容越大的电容器,所储存的电量越多。这说明电容是反映电容器储存电荷本领大小的物理量。实际上,除了储存电量外,电容器在电工和电子线路中都起着很大的作用。交流电路中电流和电压的控制、发射机中振荡电流的产生、整流电路中的滤波等都要用到电容器。下面讨论几种常见的电容器。

1. 平行板电容器

如图 10-39 所示,A、B 两极板平行,面积均为 S,相距为 $d(S \gg d^2)$,设两极板间充满了相对介电常数为 ε_r 的电介质,现在来求该平行板电容器的电容。假设 A、B 两极板分别带电量 Q 与 $-Q$,忽略边缘效应,由高斯定理知,A、B 间电场为

$$E = \frac{\sigma}{\varepsilon_0 \varepsilon_r} = \frac{Q}{\varepsilon_0 \varepsilon_r S},$$

两极板间的电势差为

$$U_A - U_B = Ed = \frac{Qd}{\varepsilon_0 \varepsilon_r S},$$

由电容的定义式可得

$$C = \frac{Q}{U_A - U_B} = \frac{\varepsilon_0 \varepsilon_r S}{d}, \tag{10-39}$$

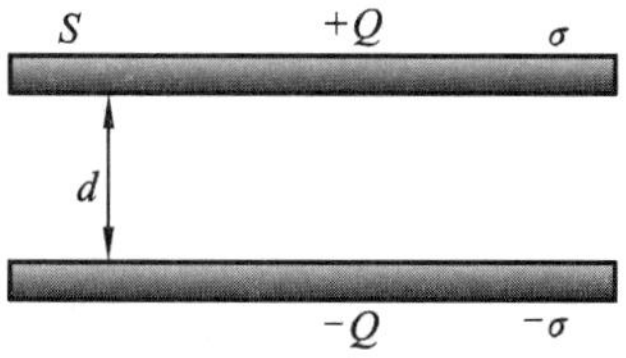

图 10-39　平行板电容器

可见,电容器的电容只取决于电容器的结构和极板间的电介质,并且极板间充满电介质时的电容是极板间为真空($\varepsilon_r = 1$)时的电容的 ε_r 倍,因此 ε_r 又称为相对电容率。

2. 球形电容器

如图 10-40 所示,两同心导体球壳 A、B,其半径分别为 R_A、R_B,两球壳间充满相对电容率为 ε_r 的电介质。设球壳 A、B 分别带电量 Q 与 $-Q$,利用高斯定理很容易求出两球壳间的电场为

$$E = \frac{Q}{4\pi\varepsilon_0\varepsilon_r r^2},$$

其方向沿半径由 A 指向 B。两壳间的电势差为

$$U_A - U_B = \int_A^B \boldsymbol{E}\cdot \mathrm{d}\boldsymbol{l} = \int_{R_A}^{R_B} \frac{Q}{4\pi\varepsilon_0\varepsilon_r r^2}\mathrm{d}r = \frac{Q}{4\pi\varepsilon_0\varepsilon_r}\left(\frac{1}{R_A} - \frac{1}{R_B}\right) = \frac{Q(R_B - R_A)}{4\pi\varepsilon_0\varepsilon_r R_A R_B},$$

则球形电容器的电容为

$$C = \frac{Q}{U_A - U_B} = \frac{4\pi\varepsilon_0\varepsilon_r R_A R_B}{R_B - R_A}。\tag{10-40}$$

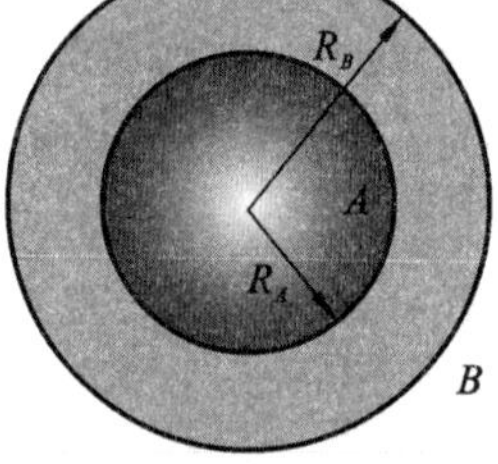

图 10-40　球形电容器

3. 圆柱形电容器

如图 10-41 所示,圆柱形电容器是由两个同轴柱形导体圆筒构成的,两圆筒 A、B 的半径分别为 R_A、R_B,长度为 $l\,(l \gg R_B - R_A)$。两柱面间充满相对电容率为 ε_r 的电介质。设 A、B 分别带电量 Q 与 $-Q$,忽略边缘效应,由高斯定理知,A、B 间的电场为

$$E = \frac{\lambda}{2\pi\varepsilon_0\varepsilon_r r} = \frac{Q}{2\pi\varepsilon_0\varepsilon_r r l},$$

其方向垂直于轴线而沿径向。两极板间的电势差为

$$U_A - U_B = \int_A^B \boldsymbol{E}\cdot \mathrm{d}\boldsymbol{l} = \int_{R_A}^{R_B} \frac{Q}{2\pi\varepsilon_0\varepsilon_r r l}\mathrm{d}r = \frac{Q}{2\pi\varepsilon_0\varepsilon_r l}\ln\frac{R_B}{R_A},$$

则圆柱形电容器的电容为

$$C = \frac{Q}{U_A - U_B} = \frac{2\pi\varepsilon_0\varepsilon_r l}{\ln(R_B/R_A)}。\tag{10-41}$$

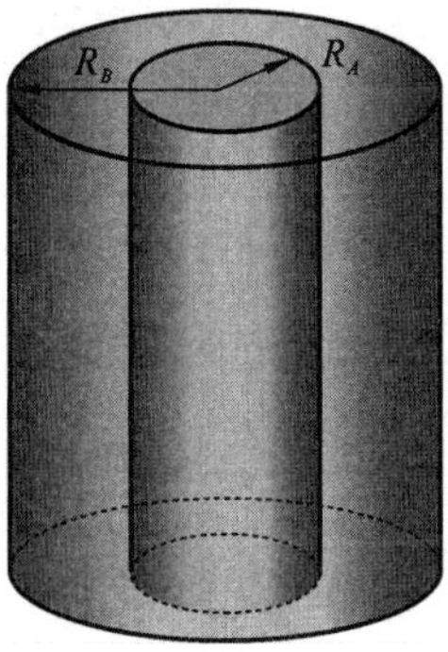

图 10-41　圆柱形电容器

例 10-20　如图 10-42 所示为一平行板电容器，分界面为平行板面，板间有两种各向同性的均匀电介质，介电常数分别为 ε_1、ε_2，厚度分别为 d_1、d_2，自由电荷面密度为 $\pm\sigma$。求：(1) 两种电介质中的 $\boldsymbol{D}$、$\boldsymbol{E}$；(2) 电容器的电容。

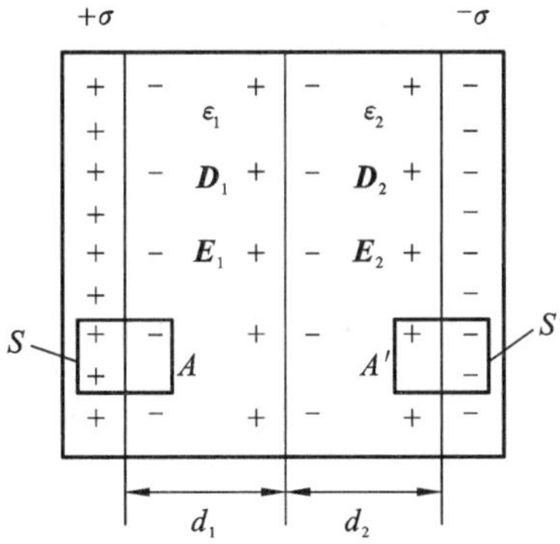

图 10-42　充有电介质的电容器

解　(1) 设两种电介质中电位移矢量分别为 $\boldsymbol{D}_1$、$\boldsymbol{D}_2$，在左极板处作圆柱形高斯面 S，圆柱底面面积为 A，由高斯定理有

$$\oint_S \boldsymbol{D}\cdot\mathrm{d}\boldsymbol{S}=\int_{\text{左底面}}\boldsymbol{D}\cdot\mathrm{d}\boldsymbol{S}+\int_{\text{右底面}}\boldsymbol{D}\cdot\mathrm{d}\boldsymbol{S}+\int_{\text{侧面}}\boldsymbol{D}\cdot\mathrm{d}\boldsymbol{S}$$

$$=0+\int_{\text{右底面}}\boldsymbol{D}\cdot\mathrm{d}\boldsymbol{S}+0=D_1A,$$

又因为 $\sum\limits_{S_{\text{内}}} q_0=\sigma A$，则有 $D_1A=\sigma A$，即 $D_1=\sigma$，其方向垂直板面向右。

同样，在右极板处作圆柱形高斯面 S'，两底面面积均为 A'，由高斯定理有

$$\oint_S \boldsymbol{D}\cdot\mathrm{d}\boldsymbol{S}=\int_{\text{左底面}}\boldsymbol{D}\cdot\mathrm{d}\boldsymbol{S}+\int_{\text{右底面}}\boldsymbol{D}\cdot\mathrm{d}\boldsymbol{S}+\int_{\text{侧面}}\boldsymbol{D}\cdot\mathrm{d}\boldsymbol{S}$$

$$=\int_{\text{左底面}}\boldsymbol{D}\cdot\mathrm{d}\boldsymbol{S}+0+0=-D_2A',$$

又因为$\sum_{S_{内}} q_0 = -\sigma A'$,则有$-D_2 A' = -\sigma A'$,即$D_2 = \sigma$,其方向垂直板面向右。

可见,$\boldsymbol{D}_1 = \boldsymbol{D}_2$,即两种介质中$\boldsymbol{D}$相同。

由于

$$\boldsymbol{E} = \frac{\boldsymbol{D}}{\varepsilon},$$

所以

$$\begin{cases} E_1 = \dfrac{D_1}{\varepsilon_1} = \dfrac{\sigma}{\varepsilon_1}, \\ E_2 = \dfrac{D_2}{\varepsilon_2} = \dfrac{\sigma}{\varepsilon_2}, \end{cases}$$

方向垂直板面向右。

(2) $C = \dfrac{q}{U} = \dfrac{q}{E_1 d_1 + E_2 d_2} = \dfrac{q}{\dfrac{\sigma}{\varepsilon_1} d_1 + \dfrac{\sigma}{\varepsilon_2} d_2} = \dfrac{\sigma S}{\dfrac{\sigma}{\varepsilon_1} d_1 + \dfrac{\sigma}{\varepsilon_2} d_2} = \dfrac{S}{\dfrac{1}{\varepsilon_1} d_1 + \dfrac{1}{\varepsilon_2} d_2}$。

10.9.3 电容器的串联和并联

在实际应用中,若已有的电容器的电容或耐压值不满足要求,可以把几个电容连接起来构成一个电容器组,连接的基本方式有**并联**和**串联**两种。

1. 并联电容器

图 10-43 表示n个电容器的并联。充电后,各电容器两个极板间的电压相等,用U表示,电容器组所带总电量为各电容器所带电量之和,即

$$q = q_1 + q_2 + \cdots + q_n,$$

所以电容器组的等效电容为

$$C = \frac{q}{U} = \frac{q_1}{U} + \frac{q_2}{U} + \cdots + \frac{q_n}{U}。$$

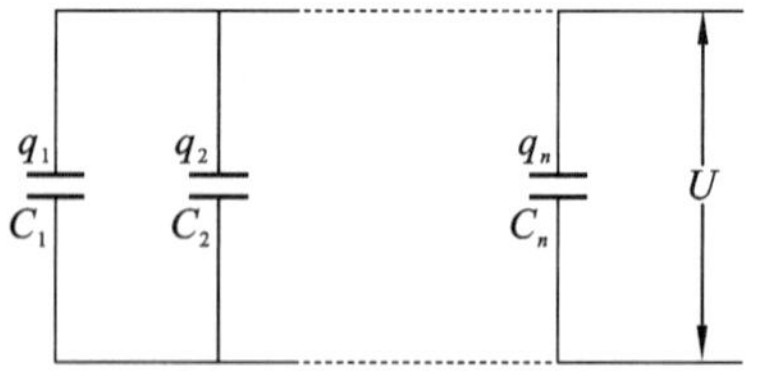

图 10-43 电容器的并联

由于$C_i = \dfrac{q_i}{U}$为每个电容器的电容,所以有

$$C = C_1 + C_2 + \cdots + C_n, \tag{10-42}$$

即并联电容器的等效电容等于每个电容器电容之和。

2. 串联电容器

图 10-44 表示 n 个电容器的串联。充电后，由于静电感应，各电容器都带上等量异号的电荷 $+q$ 和 $-q$，这也是电容器组所带电量。电容器组上的总电压为各电容器的电压之和，即

$$U = U_1 + U_2 + \cdots + U_n,$$

则有

$$\frac{1}{C} = \frac{U}{q} = \frac{U_1}{q} + \frac{U_2}{q} + \cdots + \frac{U_n}{q},$$

即

$$\frac{1}{C} = \frac{1}{C_1} + \frac{1}{C_2} + \cdots + \frac{1}{C_n}, \tag{10-43}$$

此式表示串联电容器的电容的倒数等于各电容器电容的倒数之和。

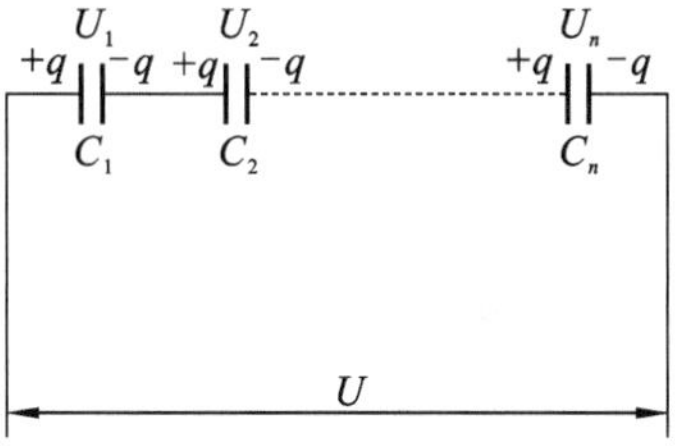

图 10-44　电容器的串联

可见，并联时，总电容增大了，但因为每个电容器都直接连在电压源上，所以电容器组的耐压能力受到耐压能力最低的那个电容器的限制。串联时，总电容比每个电容器都减小了，但是，由于总电压分配到各个电容器上，所以电容器组的耐压能力比每个电容器都提高了。

例 10-21　有三个电容器，其规格分别为：C_1 10 μF，20 V；C_2 50 μF，10 V；C_3 25 μF，50 V。求：(1) 并联时，等效的 C 和耐压值 $U_{耐}$；(2) 串联时，等效的 C 和耐压值 $U_{耐}$。

解　(1) 并联时，如图 10-45(a) 所示，等效电容为

$$C = C_1 + C_2 + C_3 = 85\ \mu\text{F},$$

耐压值应该取三个电容器中耐压最小的那一个，即

$$U_{耐} = 10\ \text{V}。$$

(2) 串联时，如图 10-45(b) 所示，等效电容满足

$$\frac{1}{C} = \frac{1}{C_1} + \frac{1}{C_2} + \frac{1}{C_3} = \frac{4}{25},$$

所以

$$C = \frac{25}{4}\ \mu\mathrm{F},$$

这时,

$$U_{\text{耐}} = 20 + 10 + 50 = 80\ \mathrm{V}。$$

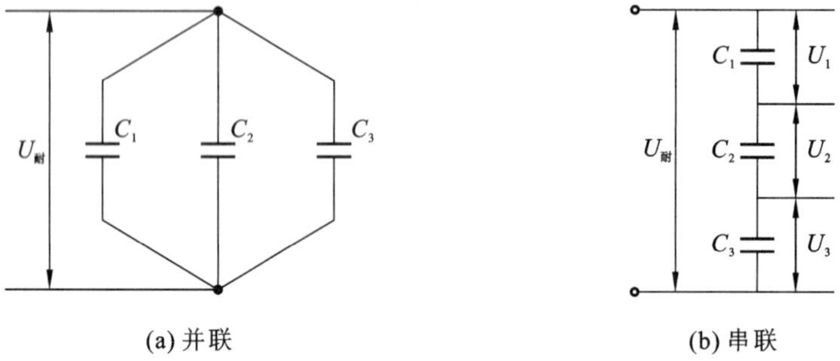

图 10-45　电容器的连接

10.10　静电场的能量

在电场中移动电荷,电场力要做功,这说明静电场具有能量,称为**电场能**。下面从平行板电容器带电过程出发,讨论外力做功把其他形式的能量转化为电场能的机理。极板带电过程中,平行板电容器内建立起电场,从而导出电场能量的计算公式,并把它推广到一般情况。

10.10.1　电容器储存的静电能

如图 10-46 所示,电容器充电的过程,就是通过外力(由电源提供)做功把正电荷从电容器的负极板搬运到正极板的过程。在这个过程中,外力不断地做功,使电容器储存的能量不断地增加,直到电容器的两极板都带有等量异号的电荷 Q 为止。

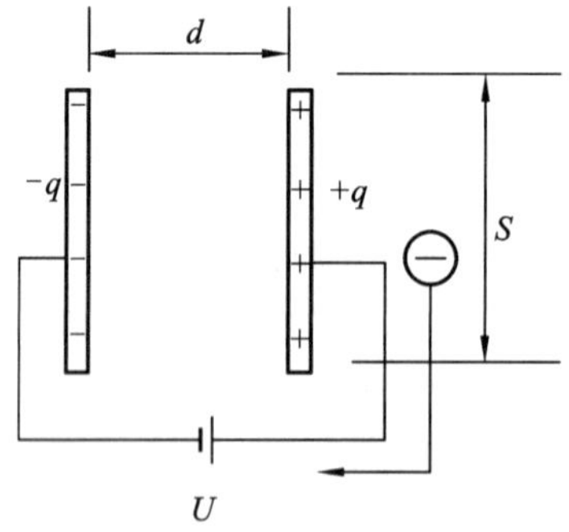

图 10-46　电容器充电时电源做功

设在充电过程中某一时刻,电容器极板所带电量为 q,电容器的电容为 C,则两板的电势差为 $U = \frac{q}{C}$,此时将电荷 $\mathrm{d}q$ 从负极移到正极,需外力克服静电场力做功 $\mathrm{d}A$ 为

$$dA = U dq = \frac{q}{C} dq,$$

两极板从最初不带电到最后分别带有 $+Q$ 和 $-Q$ 的电荷，外力所做的总功为

$$A = \int dA = \int_0^Q q \frac{dq}{C} = \frac{Q^2}{2C}。$$

根据功能原理，电场能量与外力做功相等，即电容器储存的静电能为

$$W_e = A = \frac{1}{2C}Q^2 = \frac{1}{2}CU^2 = \frac{1}{2}QU。\tag{10-44}$$

图 10-46 中形式上是一个平行板电容器，但我们讨论的过程中并没有涉及平行板电容器的特性，而是对任意电容器都能适用，所以式(10-44)的结论是普遍成立的。

10.10.2　静电场的能量

电容器充电的过程，就是在两极板间建立电场的过程，因此，电容器储存的电能等于两极板间电场的能量。根据平行板电容器的电容的公式 $C = \frac{\varepsilon_0 \varepsilon_r S}{d}$，两极板间电势差 $U = Ed$，式(10-44)可写成以下形式：

$$W_e = \frac{1}{2}CU^2 = \frac{1}{2}\frac{\varepsilon_0 \varepsilon_r S}{d}(Ed)^2 = \frac{1}{2}\varepsilon_0 \varepsilon_r E^2 Sd = \frac{1}{2}\varepsilon_0 \varepsilon_r E^2 V,\tag{10-45}$$

式中，$V = Sd$ 为两极板间的体积，即平行板电容器中电场所占据的空间，由此定义静电场中单位体积内所具有的能量，称为电场的能量密度，用 w_e 表示：

$$w_e = \frac{W_e}{V} = \frac{1}{2}\varepsilon_0 \varepsilon_r E^2 = \frac{1}{2}DE。\tag{10-46}$$

式(10-46)虽是通过平行板电容器中均匀电场的特例推导出来的，但它是普遍成立的。如果一个带电系统在空间的电场分布是已知的，则这个系统储存在电场中的能量为

$$W_e = \int_V w_e dV = \int_V \frac{1}{2}\varepsilon_0 \varepsilon_r E^2 dV。\tag{10-47}$$

例 10-22　如图 10-47 所示，两个同轴的圆柱面，长度均为 l，半径分别为 R_1 和 $R_2(R_2 > R_1)$，且 $l \gg R_2 - R_1$，两柱面之间充有介电常数为 ε 的均匀电介质。当两圆柱面分别带等量异号电荷 $+Q$ 和 $-Q$ 时，求：

(1) 在半径 r 处($R_1 < r < R_2$)，厚度为 dr、长为 l 的圆柱薄壳中任一点的电场能量密度和整个薄壳中的电场能量；

(2) 电介质中的总电场能量；

(3) 圆柱形电容器的电容。

解　取半径为 r 的同轴圆柱面，则根据高斯定理得

$$\oint_S \boldsymbol{D} \cdot d\boldsymbol{S} = 2\pi rl \cdot D = \sum_{S内} q。$$

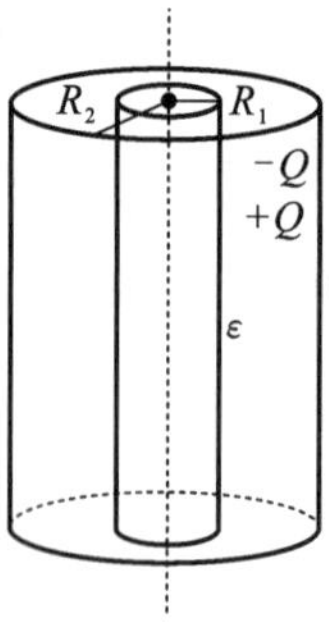

图 10-47　圆柱形电容器的电场能量

当 $R_1 < r < R_2$ 时，$\sum\limits_{S内} q = Q$，则有

$$D = \frac{Q}{2\pi rl}。$$

(1) 电场能量密度

$$w_e = \frac{D^2}{2\varepsilon} = \frac{Q^2}{8\pi^2 \varepsilon r^2 l^2},$$

薄壳中

$$\mathrm{d}W_e = w_e \mathrm{d}V = \frac{Q^2}{8\pi^2 \varepsilon r^2 l^2} 2\pi rl \,\mathrm{d}r = \frac{Q^2}{4\pi\varepsilon rl}\mathrm{d}r。$$

(2) 电介质中总电场能量

$$W_e = \int \mathrm{d}W_e = \int_{R_1}^{R_2} \frac{Q^2}{4\pi\varepsilon rl}\mathrm{d}r = \frac{Q^2}{4\pi\varepsilon l}\ln\frac{R_2}{R_1}。$$

(3) 电容

$$C = \frac{Q^2}{2W_e} = \frac{2\pi\varepsilon l}{\ln(R_2/R_1)}。$$

习 题 10

10-1　电量都是 q 的三个点电荷，分别放在正三角形的三个顶点。试问：(1) 在正三角形的中心放一个什么样的电荷，就可以使这四个电荷都达到平衡(即每个电荷受其他三个电荷的库仑力之和都为零)？(2) 这种平衡与三角形的边长有无关系？

10-2　在真空中有 A、B 两平行板，之间距离为 d，板面积为 S，其带电量分别为 $+q$ 和 $-q$。则这两板之间的相互作用力 f 应等于多少？

10-3　一个半径为 R 的均匀带电半圆环，电荷线密度为 λ，求环心 O 点的场强。

10-4　如图 10-48 所示，两个带有等量异号电荷的无限长同轴圆柱面，半径分别是 R_1 和 R_2，单位长度上的电荷为 λ，内筒带正电，外筒带负电，求空间各点的电场强度及两筒间的电势差。

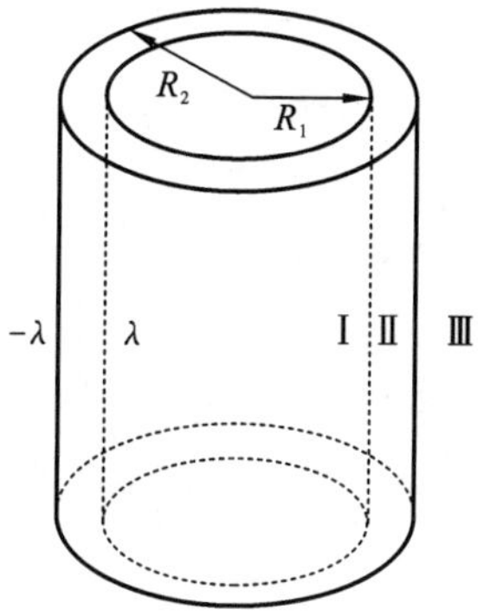

图 10-48

10-5　如图10-49所示，两个同心球面的半径分别为 R_1 和 R_2，各自带有电荷 Q_1 和 Q_2。求：(1) 各区域电势分布，并画出分布曲线；(2) 两球面间的电势差。

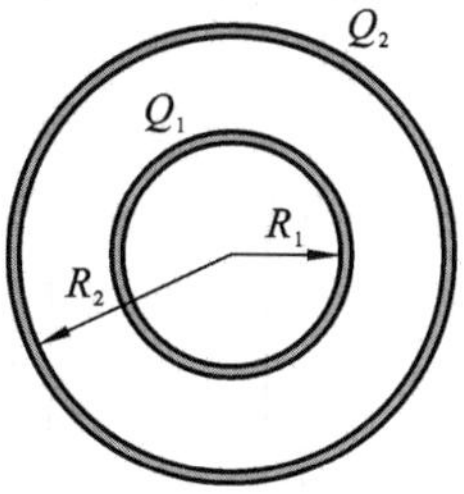

图 10-49

10-6　如图10-50所示，在 A、B 两点处放有电量分别为 $+q$ 和 $-q$ 的点电荷，A、B 间距离为 $2R$，现将另一正试验点电荷 q_0 从 O 点经过半圆弧移到 C 点，求移动过程中电场力做的功。

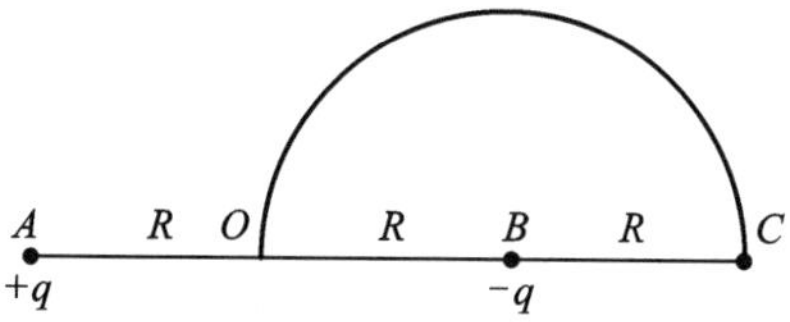

图 10-50

10-7　某电场的电势 $U=a(x^2+y^2)+bz^2$，其中 a、b 为常量。求任意场点的电场强度 $\boldsymbol{E}$。

10-8　如图10-51所示，真空中一个半径为 R 的金属球被另一个同心放置的外半径为 R_1 的金属球壳所包围。以无穷远处为电势零点。

(1) 设金属球带电量为 Q，球壳不带净电荷，求球壳的电势；

(2) 设金属球壳带电量为 Q,金属球不带净电荷,求金属球的电势。

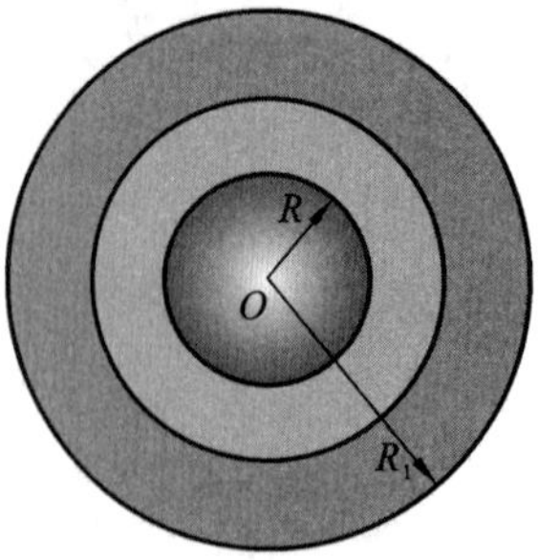

图 10-51

10-9　三个平行金属板 A、B 和 C 的面积都是 200 cm^2,A 和 B 相距 4.0 mm,A 与 C 相距 2.0 mm。B、C 都接地,如图 10-52 所示,如果使 A 板带正电 3.0×10^{-7} C,略去边缘效应,问:B 板和 C 板上的感应电荷各是多少?以地的电势为零,则 A 板的电势是多少?

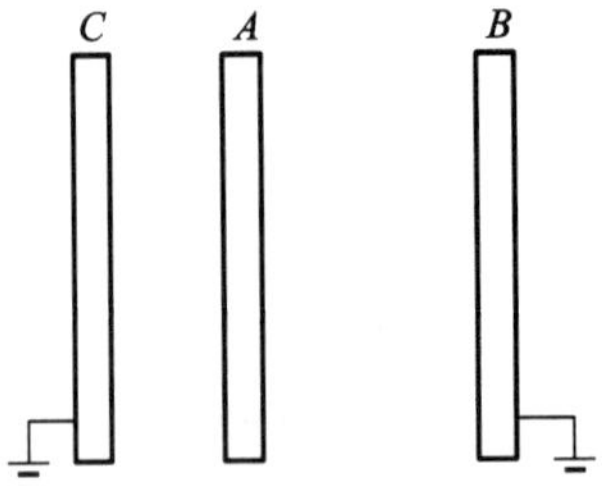

图 10-52

10-10　如图 10-53 所示,$C_1 = 0.25\ \mu F$,$C_2 = 0.15\ \mu F$,$C_3 = 0.20\ \mu F$,C_1 上电压为 50 V。求 U_{AB}。

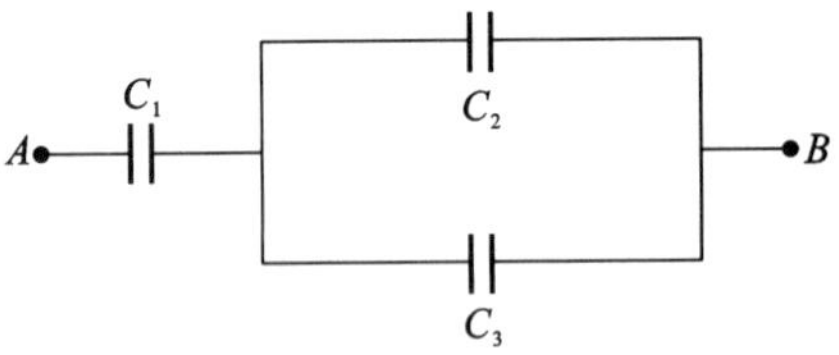

图 10-53

10-11　一电容器由两个很长的同轴导体薄圆筒组成,内、外圆筒半径分别为 $R_1 = 2$ cm,$R_2 = 5$ cm,其间充满相对介电常数为 ε_r 的各向同性均匀的电介质,电容器接在电压 $U = 32$ V 的电源上(如图 10-54 所示为其横截面),试求距离轴线 $R = 3.5$ cm 处的 A 点的电场强度和 A 点与外筒间的电势差。

10-12　一球形电容器的内、外半径分别为 R_1 和 R_2,所带电量分别为 $+Q$ 和

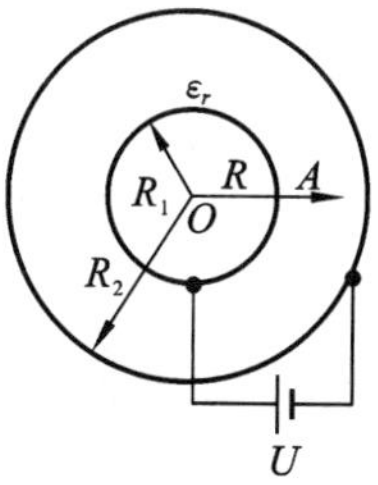

图 10-54

$-Q$。若在两球面间充满电容率为 ε 的电介质，如图 10-55 所示。求此电容器所储存的电场能量。

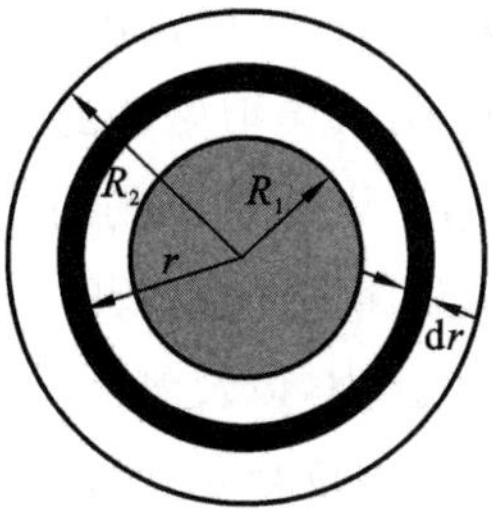

图 10-55

第 11 章　稳 恒 磁 场

前一章主要讨论了静电场的基本性质和规律。我们已经知道，只要是电荷，都会在其周围产生电场，静电场是由静止的电荷在周围的空间所激发的，处于电场中的带电体必然会受到电场力的作用。本章我们将会学习：在电流或者运动电荷的周围除了存在电场外，还存在另一种场 —— 磁场，磁场也是物质存在的一种形式，而且磁场对处于其中的电流或运动电荷将施加磁场力的作用。

本章讨论稳恒电流产生的磁场，即稳恒磁场的性质和规律。为此，我们先简要介绍一下稳恒电流的相关概念，接着引入描述磁场的物理量 —— 磁感应强度，详细地学习磁场的基本性质和两条基本规律 —— 磁场的高斯定理和安培环路定理，讨论磁场对运动电荷的作用力 —— 洛伦兹力，以及磁场对载流导线和载流线圈的作用力问题，最后研究空间中存在磁介质时，磁场与磁介质的相互作用规律。

11.1　稳 恒 电 流

电流是由带电粒子(载流子) 的定向运动形成的。例如，在金属导体中电流是由自由电子的定向运动形成的，在电解液中电流是由正、负离子的定向运动形成的，所以形成电流的带电粒子可以是电子、质子、正(负) 离子包括半导体中带正电的“空穴”。这些带电粒子统称为载流子。

电流的方向规定为正电荷的定向运动方向。电流还可以分为**传导电流**和**运流电流**。传导电流是带电粒子在导体中电场作用下的定向运动，如金属中自由电子的运动；而运流电流是指电子或离子，甚至是宏观带电物体，在空间里做机械运动所形成的电流。这里只讨论传导电流。

11.1.1　电流强度　电流密度

电流的强弱用**电流强度**来描述。电流强度定义为单位时间内通过导体中某一横截面的电量。如果在 $\mathrm{d}t$ 时间内通过导体某一横截面 S 的电量为 $\mathrm{d}q$，则通过该横截面的电流强度为

$$I=\frac{\mathrm{d}q}{\mathrm{d}t}。\tag{11-1}$$

在 SI 中，电流强度的单位是安培(A)，1 安培 = 1 库仑 / 秒。常用的电流单位还有毫安(mA)、微安(μA)。

当通过任一横截面的电量不均匀时，用电流强度来描述就太粗糙了，有必要引入

一个描述空间不同点电流大小和方向的物理量来精细描述，因此，我们引入能细致描述电流分布的物理量 —— **电流密度矢量 $\boldsymbol{j}$**。

电流密度 $\boldsymbol{j}$ 的方向和大小定义如下：在导体中任意一点，$\boldsymbol{j}$ 的方向为该点电流的流向，$\boldsymbol{j}$ 的大小等于通过该点垂直于电流方向的单位面积的电流强度（即单位时间内通过单位垂面的电量）。

如图 11-1(a) 所示，设想在导体中某点垂直于电流方向取一面积元 $\mathrm{d}S$，其法向取作该点电流的方向。如果通过该面积元的电流为 $\mathrm{d}I$，则该点处电流密度为

$$\boldsymbol{j} = \frac{\mathrm{d}I}{\mathrm{d}S}\boldsymbol{n}, \tag{11-2}$$

式中，$\boldsymbol{n}$ 为 $\mathrm{d}S$ 法线方向的单位矢量，即该点电流方向的单位矢量，$\boldsymbol{n}$ 的方向与该点的场强方向相同。

如图 11-1(b) 所示，若面积元 $\mathrm{d}S$ 的法线方向与电流方向间成 θ 角，由于通过 $\mathrm{d}S$ 的电流 $\mathrm{d}I$ 与通过面积元 $\mathrm{d}S_{\perp} = \mathrm{d}S\cos\theta$ 的电流相等，所以应有

$$j = \frac{\mathrm{d}I}{\mathrm{d}S\cos\theta}。$$

若将面积元 $\mathrm{d}S$ 用矢量 $\mathrm{d}\boldsymbol{S} = \mathrm{d}S\boldsymbol{n}$ 表示，则上式可写成

$$\mathrm{d}I = j\,\mathrm{d}S\cos\theta = \boldsymbol{j} \cdot \mathrm{d}\boldsymbol{S},$$

则通过导体中任意截面 S 的电流强度为

$$I = \int \mathrm{d}I = \int_S \boldsymbol{j} \cdot \mathrm{d}\boldsymbol{S} = \frac{\mathrm{d}q}{\mathrm{d}t}。 \tag{11-3}$$

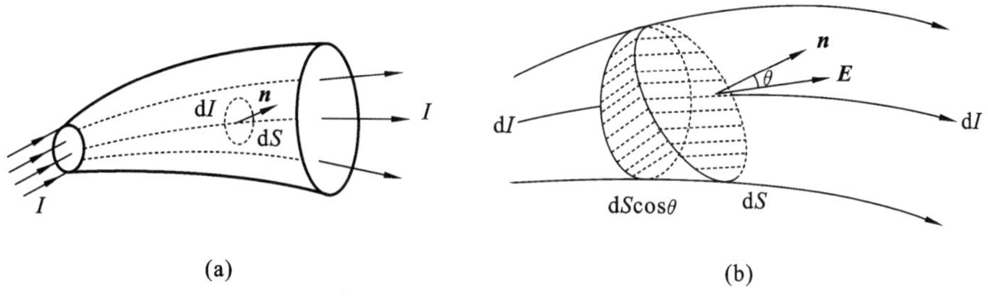

图 11-1　电流密度的矢量性示意图

若将 S 面改成封闭曲面，像前一章中高斯定理那样，规定曲面上任意点的法线方向总是向外，这样，在单位时间内，从闭合曲面内向外流出的电荷，即通过闭合曲面向外的总电流为

$$\frac{\mathrm{d}q}{\mathrm{d}t} = I = \oint_S \boldsymbol{j} \cdot \mathrm{d}\boldsymbol{S},$$

根据电荷的守恒定律，在单位时间内通过闭合曲面向外流出的电荷应等于此闭合曲面内单位时间内减少的电荷，则有 $\dfrac{\mathrm{d}q}{\mathrm{d}t} = -\dfrac{\mathrm{d}q_{内}}{\mathrm{d}t}$，即

$$I=\oint_S \boldsymbol{j}\cdot \mathrm{d}\boldsymbol{S}=\frac{\mathrm{d}q}{\mathrm{d}t}=-\frac{\mathrm{d}q_{内}}{\mathrm{d}t}, \tag{11-4}$$

式(11-4)表明,通过闭合曲面向外流出的电流等于此时闭合曲面内电荷的减少。这就是**电流的连续性方程**。

利用欧姆定律很容易导出电流密度与电场强度的关系。如图 11-2 所示,在载流导体中取一段极小的圆柱体,其底面积为 $\mathrm{d}S$,长为 $\mathrm{d}l$,两端的电势分别为 U 及 $U+\mathrm{d}U$,两端的电势差(电压)$\mathrm{d}U=U_B-U_A$,根据欧姆定律,通过圆柱体的电流(注意:$U_B<U_A$)

$$\mathrm{d}I=\frac{-\mathrm{d}U}{R}=\frac{E\mathrm{d}l}{R}, \tag{1}$$

由电阻定律 $R=\rho\dfrac{\mathrm{d}l}{\mathrm{d}S}$,得

$$R=\frac{1}{\gamma}\frac{\mathrm{d}l}{\mathrm{d}S}, \tag{2}$$

式中,$\gamma=\dfrac{1}{\rho}$ 为电导率,其单位为西门子,符号为 $\Omega^{-1}\cdot\mathrm{m}^{-1}$。

由以上两式可以解得电流密度的大小为

$$j=\frac{\mathrm{d}I}{\mathrm{d}S}=\gamma E,$$

其方向与场强 $\boldsymbol{E}$ 相同。因此,电流密度的矢量式为

$$\boldsymbol{j}=\gamma\boldsymbol{E}。 \tag{11-5}$$

式(11-5)称为微分形式的欧姆定律。它说明,导体中某处的电流密度与该处的场强成正式,且与场强同方向。

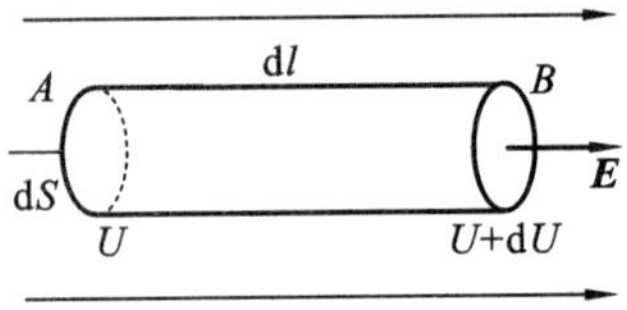

图 11-2 电场中的一段载流导体

11.1.2 恒定电流与恒定电场

恒定电流指导体内各处的电流密度都不随时间变化的电流。由式(11-5)知,此时,产生恒定电流的电场也不随时间变化,即导体中的电荷分布不随时间变化。在导体中取任一闭合曲面,如果曲面内的电荷不随时间增减,则有

$$\oint_S \boldsymbol{j}\cdot \mathrm{d}\boldsymbol{S}=-\frac{\mathrm{d}q_{内}}{\mathrm{d}t}=0, \tag{11-6}$$

这表明单位时间内流入封闭曲面的电荷与从曲面内流出的电荷相等。式(11-6)为恒定电流的条件。对于恒定电流来说,导体内的电荷虽然在不断流动,但它们的空间分布是不变的。空间某点若有电荷流出,则同时必有等量电荷流入,达到宏观上的动态

平衡。不随时间改变的电荷分布产生不随时间改变的电场，这种电场叫**恒定电场**。导体内恒定的不随时间改变的电荷分布就像固定的静止电荷分布一样，因此，恒定电场与静电场有很多相似之处。例如，它们都服从高斯定理和环路定理，在恒定电场中，我们同样可以引入电势的概念。

静电场和恒定电场也有差别，其根本原因是产生恒定电场的电荷分布虽然不随时间改变，但这种分布伴随着电荷的运动，而产生静电场的电荷则是始终固定不动的。因此，即使在导体内部，恒定电场也不等于零。同时，由于电荷运动时恒定电场力是要做功的，因此，恒定电场的存在要伴随着能量的转换，但是静电场是由固定不动的电荷产生的，所以，维持静电场是不需要能量转换的。

11.1.3　电动势

为了在导体内部形成恒定电流，必须在导体内建立一个恒定电场，即要在导体两端维持恒定的电势差。如果用一根导线将带正电荷的导体和带负电荷的导体连接起来，在静电力的作用下，正电荷将从电势高的一端经导线流向电势低的一端，而负电荷将从电势低的一端流向电势高的一端。这一过程会使两端的正、负电荷逐渐中和，两端的电荷分布随时间逐渐减少，电势差逐渐减小，最后趋于零。因此，单靠静电场不能在导体中维持稳恒的电流流动，必须有非静电力把正电荷从负极板搬到正极板才能在导体两端维持稳恒的电势差，在导体中维持恒定的电场和电流。

在电路中提供非静电力的装置称为**电源**，如图 11-3 所示，非静电力要克服静电力做功，把其他形式的能量转化为电能，电源就是把其他形式的能量转化为电能的装置。如利用电磁感应的原理做成的发电机就是一个电源，它所依靠的非静电力是洛伦兹力。在发电机的工作过程中，通过洛伦兹力的作用，把机械能转化成电能。除此以外，常见的还有化学电池，它把化学能转化为电能；还有光电池，它把光能转化为电能等。在一个电路中，电源内部的电路称为内电路，电源外部的电路称为外电路。在内电路中，电源把其他形式的能量转化为电能；在外电路中，各种用电器把电能转化为其他形式的能量，如光能、热能、机械能等。

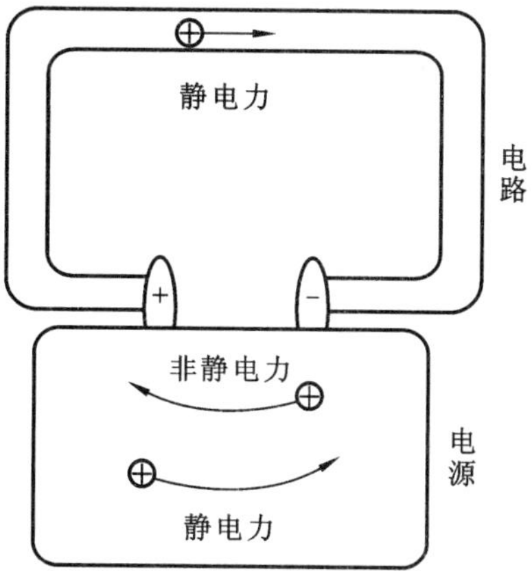

图 11-3　电源原理图

在非静电力存在的区域中,我们可以定义一个非静电场。所谓非静电场是指一个能施力于电荷的力场,但它对电荷的作用力所遵从的规律和静电场不同。如同对静电场的讨论那样,非静电场的力学性质也可以用非静电场场强来描述,非静电场场强的定义式为

$$\boldsymbol{E}_k=\frac{\boldsymbol{F}_k}{q},$$

即单位正电荷所受到的非静电力。

电源的**电动势**定义为

$$\mathscr{E}=\int_-^+\boldsymbol{E}_k\cdot\mathrm{d}\boldsymbol{l},$$

即电源电动势是把单位正电荷从负极板经内电路搬至正极板非静电场力所做的功。为了便于计算,规定 $\mathscr{E}$ 的方向由负极板经内电路指向正极板。

$\mathscr{E}$ 越大表示电源将其他形式能量转化为电能的本领越大,其大小与电源结构有关,与外电路无关。

电动势的单位是 V(1 V = 1 J/C)。

因为外电路中的 $\boldsymbol{E}_k$ 为零,即$\int_+^-\boldsymbol{E}_k\cdot\mathrm{d}\boldsymbol{l}=0$,因而还可以将电动势表示为非静电场场强 $\boldsymbol{E}_k$ 沿闭合电路上的环流

$$\mathscr{E}=\oint_l\boldsymbol{E}_k\cdot\mathrm{d}\boldsymbol{l},$$

这是电动势的又一种表示法,它比 $\mathscr{E}=\int_-^+\boldsymbol{E}_k\cdot\mathrm{d}\boldsymbol{l}$ 更具普遍性。

11.2 磁场 磁感应强度

11.2.1 基本磁现象

人们对磁现象的研究是很早的,据史书记载,我国早在公元前六七世纪就已经发现了“慈石(天然磁石)吸铁”现象,后来又发现了慈石有指南的特性,由此发明了司南、指南针,且将其用于航海,对人类文明的发展产生了极大的影响。

天然磁石是天然磁体,其主要成分是四氧化三铁(Fe_3O_4),它是一种富含铁的矿物,其磁性比较弱;人造磁体则是通过磁化技术人工制成的材料,它包括永磁铁、磁性瓷等,一般都具有较强的磁性。

早期发现的磁现象限于磁铁之间的相互作用,可总结如下:

(1) 天然磁铁能吸引铁、钴、镍等物质的这种性质,称为磁性,而能被磁铁所吸引的这些物质称为铁磁质。

(2) 条形磁铁两端磁性最强的区域称为磁极。自动指向地球地理北极(附近为地磁南极)的一极称为北极(N 极),指向地球地理南极的一极称为南极(S 极)。没有独

立存的磁单极 N 极或 S 级。

(3) 两块磁铁的磁极之间有相互作用力存在，称为磁力。同号磁极之间有排斥力，异号磁极之间有吸引力。

在很长一段历史时期内，人们认为电和磁是截然分开的现象，没有内在联系。发现电、磁现象之间存在着相互联系的事实，首先应归功于丹麦物理学家奥斯特。1820 年，他在实验中发现，通有电流的导线附近的磁针会受力而偏转，如图 11-4 所示。这个事实表明电流对磁铁有作用力，电流和磁铁一样，也产生磁效应。

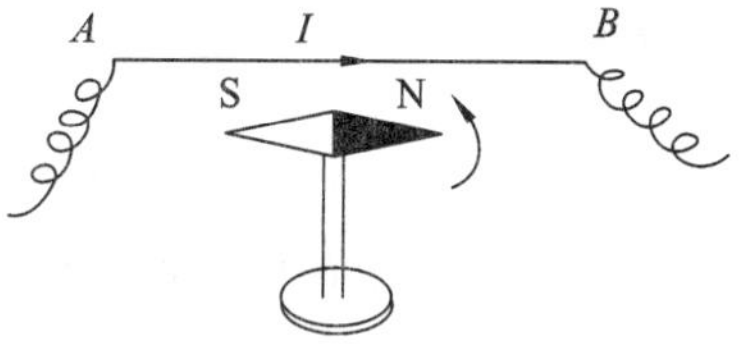

图 11-4　奥斯特实验

紧接着，奥斯特又发表了一篇论文，他指出：放在马蹄形磁铁两极间的载流导线会受力而运动。这个实验说明了磁铁对运动的电荷有作用力，如图 11-5 所示。

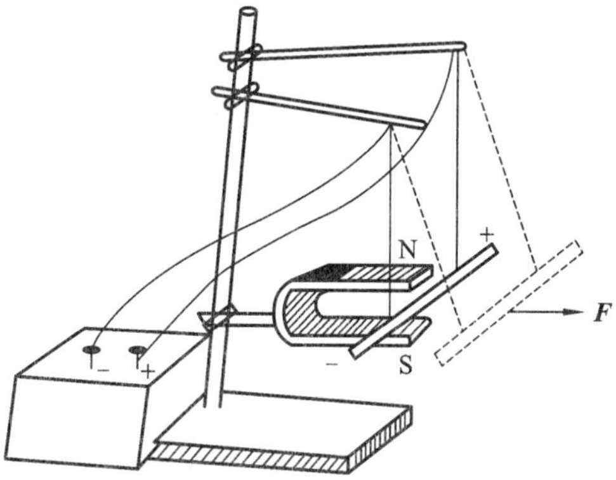

图 11-5　磁铁对电流作用的实验

随后，法国科学家安培报告了通有电流的直导线间有相互作用力的发现，如图 11-6 所示。

这些研究表明，电流是一切磁现象的根源。为了说明物质的磁性，1822 年安培提出了有关物质磁性的本性的假说，即分子电流假说。他认为一切磁现象的根源是电流，即电荷的运动。任何物体的分子中都存在着回路电流，称为**分子电流**。分子电流相当于基元磁铁，由此产生磁效应。安培的分子电流假说与现代物质的电结构理论是相符的，分子中的电子除绕原子核运动外，电子本身还有自旋运动，分子电流就是由原子内带电粒子的运动形成的。因此可以认为，一切物质的磁性均起源于电荷的运动，磁相互作用的实质是运动电荷之间的相互作用。

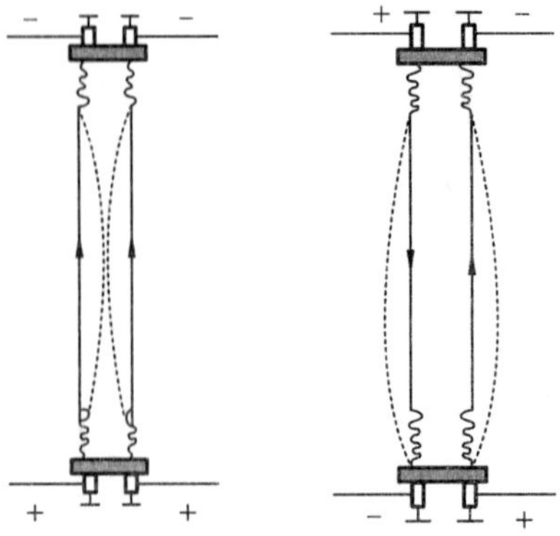

(a) 同向相吸　　(b) 异向相斥

图 11-6　平行电流之间相互作用的演示

11.2.2　磁场　磁感应强度

磁场这一概念是由法拉第最先提出来的。我们知道，静止的电荷在其周围空间要产生电场，静止电荷间的相互作用是通过电场来传递的。运动的电荷在其周围空间除产生电场外还要产生另一种场，称为磁场，运动电荷之间的相互作用是通过磁场来传递的。尽管磁场看不见，摸不着，但它是一种实际存在的物质，跟其他物质一样，具有动量和能量。磁场的概念可以用图 11-7 所示的框图来表示。

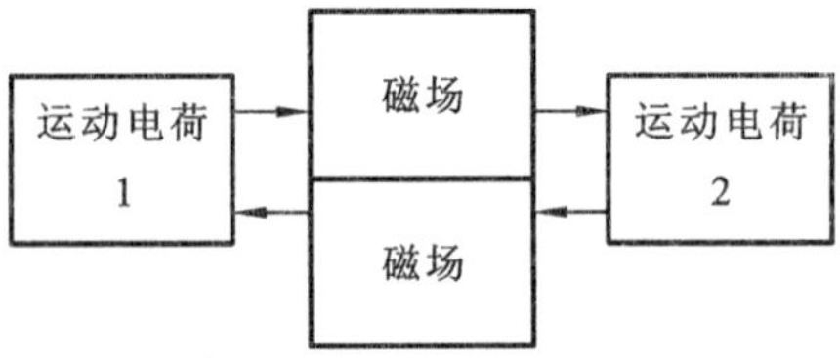

图 11-7　磁场的概念

在研究静电场时，曾根据试验电荷 q 在电场中的受力的性质，引入描述静电场性质的物理量 —— 电场强度。与此类比，用运动电荷在磁场中受到的磁场力来定义描述磁场性质的物理量 —— **磁感应强度**。具体的实验事实归纳如下：

(1) 试验电荷 q 以速度 $\boldsymbol{v}$ 通过磁场中某一点 P 时，所受的磁力 $\boldsymbol{F}_m$ 与速度 $\boldsymbol{v}$ 的方向有关。特别是，当电荷沿某一个特定的方向或其反方向运动时，它受到的磁力为零。我们定义 P 点磁感应强度 $\boldsymbol{B}$ 的方向为这两个方向中的一个方向。

(2) 试验电荷 q 以速度 $\boldsymbol{v}$ 垂直于磁感应强度 $\boldsymbol{B}$ 通过考察点 P 时，所受的磁力 $\boldsymbol{F}_m$ 最大，记作 $\boldsymbol{F}_{max}$。此时 $\boldsymbol{v}$、$\boldsymbol{B}$、$\boldsymbol{F}_{max}$ 三个矢量相互垂直，如图 11-8 所示。我们规定，对于正的试验电荷，$\boldsymbol{B}$、$\boldsymbol{F}_{max}$ 和 $\boldsymbol{v}$ 的方向满足右手螺旋关系，即当我们伸直大拇指并使其余的四个手指由 $\boldsymbol{F}_{max}$ 的方向经过 90° 转向 $\boldsymbol{v}$ 的方向时，大拇指所指向的方向为 $\boldsymbol{B}$ 的方向。这样，磁感应强度 $\boldsymbol{B}$ 的方向就完全确定了。事实上，这样定义的磁感应强度 $\boldsymbol{B}$ 的方向，

就是小磁针在 P 点处平衡时 N 极的指向(也可以用它来定义 $\boldsymbol{B}$ 的方向)。

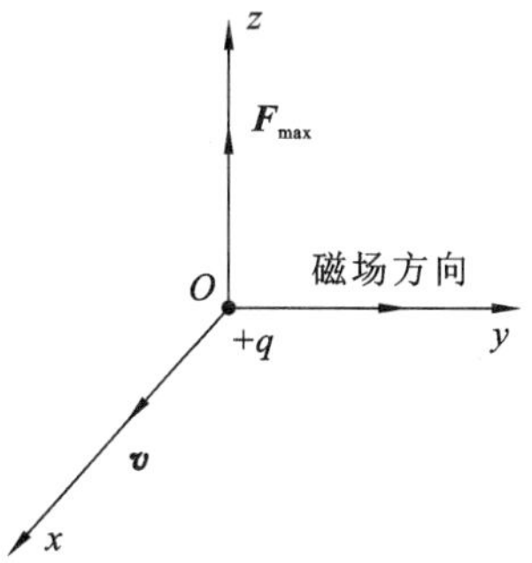

图 11-8　磁感应强度的定义

(3) 实验证明,最大磁力 $\boldsymbol{F}_{max}$ 的大小正比于 q 和 v 的乘积,即比值$\frac{F_{max}}{qv}$ 和 q、v 无关,它只与 P 点的磁场的性质有关,我们把它定义为 P 点处磁感应强度 $\boldsymbol{B}$ 的大小,即

$$B=\frac{F_{max}}{qv}, \tag{11-7}$$

这样就可以完全确定磁场中各处的磁感应强度了。

在 SI 中,磁感应强度的单位是特斯拉,符号为 T。$1\ \mathrm{T}=1\ \mathrm{N}\cdot\mathrm{A}^{-1}\cdot\mathrm{m}^{-1}$。在工程技术领域,常常用高斯(G) 作其单位。

11.3　毕奥-萨伐尔定律

11.3.1　磁场的叠加原理

磁场与电场一样满足叠加原理。若多个运动电荷或载流导线在同一个区域产生了磁场,总磁场的磁感应强度等于各个运动电荷或载流线段产生的磁场的磁感应强度的矢量和,这个结论称为**磁场的叠加原理**。

11.3.2　毕奥-萨伐尔定律

我们曾经讲过,求带电体场强时,可以把带电体看成是由许多电荷元组成,写出电荷元的场强表达式之后,然后用叠加法求整个带电体的场强。求任意形状的载流导线所激发的磁场时,方法与此类似,可以将导线分割成无限多段长为 $\mathrm{d}l$ 的小段电流,每一小段电流称为电流元,用 $I\mathrm{d}\boldsymbol{l}$ 表示。电流元是一个矢量,其大小为 $I\mathrm{d}l$,方向与电流元处的电流切线方向相同,并指向电流前进的一侧。显然,若能够先计算出任一电流元 $I\mathrm{d}\boldsymbol{l}$ 产生的磁场,则任意形状的载流导线所激发的总磁场就是导线上所有电流元所激发的磁场的矢量和。电流元的磁感应强度由毕奥-萨伐尔定律给出,这条定律是拉普拉斯把毕奥、萨伐尔等人的实验结果加以分析和总结得出的,其内容如下:

电流元 $I\mathrm{d}\boldsymbol{l}$ 在空间某点 P 产生的磁感应强度 $\mathrm{d}\boldsymbol{B}$ 的大小与电流元 $I\mathrm{d}\boldsymbol{l}$ 的大小成正

比,与 $Id\boldsymbol{l}$ 和它指向 P 点的矢径 $\boldsymbol{r}$ 之间的夹角的正弦成正比,而与 r^2 成反比。$d\boldsymbol{B}$ 的方向垂直于电流元 $Id\boldsymbol{l}$ 与矢径 $\boldsymbol{r}$ 所组成的平面,并沿 $Id\boldsymbol{l}\times\boldsymbol{r}$ 的方向,即服从右手螺旋法则:当右手弯曲,四指从 $Id\boldsymbol{l}$ 的方向沿小于 π 的角度转向 $\boldsymbol{r}$ 时,大拇指所指的方向就是 $d\boldsymbol{B}$ 的方向,如图 11-9 所示。

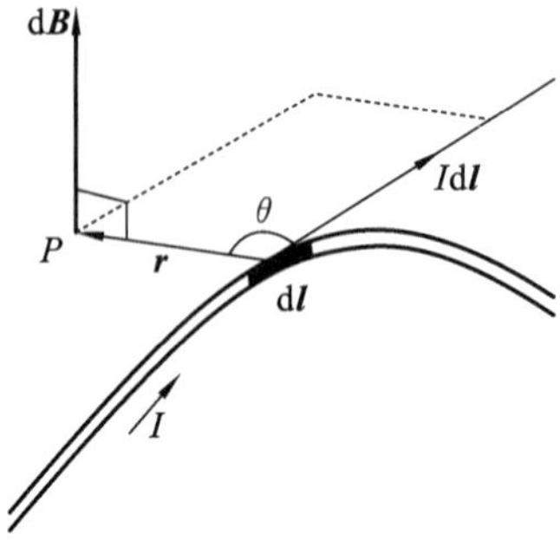

图 11-9　电流元的磁场

在 SI 中,毕奥-萨伐尔定律的数学表达式为

$$d\boldsymbol{B}=\frac{\mu_0}{4\pi}\frac{Id\boldsymbol{l}\times\boldsymbol{r}}{r^3},\tag{11-8}$$

式中,μ_0 为真空中的磁导率,且 $\mu_0=4\pi\times10^{-7}\ \text{N}\cdot\text{A}^{-2}$。

要特别说明的是,毕奥-萨伐尔定律和磁场的叠加原理是在实验基础上总结出来的,由于电流元不能单独地存在,因此,不能由实验直接加以证明。但是,由此定律出发得出的结果与实验很好地符合,可以间接地证明该定律的正确性。

11.3.3　毕奥-萨伐尔定律的应用

根据毕奥-萨伐尔定律可以写出电流元在场点产生的磁场,则整段载流导线在场点产生的磁场为

$$\boldsymbol{B}=\int d\boldsymbol{B}=\int\frac{\mu_0}{4\pi}\frac{Id\boldsymbol{l}\times\boldsymbol{r}}{r^3}。\tag{11-9}$$

上式是一矢量积分式,实际计算时要应用其分量式。即如果各电流元的磁场 $d\boldsymbol{B}$ 的方向不同,应先将 $d\boldsymbol{B}$ 分解成 dB_x、dB_y、dB_z 各分量,再积分求合磁场 $\boldsymbol{B}$ 的各分量

$$B_x=\int dB_x;\quad B_y=\int dB_y;\quad B_z=\int dB_z。$$

下面举例说明应用毕奥-萨伐尔定律求载流导体产生的磁场的磁感应强度的方法。

例 11-1　如图 11-10 所示,设真空中有一载流直导线 AB,其电流强度为 I,试求与导线距离为 a 的一点 P 处的磁感应强度 $\boldsymbol{B}$。

解　选取如图 11-10 所示的平面直角坐标系。以直导线为 y 轴并设电流方向为 y 轴正向,过 P 点作与 y 轴垂直的直线为 x 轴。在距原点距离为任意值 y 处取线元 dy,

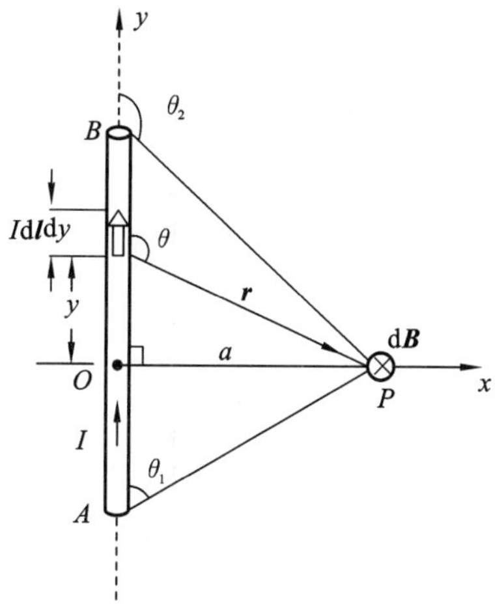

图 11-10　载流直导线的磁场

则电流元 $Id\boldsymbol{l}$ 可表示为 $Idy\boldsymbol{j}$，所以电流元在 P 点产生的 $d\boldsymbol{B}$ 大小为

$$d\boldsymbol{B}=\frac{\mu_0}{4\pi}\frac{Idy\sin\theta}{r^2},$$

$d\boldsymbol{B}$ 的方向垂直图面向里。可以看出，直导线上各电流元的 $d\boldsymbol{B}$ 的方向都相同，因此 P 点处的磁感应强度 $\boldsymbol{B}$ 的方向也垂直图面向里，且大小为 $d\boldsymbol{B}$ 的大小求和，用积分表示，有

$$B=\int dB=\frac{\mu_0}{4\pi}\int_{AB}\frac{Idy\sin\theta}{r^2}。$$

因为

$$y=-a\cot\theta,\quad r=a/\sin\theta,$$

于是

$$dy=ad\theta/\sin^2\theta,$$

所以

$$B=\frac{\mu_0 I}{4\pi a}\int_{\theta_1}^{\theta_2}\sin\theta d\theta=\frac{\mu_0 I}{4\pi a}(\cos\theta_1-\cos\theta_2)。\tag{11-10}$$

以上运算应注意**积分从下限到上限是按照电流元的方向来确定的，并且 θ_1 和 θ_2 分别是直线电流的起点和终点处的电流元方向与该处到点 P 的矢量 $\boldsymbol{r}$ 间的夹角。**

讨论：(1) 对于“无限长”直导线，$\theta_1\to 0$，$\theta_2\to\pi$，则有

$$B=\frac{\mu_0 I}{2\pi a}。\tag{11-11}$$

(2) 对于“半无限长”直导线，$\theta_1=\frac{\pi}{2}$，$\theta_2\to\pi$，则有

$$B=\frac{\mu_0 I}{4\pi a}。$$

(3) 位于直导线上或其延长线上的任一点 $B=0$。

例 11-2　如图 11-11 所示，一宽为 a 的长直载流平板，其电流强度为 I 且均匀分布。试求在板平面内距板一边为 b 的 P 点的 $\boldsymbol{B}$。

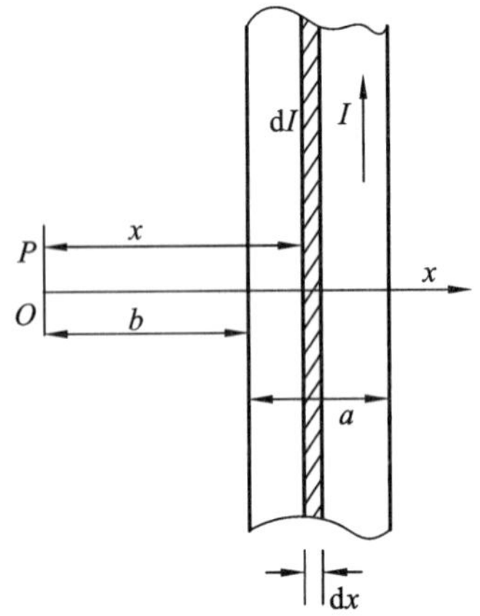

图 11-11　长直载流平板的磁场

解　取 P 为原点，x 轴过平板所在平面且与板边垂直，在 x 处取一宽度为 $\mathrm{d}x$ 的细长条，视为无限长载流导线，它在点 P 产生的 $\mathrm{d}\boldsymbol{B}$ 大小为

$$\mathrm{d}B=\frac{\mu_0\mathrm{d}I}{2\pi x}=\frac{\mu_0\dfrac{I}{a}\mathrm{d}x}{2\pi x},$$

$\mathrm{d}\boldsymbol{B}$ 的方向为垂直纸面向外。平板上所有细长条电流在 P 点的 $\mathrm{d}\boldsymbol{B}$ 的方向均相同，所以 P 点合磁场的方向也应垂直纸面向外。P 点磁感应强度的大小为

$$B=\int\mathrm{d}B=\int_b^{a+b}\frac{\mu_0 I}{2\pi a x}\mathrm{d}x=\frac{\mu_0 I}{2\pi a}\ln\frac{a+b}{b}。$$

例 11-3　如图 11-12 所示，设在真空中有一半径为 R 的圆形载流圆线圈，其上电流强度为 I。在圆线圈轴线上任取一点 P，P 到圆心 O 的距离为 x，求 P 点的磁感应强度 $\boldsymbol{B}$。

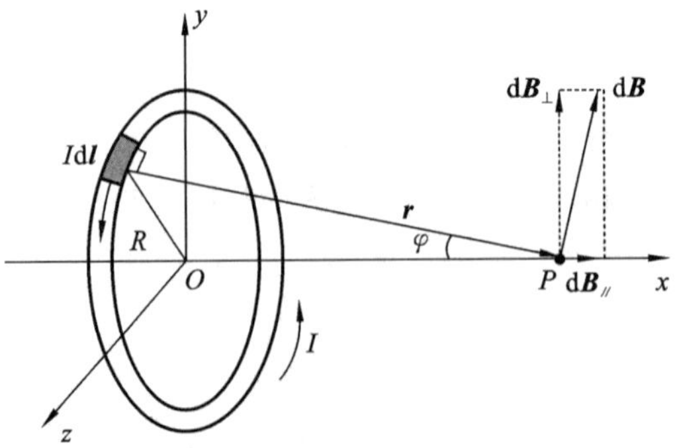

图 11-12　载流圆线圈轴线上的磁场

解　建立如图 11-12 所示直角坐标系，在圆线圈上任意选取一电流元 $I\mathrm{d}\boldsymbol{l}$。注意分

析其 d$\boldsymbol{B}$ 的方向，d$\boldsymbol{B}$ 既垂直于 $I\mathrm{d}\boldsymbol{l}$ 又垂直于 $\boldsymbol{r}$。若以 P 点为圆锥顶，则所有 $I\mathrm{d}\boldsymbol{l}$ 连成圆锥底线，而 $\boldsymbol{r}$ 是圆锥母线，所以 d$\boldsymbol{B}$ 垂直于 $I\mathrm{d}\boldsymbol{l}$ 与 $\boldsymbol{r}$ 决定的平面。由对称性不难得到：所有电流元 $I\mathrm{d}\boldsymbol{l}$ 在 P 点产生的 d$\boldsymbol{B}$ 叠加的结果只有 d$\boldsymbol{B}_{/\!/}$ 分量不会抵消，所以 $\boldsymbol{B}$ 沿 x 轴正方向。

$$B = B_x = \int \mathrm{d}B_{/\!/} = \int \mathrm{d}B\sin\varphi,$$

而

$$\mathrm{d}B = \frac{\mu_0 I\mathrm{d}l}{4\pi r^2}\quad（因为 I\mathrm{d}\boldsymbol{l} 垂直于 \boldsymbol{r}），$$

由此可得

$$B = \frac{\mu_0 I}{4\pi}\int \frac{\mathrm{d}l}{r^2}\sin\varphi。$$

对于定点 P 来说，r、I 都是常量，$\sin\varphi = R/r$，$r = (x^2 + R^2)^{1/2}$，于是有

$$B = \frac{\mu_0 IR}{4\pi r^3}\int_0^{2\pi R}\mathrm{d}l = \frac{\mu_0 IR^2}{2(R^2 + x^2)^{3/2}}。\tag{11-12}$$

当 $x = 0$ 时，圆心 O 处的磁感应强度 $\boldsymbol{B}$ 为

$$\boldsymbol{B} = \frac{\mu_0 I}{2R}\boldsymbol{i},\tag{11-13}$$

圆线圈轴线上一点的 $\boldsymbol{B}$ 的方向与线圈电流的方向构成右手螺旋关系，即使是在 $x<0$ 处，$\boldsymbol{B}$ 的方向依然为 x 轴正向，这一点与均匀带电圆线圈在轴线上一点的电场强度 $\boldsymbol{E}$ 的方向是有区别的。

由于圆线圈上每一电流元 $I\mathrm{d}\boldsymbol{l}$ 在圆心处产生的磁场方向均相同，所以一段载流圆弧形导线在圆心处的磁场可以表示为

$$B = \frac{\mu_0 I}{2R}\,\frac{l}{2\pi R} = \frac{\mu_0 Il}{4\pi R^2},\tag{11-14}$$

式中，l 为弧长。

例 11-4　如图 11-13 所示，一螺线管长为 L，半径为 R，已知导线中电流为 I，螺线管单位长度上有 n 匝线圈，并且线圈密绕，求螺线管轴线上任一点 P 的 $\boldsymbol{B}$。

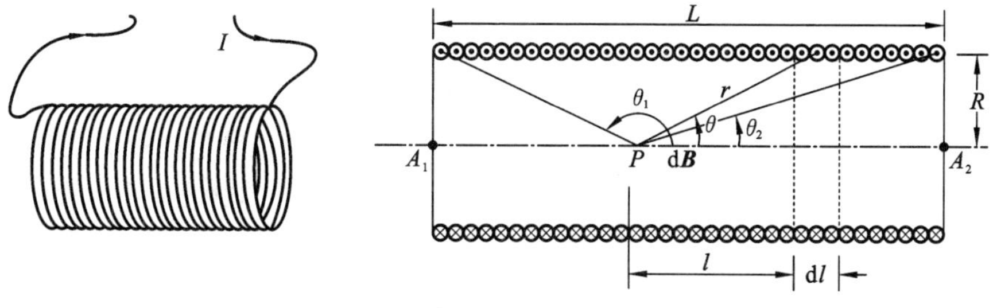

图 11-13　载流螺线管的磁场

解　如图 11-13 所示，在螺线管上距 P 点为 l 处任取长为 dl 的一小段，将它视为一个载流圆线圈，其电流为 $\mathrm{d}I = nI\mathrm{d}l$，应用圆线圈在轴线上任一点产生磁场的公式，

可得这一小段螺线管在 P 点产生的磁感应强度 d$\boldsymbol{B}$ 的大小为

$$\mathrm{d}B=\frac{\mu_0 R^2\mathrm{d}I}{2\,(R^2+l^2)^{3/2}}=\frac{\mu_0 R^2 nI\,\mathrm{d}l}{2\,(R^2+l^2)^{3/2}},$$

d$\boldsymbol{B}$ 的方向沿轴线向右,与电流的绕向成右手螺旋关系。

由于各小段螺线管在 P 点产生的磁场方向相同,所以 P 点的总磁场 $\boldsymbol{B}$ 的方向沿轴线向右,$\boldsymbol{B}$ 的大小为

$$B=\int\mathrm{d}B=\int\frac{\mu_0 R^2 nI\,\mathrm{d}l}{2\,(R^2+l^2)^{3/2}}。$$

为了便于积分,引入参变量角 θ,由图 11-13 中可看出

$$l=R\cot\theta,\quad R^2+l^2=R^2\csc^2\theta,\quad \mathrm{d}l=-R\csc^2\theta\mathrm{d}\theta,$$

将这些关系式代入积分式得

$$B=\int\mathrm{d}B=-\frac{\mu_0 nI}{2}\int_{\theta_1}^{\theta_2}\sin\theta\mathrm{d}\theta=\frac{\mu_0 nI}{2}(\cos\theta_2-\cos\theta_1),$$

$\boldsymbol{B}$ 的方向沿轴线向右,与电流的绕向成右手螺旋关系。

讨论:(1) 无限长螺旋管:$L\to\infty$,$\theta_1\to\pi$,$\theta_2\to 0$,$B=\mu_0 nI$,即 $\boldsymbol{B}$ 的大小与 P 点在轴线上的位置无关,轴线上的磁场是均匀的。以后将看到,这一结论对于不在轴线上的内部各点而言也是正确的,也就是说其内部的磁场是均匀的。

(2) 对于端面的各点,如 A_1 点:$\theta_1=\frac{\pi}{2}$,$\theta_2\to 0$,$B=\frac{n\mu_0 I}{2}$,即端面各点 $\boldsymbol{B}$ 的大小是内部各点磁感应强度大小的一半。

例 11-5 将一长直载流导线弯成如图 11-14 所示形状,通以电流 I,圆弧半径为 R,求圆心 O 处的磁感应强度。

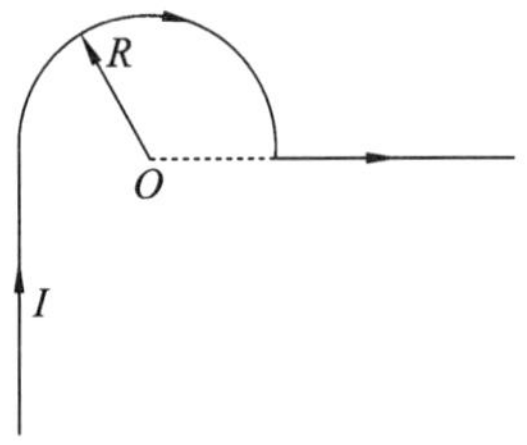

图 11-14 组合电流的磁场

解 对于图 11-14 所示的组合电流,O 点处的磁感应强度是三段电流在 O 点产生的磁感应强度的矢量叠加。以垂直纸面向里为正,则 O 点的磁感应强度大小为

$$\begin{aligned}B&=B_1+B_2+B_3\\&=\frac{\mu_0 I}{4\pi R}\left(\cos 0-\cos\frac{\pi}{2}\right)+\frac{\mu_0 I}{4R}+0\\&=\frac{\mu_0 I}{4\pi R}+\frac{\mu_0 I}{4R},\end{aligned}$$

O 点磁感应强度的方向垂直纸面向里。

例 11-6　如图 11-15 所示，一均匀带电薄圆盘，半径为 R，带电量为 $q(q>0)$，以角速度 ω 顺时针旋转，求圆心 O 点的磁感应强度。

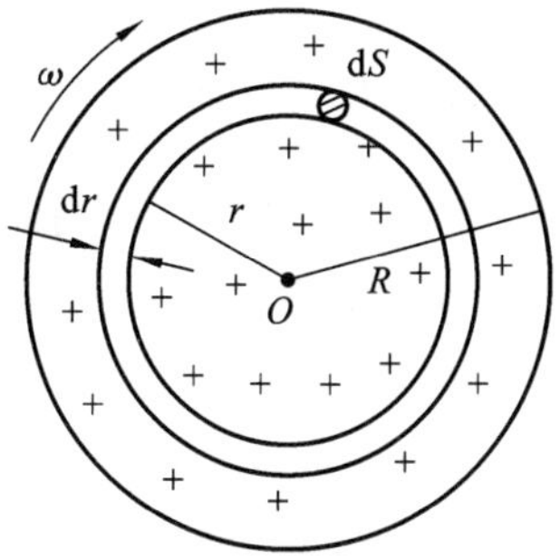

图 11-15　旋转带电薄圆盘的磁场

解　圆心处的磁感应强度可以看成是许多圆环电流共同产生的。半径为 r、宽度为 $\mathrm{d}r$ 的环带中的电量为

$$\mathrm{d}q=\frac{q}{\pi R^2}\times 2\pi r\mathrm{d}r,$$

这些电量在 $T=\dfrac{2\pi}{\omega}$ 的时间里旋转一周，通过环带截面 $\mathrm{d}S$ 一次，故环带中的电流为

$$\mathrm{d}I=\frac{\omega}{2\pi}\mathrm{d}q=\frac{q\omega}{\pi R^2}r\mathrm{d}r,$$

这个电流在 O 点产生的 $\mathrm{d}\boldsymbol{B}$ 的大小为

$$\mathrm{d}B=\frac{\mu_0\mathrm{d}I}{2r}=\frac{\mu_0 q\omega}{2\pi R^2}\mathrm{d}r,$$

其方向垂直于纸面向里。由此得整个圆盘上所有环形电流在 O 点产生的磁感应强度为

$$B=\int\mathrm{d}B=\frac{\mu_0 q\omega}{2\pi R^2}\int_0^R\mathrm{d}r=\frac{\mu_0 q\omega}{2\pi R},$$

O 点磁感应强度的方向垂直于纸面向里。

11.3.4　运动电荷的磁场

由于电流是电荷定向运动形成的，可见，电流的磁场本质上是运动电荷产生的磁场。因此，我们可以从电流元所产生的磁场公式推导出运动电荷所产生的磁场公式。

如图 11-16 所示，有一载流导体，电流强度为 I，横截面面积为 S，在其上取一电流元 $I\mathrm{d}\boldsymbol{l}$，它在空间某一点产生的磁感应强度为 $\mathrm{d}\boldsymbol{B}$，$\boldsymbol{r}$ 为从电流元指向 P 点的矢径。设导体中载流子的数密度（即单位体积内做定向运动的电荷个数）为 n，每个载流子所带电量为 q，并且以漂移速度 $\boldsymbol{v}$ 运动，$\boldsymbol{v}$ 的方向与 $\mathrm{d}\boldsymbol{l}$ 的方向相同。整个电流元 $I\mathrm{d}\boldsymbol{l}$ 在 P 点产生的磁场可以认为是这些以同样速度 $\boldsymbol{v}$ 运动的载流子在 P 点产生的磁场的同向叠加。由于 $I=nqSv$，根据毕奥-萨伐尔定律，电流元在 P 点产生的磁感应强度为

$$\mathrm{d}\boldsymbol{B}=\frac{\mu_0}{4\pi}\frac{qnS\mathrm{d}\boldsymbol{l}v\times\boldsymbol{r}}{r^3}。$$

由于 $\boldsymbol{v}$ 与 $\mathrm{d}\boldsymbol{l}$ 方向相同,所以

$$\mathrm{d}\boldsymbol{B}=\frac{\mu_0}{4\pi}\frac{qnS\mathrm{d}l\boldsymbol{v}\times\boldsymbol{r}}{r^3},$$

此电流元内共有载流子数目为 $nS\mathrm{d}l$,所以每个载流子在 P 点产生的磁感应强度为

$$\boldsymbol{B}=\frac{\mu_0}{4\pi}\frac{qnS\mathrm{d}l\boldsymbol{v}\times\boldsymbol{r}}{r^3}\Big/nS\mathrm{d}l,$$

即

$$\boldsymbol{B}=\frac{\mu_0}{4\pi}\frac{q\boldsymbol{v}\times\boldsymbol{r}}{r^3},\tag{11-15}$$

式中,$\boldsymbol{r}$ 是由运动电荷指向场点的矢量。式(11-15) 即为运动电荷产生的磁场公式。

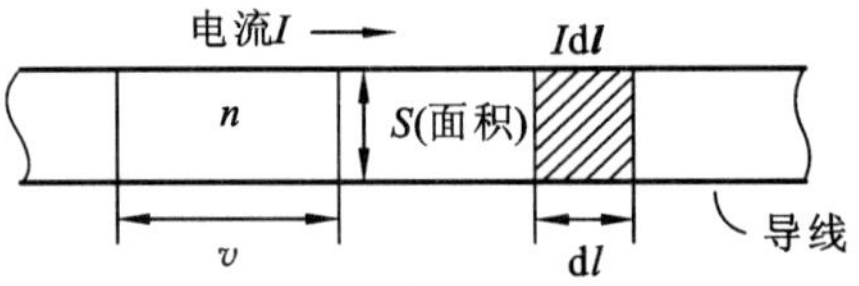

图 11-16　运动电荷的磁场

例 11-7　按玻尔模型,在基态的氢原子中,电子绕原子核做半径为 0.53×10^{-10} m 的圆周运动,如图 11-17 所示,速度为 2.2×10^6 m/s。求此运动的电子在核处产生的磁感应强度的大小。

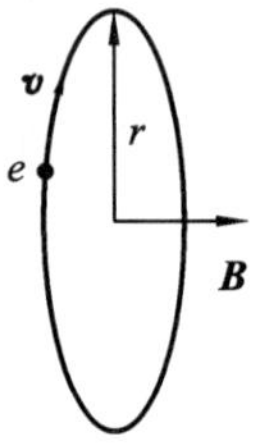

图 11-17　氢原子中电子的磁场

解　按式(11-15),由于 $\boldsymbol{v}$ 与 $\boldsymbol{r}$ 的夹角 $\theta=\frac{\pi}{2}$,所以核处的磁感应强度大小为

$$B=\frac{\mu_0}{4\pi}\times\frac{ev}{r^2}=\frac{4\pi\times10^{-7}}{4\pi}\times\frac{1.6\times10^{-19}\times2.2\times10^6}{(0.53\times10^{-10})^2}=12.5\ \mathrm{T}。$$

11.4　磁场的高斯定理

11.4.1　磁感应线

在静电场的研究中,我们用电场线形象地描绘了静电场的分布。同样,磁场的分

布也可用**磁感应线**形象地描绘。磁感应线是一些有方向的曲线,它的画法规定与电场线类似,即磁感应线上任一点的切线方向表示该点磁感应强度的方向;磁感应线的密度,即通过磁场中某点处垂直于磁场方向的单位面积的磁感应线数目,等于该点磁感应强度的大小。因此,磁场较强的地方,磁感应线较密集,反之,磁感应线较稀疏。

如图 11-18 所示是几种载流导线产生的磁场的磁感应线。需要说明的是,磁感应线是人为地描绘出来的,并非磁场中真的存在这种线。实验中可用铁屑来显示磁感应线。实验结果显示,磁感应线与铁屑在磁场中排列出来的实线吻合得很好,这就很好地说明了:磁感线形象、直观而真实性地描述了磁场的分布。

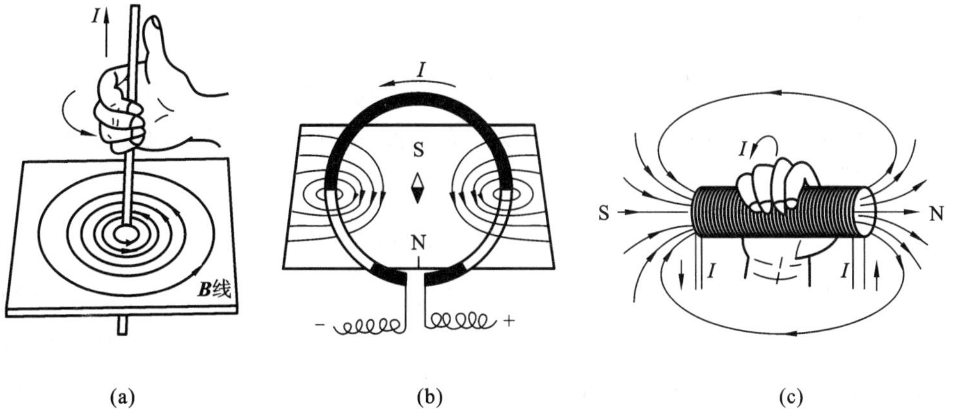

图 11-18　几种载流导线的磁感应线

磁感应线的特征:

(1) 磁感应线上任一点的切线方向与该点磁感应强度矢量 $\boldsymbol{B}$ 的方向一致,由于磁场中每一点的磁感应强度的方向是唯一的,故磁感应线不会相交。

(2) 磁感应线是闭合的曲线,无起点也无终点。这与静电场情况是截然不同的,磁场为涡旋场。

(3) 磁感应线与激发磁场的电流相互套连,其绕行方向和电流流向形成右手螺旋关系。

11.4.2　磁通量

通过磁场中某一个面的磁感应线的条数称为通过该面的**磁感应强度通量**(简称为 $\boldsymbol{B}$ 通量、磁通量),用 Φ_m 表示。

用类似电通量计算式的推导方法,我们可以得到磁通量的计算式。

1. 均匀磁场

(1) 平面 S 与 $\boldsymbol{B}$ 垂直,如图 11-19(a) 所示,则通过此平面的磁通量为

$$\Phi_m = B \cdot S。$$

(2) 平面 S 的法线方向与 $\boldsymbol{B}$ 方向间的夹角为 θ,如图 11-19(b) 所示,则通过平面

S 的磁通量为

$$\Phi_m = BS_{\perp} = BS\cos\theta = \boldsymbol{B} \cdot \boldsymbol{S},$$

式中,$\boldsymbol{S} = S\boldsymbol{n}$,$\boldsymbol{n}$ 为平面 S 的法线方向的单位矢量。

2. 在任意磁场中通过任意曲面 S 的磁通量

若磁场是非均匀的,且 S 为一曲面,如图 11-19(c) 所示,则可将 S 分割成许多个小平面的面元。在 S 上取面元 $\mathrm{d}S$,则通过该面元 $\mathrm{d}S$ 的磁通量为

$$\mathrm{d}\Phi_m = B\cos\theta \mathrm{d}S = \boldsymbol{B} \cdot \mathrm{d}\boldsymbol{S},$$

式中,$\mathrm{d}\boldsymbol{S} = \mathrm{d}S\boldsymbol{n}$,$\boldsymbol{n}$ 为面元 $\mathrm{d}S$ 法线方向的单位矢量,θ 为 $\boldsymbol{n}$ 与磁场 $\boldsymbol{B}$ 间的夹角。则通过整个面 S 的磁通量为

$$\Phi_m = \int_S \mathrm{d}\Phi_m = \int_S \boldsymbol{B} \cdot \mathrm{d}\boldsymbol{S} = \int_S B\cos\theta \mathrm{d}S, \tag{11-16}$$

式(11-16) 即为磁通量的计算式。若 S 为闭合曲面,则在任意磁场中通过封闭曲面 S 的磁通量为

$$\Phi_m = \oint_S \boldsymbol{B} \cdot \mathrm{d}\boldsymbol{S} = \oint_S B\cos\theta \mathrm{d}S。$$

对于闭合曲面,一般规定自内向外为各处面元法向的正方向。因此,磁感应线从内部穿出的地方,$\mathrm{d}\Phi_m$ 为正,磁感应线从外面穿入的地方,$\mathrm{d}\Phi_m$ 为负。穿过整个闭合曲面的磁通量 Φ_m 等于穿出与穿入曲面的磁感应线条数之差,也就是净穿出曲面的磁感应线条数。在 SI 中,磁通量的单位是韦伯(Wb),$1\ \mathrm{Wb} = 1\ \mathrm{T} \cdot \mathrm{m}^2$。

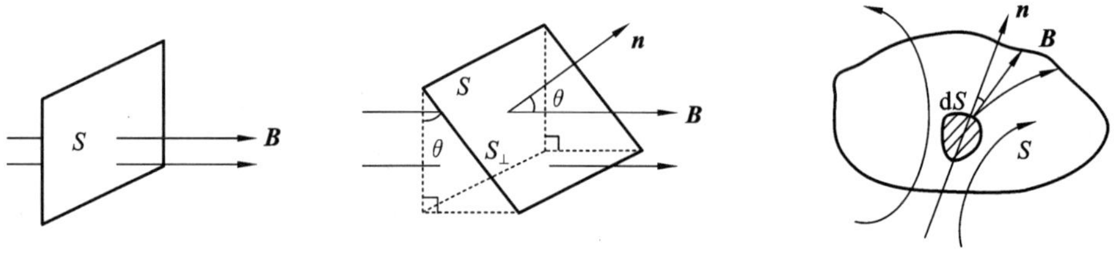

(a)　　(b)　　(c)

图 11-19　磁通量的计算

11.4.3　磁场的高斯定理

由于磁感应线是闭合曲线,因此,从一个闭合曲面 S 某处穿入的磁感应线,必定从该闭合曲面的另一处穿出。即有多少条磁感应线穿入闭合曲面,就有多少条磁感应线穿出闭合曲面。所以,通过磁场中任意闭合曲面 S 的磁通量为零,即

$$\Phi_m = \oint_S \boldsymbol{B} \cdot \mathrm{d}\boldsymbol{S} = 0, \tag{11-17}$$

上式即为**磁场的高斯定理**。它说明磁感应线是无头无尾的闭合曲线,磁场是无源场,这与静电场是截然不同的。

例 11-8　如图 11-20 所示，在磁感强度为 $\boldsymbol{B}$ 的均匀磁场中作一半径为 r 的半球面 S，S 边线所在平面的法线方向单位矢量 $\boldsymbol{n}$ 与 $\boldsymbol{B}$ 间的夹角为 α，求通过半球面 S 的磁通量(取弯面向外为正)。

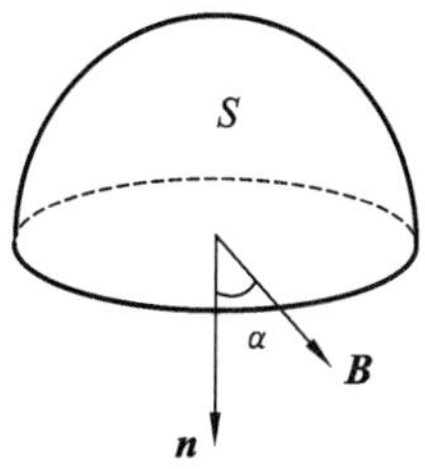

图 11-20　通过半球面的磁通量

解　根据磁场的高斯定理，通过半球面与圆底面共同组成的闭合曲面的磁通量等于零。所以通过半球面的磁通量在数值上与通过圆底面的磁通量相等，则有

$$\Phi_m = BS\cos\alpha = \pi r^2 B\cos\alpha。$$

因为取弯面向外为正，所以通过半球面的磁通量为负值，即通过半球面的磁通量为 $-\pi r^2 B\cos\alpha$。

例 11-9　如图 11-21 所示，载流长直导线的电流强度为 I，求通过矩形面积的磁通量。

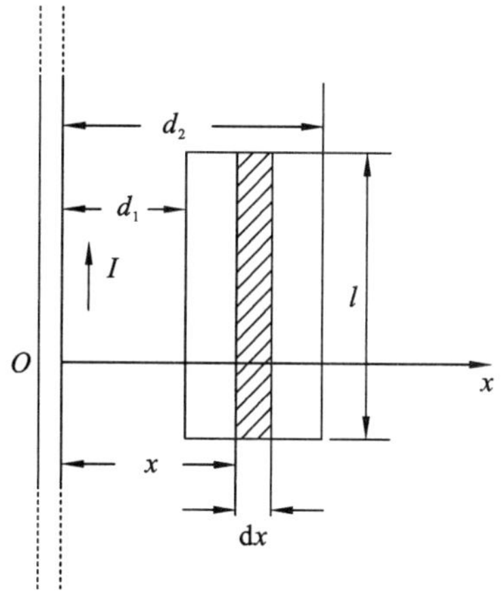

图 11-21　矩形面在载流长直导线的磁场中的磁通量

解　建立如图 11-21 所示坐标系，由于无限长载流长直导线附近磁感应强度 $\boldsymbol{B}$ 的大小为

$$B = \frac{\mu_0 I}{2\pi x},$$

因此，在矩形 x 处取长为 l、宽为 $\mathrm{d}x$ 的长条形面积微元 $\mathrm{d}\boldsymbol{S}$，此微元面积上磁感应强度可认为大小相等，而方向垂直图面向里，故

$$d\Phi_m = \boldsymbol{B} \cdot d\boldsymbol{S} = Bl\,dx,$$

所以

$$\Phi_m = \int d\Phi_m = \int_{d_1}^{d_2} \frac{\mu_0 I}{2\pi x} l\,dx = \frac{\mu_0 Il}{2\pi} \ln \frac{d_2}{d_1}。$$

11.5 安培环路定理

11.5.1 安培环路定理

在静电场中,电场强度$\boldsymbol{E}$沿任意闭合环路的线积分(即$\boldsymbol{E}$的环流)为零,它反映了静电场是保守场这样一个基本性质。那么,在稳恒磁场中,磁感应强度的环流为多少呢?1821 年,安培提出了著名的安培环路定理,表述如下:

在真空的稳恒磁场中,磁感应强度$\boldsymbol{B}$沿任一闭合路径L的线积分(即$\boldsymbol{B}$的环流),等于μ_0乘以该回路所包围的各电流的代数和。即

$$\oint_l \boldsymbol{B} \cdot d\boldsymbol{l} = \mu_0 \sum_i I_i。 \tag{11-18}$$

安培环路定理是电流与磁场之间的基本规律之一。值得注意的是,式(11-18)中的电流是有正负的:若电流流向与回路绕向成右手螺旋关系,则电流取正值;反之,则取负值。

11.5.2 安培环路定理的证明

下面我们以长直电流为例予以说明。

1. 闭合路径L包围一条长直电流的情况

如图 11-22(a) 所示,一垂直纸面向外的长直电流,其磁感应线为在垂直于电流的平面内绕电流的同心圆。现在垂直于电流的平面内围绕电流取一任意形状的闭合路径L(称为安培环路),回路的绕向与电流成右手螺旋关系。在回路L上任取一线元$d\boldsymbol{l}$,磁感应强度$\boldsymbol{B}$与$d\boldsymbol{l}$的标积为

$$\boldsymbol{B} \cdot d\boldsymbol{l} = Bdl\cos\theta = Br\,d\varphi,$$

则磁感应强度沿闭合路径L的线积分为

$$\oint_L \boldsymbol{B} \cdot d\boldsymbol{l} = \oint \frac{\mu_0 I}{2\pi r} r\,d\varphi = \frac{\mu_0 I}{2\pi} \oint d\varphi。$$

由于$\oint d\varphi = 2\pi$,所以

$$\oint_L \boldsymbol{B} \cdot d\boldsymbol{l} = \mu_0 I。$$

若I的方向反向,即电流与回路绕向成右手反螺旋关系,则$\boldsymbol{B}$的方向与图示方向相反,θ为钝角,应有$\boldsymbol{B} \cdot d\boldsymbol{l} = Bdl\cos\theta = -Br\,d\varphi$,则有$\oint_L \boldsymbol{B} \cdot d\boldsymbol{l} = -\mu_0 I$,可看作电流取负值。

2. 闭合路径 L 不包围长直电流的情况

如果闭合路径 L 不包围电流，如图 11-22(b) 所示，则从 L 上某点出发，绕行一周后，角 φ 的变化为零，即 $\oint d\varphi = 0$，因而有

$$\oint_L \boldsymbol{B} \cdot d\boldsymbol{l} = 0,$$

可见，闭合路径不包围电流时，电流对 $\boldsymbol{B}$ 沿这一闭合路径的线积分无贡献。

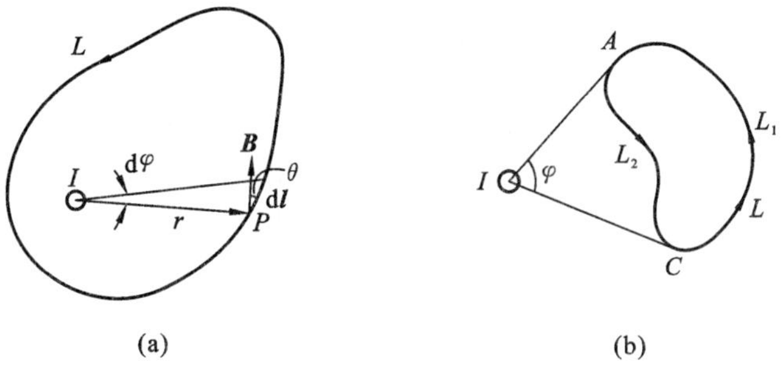

图 11-22 安培环路定理的证明

3. 闭合路径 L 包围多条长直电流的情况

根据磁场的叠加原理，回路上任一点的 $\boldsymbol{B}$ 应为

$$\boldsymbol{B} = \boldsymbol{B}_1 + \boldsymbol{B}_2 + \cdots + \boldsymbol{B}_n,$$

则有

$$\begin{aligned}\oint_L \boldsymbol{B} \cdot d\boldsymbol{l} &= \oint_L \boldsymbol{B}_1 \cdot d\boldsymbol{l} + \oint_L \boldsymbol{B}_2 \cdot d\boldsymbol{l} + \cdots + \oint_L \boldsymbol{B}_n \cdot d\boldsymbol{l} \\ &= \mu_0 I_1 + \mu_0 I_2 + \cdots + \mu_0 I_n = \mu_0 \sum_i I_i,\end{aligned}$$

此式即为安培环路定理的表达式。这显然是在特殊情况下导出的安培环路定理。可以进一步证明，上述结果对于任意形状和流向的稳恒电流以及磁场中任意形状的闭合回路都是成立的。

应当注意的是，在安培环路定理表达式中，$\boldsymbol{B}$ 是安培环路上任一点的磁场，是 L 内外所有电流产生的磁感应强度的矢量和，与环路内外的电流都有关系。但是，$\boldsymbol{B}$ 沿闭合路径 L 的线积分只与环路内包围的电流有关，与环路外的电流无关。

11.5.3 安培环路定理的应用

类似静电场中，利用高斯定理求场强，应用安培环路定理也可以方便地计算某些具有特殊对称性分布的电流的磁场分布。具体计算一般按以下步骤：

(1) 分析电流或磁场的分布是否具有对称性。

(2) 选取合适的闭合路径 L(称为安培环路)。这是利用安培环路定理求磁场的关键。注意闭合路径 L 的选择一定要使积分中的 $\boldsymbol{B}$ 能很方便地以标量的形式从积分

号中提出来。

(3) 应用安培环路定理列方程,求出 $\boldsymbol{B}$ 的大小并确定 $\boldsymbol{B}$ 的方向。

下面举几个例子说明安培环路定理求磁感应强度的方法。

例 11-10 如图 11-23 所示,一长直载流圆柱导体,半径为 R,电流为 I 且沿横截面均匀分布,求导体内、外任意一点的磁感应强度 $\boldsymbol{B}$。

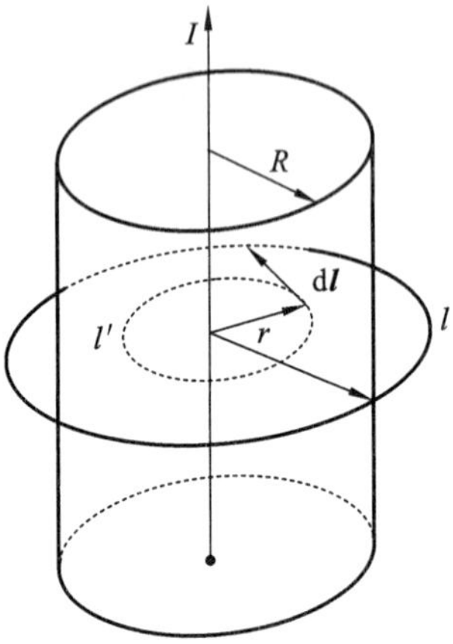

(a) 电流 I 的分布图

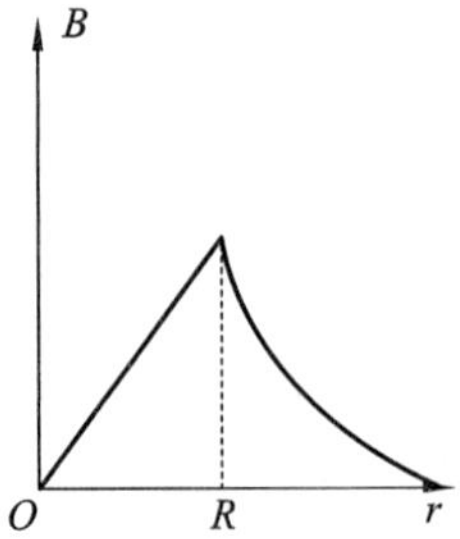

(b) B 与 r 的关系图

图 11-23 载流长直圆柱导体的磁场

解 由于圆柱体无限长,且电流沿横截面均匀分布,因而可将圆柱导体电流看成无数长直电流的集合,它们所产生的磁场必定呈对称分布,其磁感应线应为一系列同心圆,圆心在轴线上。设 P 为任意一点,它到轴线的距离为 r,选圆周为回路,逆时针绕行(即与电流 I 的流向构成右手螺旋关系),则回路上 $\boldsymbol{B}$ 的大小处处相等,且其方向与 $\mathrm{d}\boldsymbol{l}$ 相同。

若 P 点在圆柱导体外($r>R$),则 $\sum I_i = I$,由安培环路定理可得

$$\oint_l \boldsymbol{B}\cdot \mathrm{d}\boldsymbol{l} = \oint_l B\mathrm{d}l = B\oint_l \mathrm{d}l = B\times 2\pi r = \mu_0 I,$$

所以

$$B=\frac{\mu_0 I}{2\pi r}。$$

若 P 点在圆柱导体内($r<R$),则

$$\sum I_i = \frac{I}{\pi R^2}\times \pi r^2 = \frac{r^2}{R^2}I,$$

根据安培环路定理,同样可有

$$\oint_l \boldsymbol{B}\cdot \mathrm{d}\boldsymbol{l} = B\times 2\pi r = \mu_0\,\frac{r^2}{R^2}I,$$

因此

$$B = \frac{\mu_0 Ir}{2\pi R^2}。$$

B 在整个空间与 r 之关系如图 11-23(b) 所示。

例 11-11　设一载流长直密绕螺线管的电流为 I，单位长度上匝数为 n，如图 11-24 所示，求螺线管管内的磁感应强度。

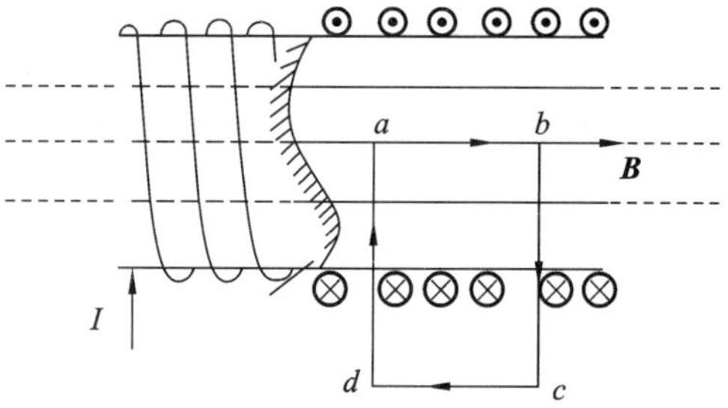

图 11-24　载流长直密绕螺线管的磁场

解　若线圈缠绕紧密，则管内从轴线到管壁区域，磁感应线趋于与轴线平行；而管外中部贴近外管壁附近的磁场被削弱，$\boldsymbol{B}$ 几乎趋于零。实际螺线管在缠绕很密并且管的长度远大于管的直径时，可看成是无限长的螺线管。

选择如图 11-24 所示的矩形闭合回路，则

$$\oint_L \boldsymbol{B} \cdot \mathrm{d}\boldsymbol{l} = \int_a^b \boldsymbol{B} \cdot \mathrm{d}\boldsymbol{l} + \int_b^c \boldsymbol{B} \cdot \mathrm{d}\boldsymbol{l} + \int_c^d \boldsymbol{B} \cdot \mathrm{d}\boldsymbol{l} + \int_\mathrm{d}^a \boldsymbol{B} \cdot \mathrm{d}\boldsymbol{l}。$$

根据以上分析，由“无限长”的对称性可知，从 a 到 b 之间各点的 $\boldsymbol{B}$ 均相同，而 bc 和 da 两段中，管内部分虽然 $\boldsymbol{B} \neq 0$，但 $\boldsymbol{B}$ 与路径垂直。回路中其他的在管外的部分 $\boldsymbol{B} = 0$，所以

$$\oint_l \boldsymbol{B} \cdot \mathrm{d}\boldsymbol{l} = \int_a^b \boldsymbol{B} \cdot \mathrm{d}\boldsymbol{l} = B\int_a^b \mathrm{d}l = B\,\overline{ab}。$$

根据安培环路定理，回路包围的电流代数和为

$$\sum I_i = n\,\overline{ab}I，$$

故

$$B = \mu_0 nI。$$

由此可见，在载流无限长螺线管内部，任意点磁感应强度的大小与通过螺线管的电流和螺线管单位长度的线圈匝数成正比，内部磁场是一个均匀磁场。

例 11-12　密绕在环上的环式螺线管，称为螺绕环，如图 11-25 所示，设环的平均半径为 R，绕有 N 匝线圈，电流强度为 I，求环内任意一点的磁感应强度。

解　若环上线圈绕得紧密，则磁场几乎全部集中在螺绕环内，环外磁场接近于零。根据电流分布的对称性，可知环中磁感应线为同心圆。

以离圆心 r 的距离为半径作一闭合回路，则此回路上各点 $\boldsymbol{B}$ 的大小应相同，方向

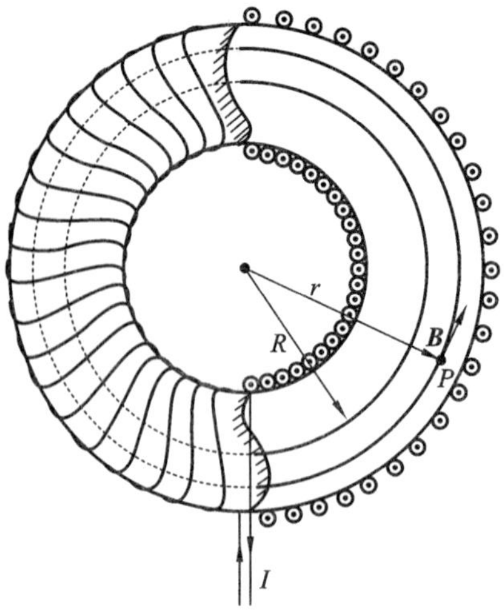

图 11-25 载流密绕螺绕环的磁场

依据电流的流向应为逆时针切线方向。设回路绕向与 $\boldsymbol{B}$ 的方向相同,则

$$\oint_l \boldsymbol{B} \cdot \mathrm{d}\boldsymbol{l} = \oint_l B \cdot \mathrm{d}l = B \times 2\pi r = \mu_0 NI,$$

所以

$$B = \frac{\mu_0 NI}{2\pi r}。$$

如果螺绕环的半径 R 远远大于截面的半径,则有 $R \approx r$,所以

$$B \approx \frac{\mu_0 NI}{2\pi R} = \mu_0 nI,$$

其中,n 为环上单位长度所绕的线圈匝数。此时,环内磁场各处大小相等,方向与无限长直螺线管磁场方向相同。这是因为当环的半径远远大于截面半径时,螺线环的一段就过渡为无限长的螺线管。

例 11-13 如图 11-26(a) 所示,一无限大的导体薄平板垂直于纸面放置,其上有方向垂直纸面流出的电流,面电流密度(即通过与电流方向垂直的单位长度的电流)到处均匀,大小为 j。求此电流板的磁场分布。

解 将无限大载流薄平板视为由无限多根平行排列的长直电流组成。对板外任一点 P,相对 OP 对称地取一对宽度相等的长直电流 $j\,\mathrm{d}l$ 和 $j\,\mathrm{d}l'$,它们在 P 点产生的磁场分别为 $\mathrm{d}\boldsymbol{B}$ 和 $\mathrm{d}\boldsymbol{B}'$,如图 11-26(b) 所示。由对称性可知,它们的合磁场 $\mathrm{d}\boldsymbol{B}_{/\!/}$ 的方向平行于载流薄平板,如图 11-26(b) 所示,因而整个导体平板上的电流在 P 点产生的总磁场也一定平行于载流平面。同理可知,平面另一侧的场点,其总磁场也与载流平面平行,但方向与 P 点磁场方向相反。即载流平面两侧 $\boldsymbol{B}$ 的方向相反。又由于载流平面无限大,故磁场分布具有对称性,即在与平面等距离的各点处 $\boldsymbol{B}$ 的大小相等。

取一相对载流平面对称的矩形回路 $abcda$ 为安培环路 L,如图 11-26(b) 所示,由

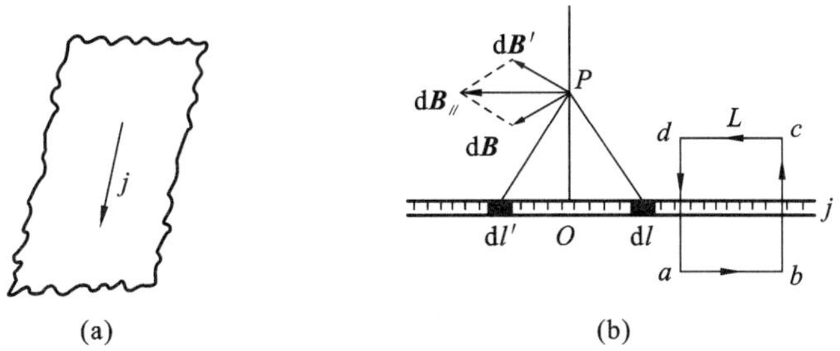

图 11-26　无限大平板电流的磁场

于在回路的 ab 及 cd 段上 $\boldsymbol{B}$ 的大小处处相等，且 $\boldsymbol{B}$ 的方向与积分路径的方向相同，在回路的 bc 和 da 段上 $\boldsymbol{B}$ 的方向处处与积分路径垂直，所以 $\boldsymbol{B}$ 沿回路的环流为

$$\oint_L \boldsymbol{B}\cdot \mathrm{d}\boldsymbol{l} = \int_a^b \boldsymbol{B}\cdot \mathrm{d}\boldsymbol{l} + \int_b^c \boldsymbol{B}\cdot \mathrm{d}\boldsymbol{l} + \int_c^d \boldsymbol{B}\cdot \mathrm{d}\boldsymbol{l} + \int_d^a \boldsymbol{B}\cdot \mathrm{d}\boldsymbol{l} = 2B\,\overline{ab},$$

穿过该回路的电流为 $j\,\overline{ab}$，根据安培环路定理得

$$2B\,\overline{ab} = \mu_0 j\,\overline{ab},$$

即

$$B = \frac{1}{2}\mu_0 j,$$

上式表明，无限大均匀载流平面两侧的磁场大小相等，方向相反，并且是均匀磁场。

11.6　洛伦兹力

11.6.1　洛伦兹力

运动电荷在磁场中所受磁力叫**洛伦兹力**。实验证明，一个运动电荷 q 在磁场中所受洛伦兹力 $\boldsymbol{F}_m$ 与电荷的电量 q、运动速度 $\boldsymbol{v}$ 以及磁感应强度 $\boldsymbol{B}$ 之间有如下关系：

$$\boldsymbol{F}_m = q\boldsymbol{v}\times\boldsymbol{B}, \tag{11-19}$$

$\boldsymbol{F}_m$ 的大小为

$$F_m = qvB\sin\theta,$$

式中，θ 是 $\boldsymbol{v}$ 与 $\boldsymbol{B}$ 之间的夹角。显然，当 θ 为 0 或 π 时，洛伦兹力为零。洛伦兹力的方向垂直于 $\boldsymbol{v}$ 与 $\boldsymbol{B}$ 决定的平面，指向与 q 的正负有关。当 q 为正电荷时，$\boldsymbol{F}_m$ 的方向与 $\boldsymbol{v}\times\boldsymbol{B}$ 的方向一致；当 q 为负电荷时，$\boldsymbol{F}_m$ 的方向与 $\boldsymbol{v}\times\boldsymbol{B}$ 的方向相反，如图 11-27 所示。具体可用右手螺旋法则判断。

当运动电荷的速率和磁感应强度的大小一定时，在电荷速度的方向垂直于磁场时，运动电荷受到的洛伦兹力将达到最大：$F_{\max} = qvB$，即有 $B = \dfrac{F_{\max}}{qv}$，这正是磁感应强度 $\boldsymbol{B}$ 的大小的定义式。

由于洛伦兹力总是与运动电荷的速度方向垂直，所以它只改变电荷运动的方向，

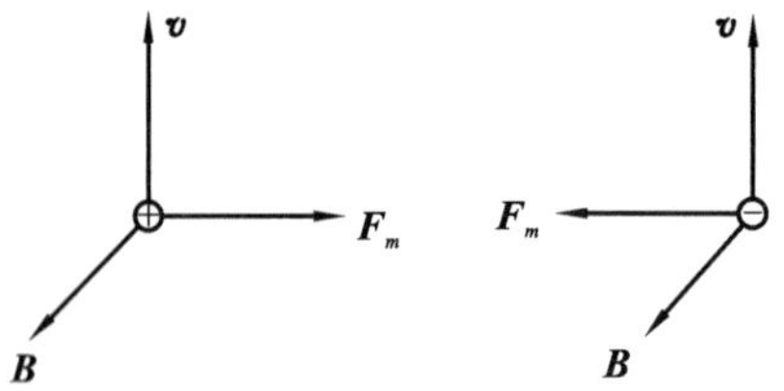

图 11-27　洛伦兹力的方向

不改变其速率,即洛伦兹力永远不对运动电荷做功,这是洛伦兹力的一个重要特性。

11.6.2　带电粒子在均匀磁场中的运动

带电粒子在均匀磁场中的运动,根据其速度 $\boldsymbol{v}$ 与磁感应强度 $\boldsymbol{B}$ 二者方向的关系分为三种情况来讨论:

(1) $\boldsymbol{v}$ 与 $\boldsymbol{B}$ 同向或反向,即二者间的夹角 $\theta=0$ 或 π。此时

$$F_m = qvB\sin\theta = 0,$$

带电粒子运动状态不变,为匀速直线运动。

(2) $\boldsymbol{v}$ 与 $\boldsymbol{B}$ 垂直,即 $\theta=\pi/2$。此时

$$F_m = qvB\sin\theta = qvB,$$

即力的大小为常量,但方向处处与 $\boldsymbol{v}$、$\boldsymbol{B}$ 垂直,所以带电粒子在垂直于 $\boldsymbol{B}$ 的平面上做匀速圆周运动,其向心力即为上式的洛伦兹力。于是有

$$qvB = m\frac{v^2}{R},$$

由此可得其圆周运动半径、运动周期分别为

$$R=\frac{mv}{qB}, \tag{11-20}$$

$$T=\frac{2\pi R}{v}=\frac{2\pi m}{qB}。 \tag{11-21}$$

(3) $\boldsymbol{v}$ 与 $\boldsymbol{B}$ 成任意夹角 θ,如图 11-28 所示,可将 $\boldsymbol{v}$ 分解成平行于 $\boldsymbol{B}$ 的分量 $\boldsymbol{v}_{/\!/}$ 和垂直于 $\boldsymbol{B}$ 的分量 $\boldsymbol{v}_{\perp}$。

$$v_{/\!/}=v\cos\theta,\quad v_{\perp}=v\sin\theta。$$

故带电粒子在垂直于 $\boldsymbol{B}$ 的方向上受到的洛伦兹力的大小为

$$F_m = qv_{\perp}B = qBv\sin\theta,$$

在垂直于 $\boldsymbol{B}$ 的平面上,带电粒子做圆周运动的半径为

$$R=\frac{mv_{\perp}}{qB}=\frac{mv\sin\theta}{qB},$$

其回转周期为

$$T=\frac{2\pi R}{v_{\perp}}=\frac{2\pi m}{qB}。$$

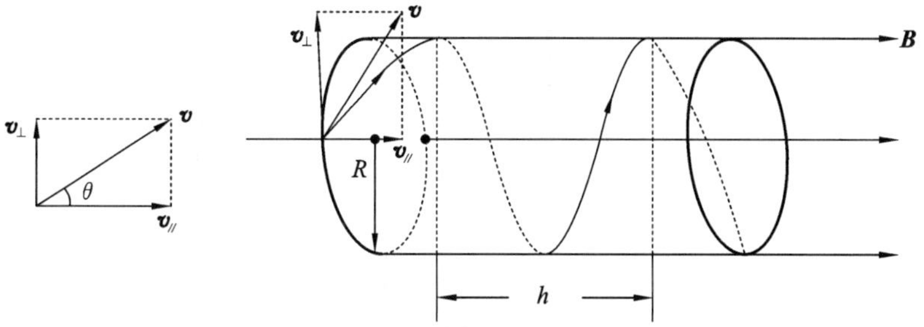

图 11-28　带电粒子在磁场中的螺旋运动

带电粒子在平行于 $\boldsymbol{B}$ 的方向做匀速直线运动。因此，带电粒子将做螺旋运动，在一回转周期内运动的水平距离——螺旋线的螺距为

$$h = v_{/\!/}\, T = \frac{2\pi m}{qB} v\cos\theta。\tag{11-22}$$

11. 6. 3　带电粒子在均匀电场和磁场中的运动

在普遍情况下，空间里同时存在电场和磁场，则带电粒子所受到的力应为电场力和洛伦兹力之和，即

$$\boldsymbol{F} = q(\boldsymbol{E} + \boldsymbol{v} \times \boldsymbol{B}),\tag{11-23}$$

上式即为**洛伦兹方程**。

带电粒子在电场、磁场中的运动规律在近代科学技术中有着重要的应用，下面选取几种现代电子设备和仪器，简要分析它们的工作原理。

1. 速度选择器

利用带电粒子在电场和磁场中运动时会产生偏转的原理，将所需速度的粒子选出来的仪器称为"速度选择器"，图 11-29 为其工作原理示意图：当一束具有各种速度的粒子经过场强为 $\boldsymbol{E}$ 的均匀电场和与 $\boldsymbol{E}$ 垂直的磁感应强度为 $\boldsymbol{B}$ 的均匀磁场时，它所受到的电场力与磁场力的合力大小

$$F = q(E - vB),$$

当粒子的速率为 $v = \dfrac{E}{B}$ 时，其受力为零，这时，粒子将做匀速直线运动，从 S_1 进入，自 S_2 穿出。换言之，可以通过改变 E 与 B 的比值将各种速率的粒子选出来。

2. 质谱仪

质谱仪是用物理方法分析同位素的仪器。图 11-30 是一种质谱仪的示意图。从离子源产生的正离子，以速度 $\boldsymbol{v}$ 经过狭缝 S_1 和 S_2 之后，进入速度选择器。设速度选择器中 P_1、P_2 之间的均匀电场的电场强度为 $\boldsymbol{E}$，而垂直屏幕向外的均匀磁场的磁感应强度为 $\boldsymbol{B}$。当电荷为 $+q$ 的正离子的速度满足 $v = E/B$ 时，它们就能径直穿过 P_1、P_2 而从狭缝 S_3 射出。

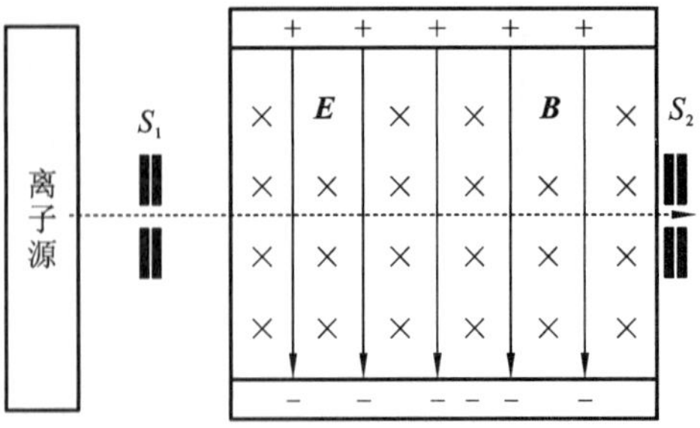

图 11-29　速度选择器的工作原理图

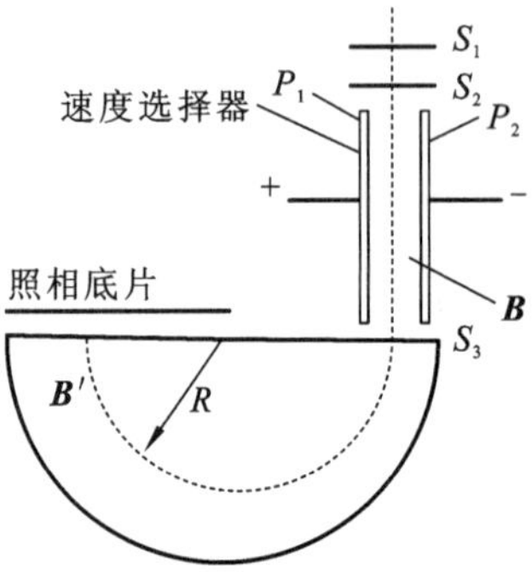

图 11-30　质谱仪的工作原理图

正离子由 S_3 射出后,进入另一个磁感应强度为 $\boldsymbol{B}'$ 的匀强磁场区域,磁场的方向也是垂直屏幕向外的,但在此区域中没有电场。这时正离子在磁场力的作用下,将以半径 R 做匀速圆周运动。若离子的质量为 m,则有

$$qvB' = m\frac{v^2}{R},$$

所以

$$m = \frac{qB'R}{v}。$$

由于 $\boldsymbol{B}'$ 和离子的速度 $\boldsymbol{v}$ 是已知的,且假定每个离子的电荷是相等的,从上式可以看出,离子的质量和它的轨道半径成正比。

如果这些离子中有不同质量的同位素,它们的轨道半径就不一样而将分别射到照相底片上不同的位置,形成若干线状谱的细条纹,每一条纹相当于一定质量的离子。从条纹的位置可以推算出轨道半径 R,从而算出它们的相应质量,所以,这种仪器叫作质谱仪。

3. 回旋加速器

回旋加速器是一种能产生高能量带电粒子的机器。图 11-31 是回旋加速器的结构示意图。A、B 是封在高度真空室中的两个半圆形盒,称为 D 形电极。将两个 D 形电

极与交流电源连接，在两个D形电极之间的缝隙处，就产生按照一定频率变化的交变电场。将两个电极放在电磁铁产生的强大均匀磁场中，磁场的方向垂直于D形电极极板平面向下。如果将一正电荷引入两电极间的缝隙中的 P 点，带电粒子将被电场加速进入 A 盒，在 A 盒中磁场的作用下做圆周运动，半周后到达缝隙，此时，电场改变方向，粒子将被加速进入 B 盒。

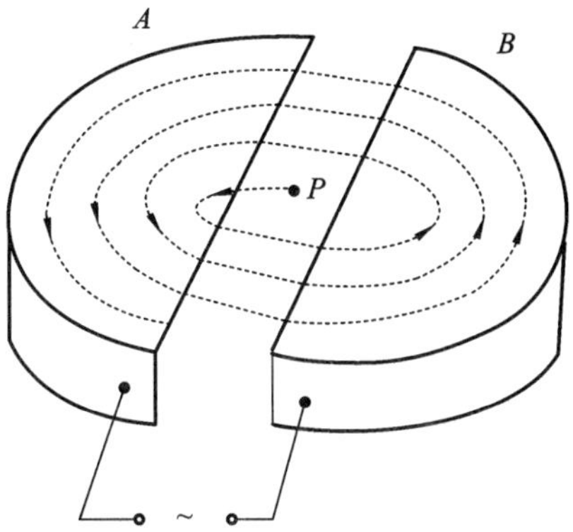

图 11-31　回旋加速器示意图

由于粒子在磁场中做圆周运动时的周期与粒子的运动速度和半径无关，所以可以控制电场改变方向的周期(即交流电源的周期）与粒子做圆周运动的周期相同。这样，带正电的粒子在交变电场和均匀磁场的作用下，多次累计式地被加速而沿着螺旋形的平面轨道运动，直到粒子能量足够高时到达半圆形电极的边缘，被引出加速器。

4. 磁聚焦

前面讨论过，当带电粒子进入磁场的初速度方向与磁场方向间成 θ 角时，粒子将做螺旋轨迹运动，螺旋运动的周期为

$$T=\frac{2\pi m}{qB},$$

螺旋运动的半径为

$$R=\frac{mv_{\perp}}{qB}=\frac{mv\sin\theta}{qB},$$

螺旋运动的螺距

$$h=v_{/\!/}T=\frac{2\pi m}{qB}v\cos\theta。$$

根据上述结论，可以实现磁聚焦。如图 11-32 所示，在均匀磁场中 A 点发射一束很窄的带电粒子流，这些粒子的初速度大致相同，且与磁场方向间的夹角 θ 很小。则这些粒子虽然做圆周运动的半径不同，但螺旋前进的周期和螺距是大致相同的。因此，这些粒子经过一个螺距的运动距离后又会重新汇聚在同一点，这种现象称为磁聚焦。磁聚焦被广泛应用于电子光学、电子显微镜等。

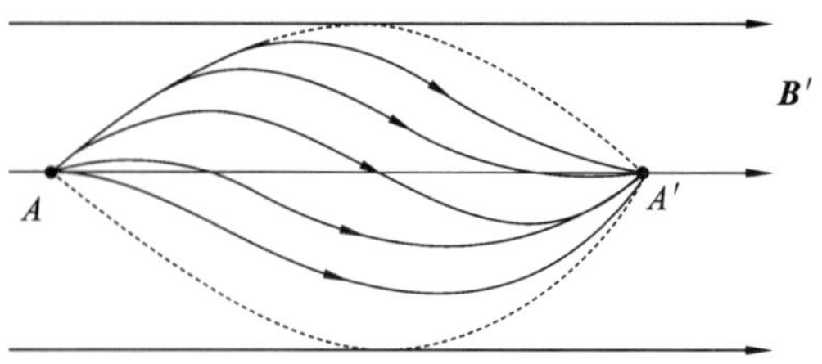

图 11-32　磁聚焦示意图

例 11-14　已知某空间电磁场为 $\boldsymbol{E}=2\boldsymbol{i}$ V/m，$\boldsymbol{B}=3\boldsymbol{i}+4\boldsymbol{j}+5\boldsymbol{k}$ T。一粒子所带电量为 $q=1$ C，以 $\boldsymbol{v}=2\boldsymbol{i}$ m/s 在该空间运动，求该粒子在电磁场中的受力。

解

$$\begin{aligned}\boldsymbol{F}&=q(\boldsymbol{E}+\boldsymbol{v}\times\boldsymbol{B})=1\times[2\boldsymbol{i}+2\boldsymbol{i}\times(3\boldsymbol{i}+4\boldsymbol{j}+5\boldsymbol{k})]\\&=2\boldsymbol{i}-10\boldsymbol{j}+8\boldsymbol{k}\text{ N。}\end{aligned}$$

例 11-15　如图 11-33 所示，某质谱仪的离子源产生质量相同、电荷为 q 的正离子，进入场强为 $\boldsymbol{E}$ 的均匀电场和磁感应强度为 $\boldsymbol{B}$ 的均匀磁场组成的速度选择器(其速度近似为 0)，后经电压 U 加速进入方向垂直纸面的均匀磁场(其磁感应强度为 $\boldsymbol{B}_0$)中，若测得 $DP=l$，求离子的质量。

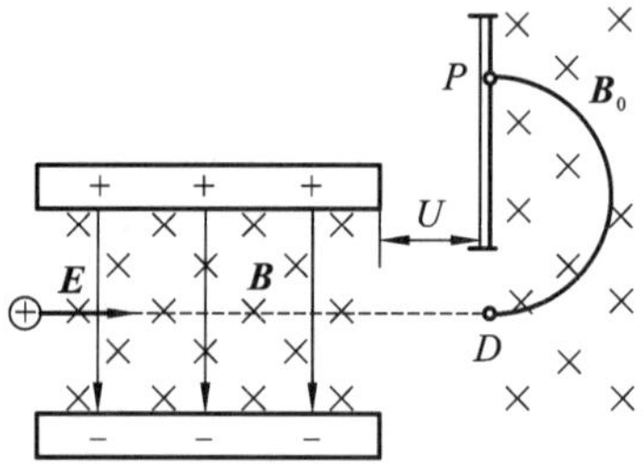

图 11-33　质谱仪

解　设粒子经电压 U 加速后获得的速度是 v，则有

$$Uq=\frac{1}{2}mv^2,$$

即

$$v=\sqrt{\frac{2Uq}{m}}。$$

粒子进入磁场 $\boldsymbol{B}_0$ 后做圆周运动，其运动的半径为

$$R=\frac{mv}{B_0q}=\frac{m\sqrt{\dfrac{2Uq}{m}}}{B_0q}=\frac{l}{2},$$

所以粒子的质量为

$$m=\frac{qB_0^2l^2}{8U}。$$

11.6.4　霍尔效应

1879 年,霍尔发现,在磁感应强度为 $\boldsymbol{B}$ 的均匀磁场中放入一块宽为 b、厚为 d 的载流导体薄片,沿薄片纵向通有电流 I,$\boldsymbol{B}$ 与 I 的方向垂直,则会在薄片垂直于电流和磁场方向的两侧产生电势差,这一现象称为**霍尔效应**。所产生的电势差称为**霍尔电势差**,或称**霍尔电压**。

霍尔效应可用洛伦兹力来解释。导体或半导体中定向运动的带电粒子称为载流子。

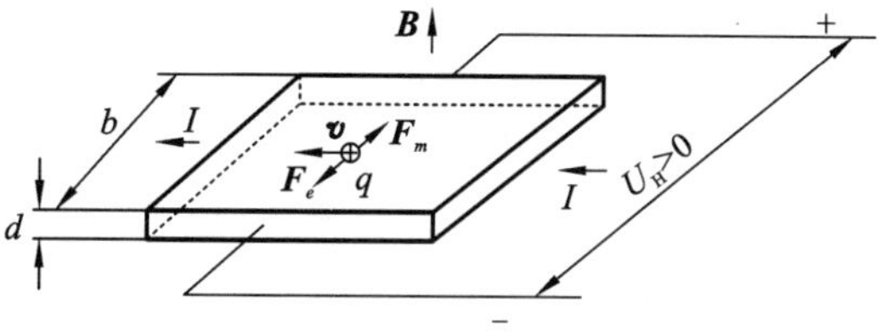

图 11-34　正载流子的霍尔效应

如图 11-34 所示,若导体薄片中的载流子带正电荷,则电荷的运动方向与电流方向一致。设电荷定向运动的速度为 $\boldsymbol{v}$,在磁场力的作用下,正电荷向薄片里侧运动,使得薄片里侧累积有正电荷,外侧累积有负电荷。这样,在薄片横向两侧之间形成静电场。很容易判断,运动电荷在薄片中受到的电场力方向和洛伦兹力方向刚好相反。初始时,两侧累积的电荷较少,致使洛伦兹力大于电场力,载流子不断向两侧聚集,使得电场逐渐增大。经过一段时间之后,载流子所受到的电场力和洛伦兹力相等,载流子即处于动态平衡中,薄片两侧电荷就不再增加,则有

$$qvB = qE_{\mathrm{H}},$$

上式中 E_{H} 为薄片横向两侧间形成的电场,称为**霍尔电场**。把霍尔电压记为 U_{H},则

$$E_{\mathrm{H}} = \frac{U_{\mathrm{H}}}{b},$$

联立上两式可得

$$U_{\mathrm{H}} = bvB。 \qquad (11\text{-}24)$$

上式给出了霍尔电压与磁感应强度和电荷运动速率之间的关系。设单位体积中载流子的个数为 n,载流子所带电量为 q,因导体薄片截面积为 $S = bd$,则电流为

$$I = \frac{\Delta Q}{\Delta t} = \frac{qn(v\Delta t)bd}{\Delta t} = qnvbd,$$

即

$$v = \frac{I}{qnbd},$$

将上式代入式(11-24)中,则有

$$U_H = \frac{IB}{nqd}。\tag{11-25}$$

对于一定的材料,载流子数密度 n 和载流子所带电荷量 q 是一定的,因此,系数 $\frac{1}{nq}$ 为一常量,称为**霍尔系数**,记作 R_H,则式(11-25) 可写为

$$U_H = R_H \frac{IB}{d}。\tag{11-26}$$

霍尔系数与载流子数密度 n 成反比,n 越小,霍尔系数越大。半导体的电荷密度比金属导体的电荷密度小,因此,能产生很强的霍尔效应。

霍尔电压的符号与载流子所带电荷的正、负有关。因此,根据实验测得的霍尔电压的正、负,可以判断载流子所带电荷的正、负。半导体的导电类型可用这种方法来判定:若 $U_H > 0$,说明载流子带正电,这种半导体称为空穴型(P 型) 半导体,如图 11-34 所示;若 $U_H < 0$,说明载流子带负电,这种半导体称为电子型(N 型) 半导体,如图 11-35 所示。

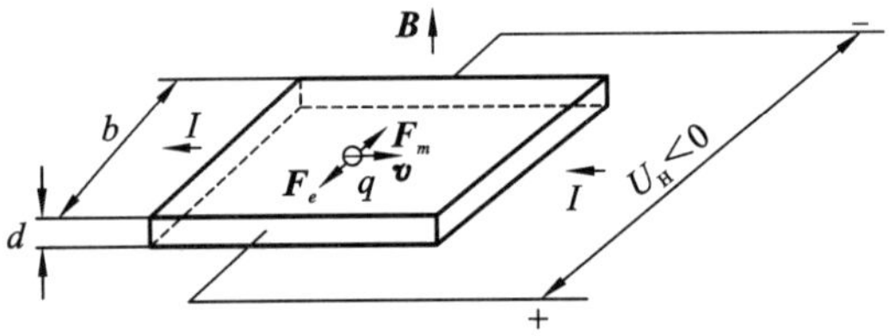

图 11-35　负载流子的霍尔效应

11.7　安 培 定 律

实验证明,置于磁场中的载流导线也要受到磁场的作用力。由于导线中形成电流的大量定向运动的载流子在磁场中要受到洛伦兹力的作用,其宏观效果将表现为载流导线受到磁场的作用力。载流导线受到的磁场力通常称为**安培力**。

11.7.1　安培定律

为了计算磁场中一段载流导线所受的磁力,我们先计算导线上任一电流元 $I\mathrm{d}\boldsymbol{l}$ 受到的磁力。如图 11-36 所示,在导线上取一电流元 $I\mathrm{d}\boldsymbol{l}$,此处的磁感应强度为 $\boldsymbol{B}$。导线中电子以速度 $\boldsymbol{v}$ 做定向运动,其方向与电流方向相反。一个电子所受到的洛伦兹力为

$$\boldsymbol{F}_m = -e\boldsymbol{v} \times \boldsymbol{B}。$$

设单位体积内定向运动的电子数目为 n 个,则该电流元内共有运动电子数为 $nS\mathrm{d}l$,电流元中电子受的合力,即电流元受力为

$$\mathrm{d}\boldsymbol{F} = nS\mathrm{d}l\boldsymbol{F}_m = nS\mathrm{d}l(-e)\boldsymbol{v} \times \boldsymbol{B},$$

又根据电流强度的定义

$$I = enSv,$$

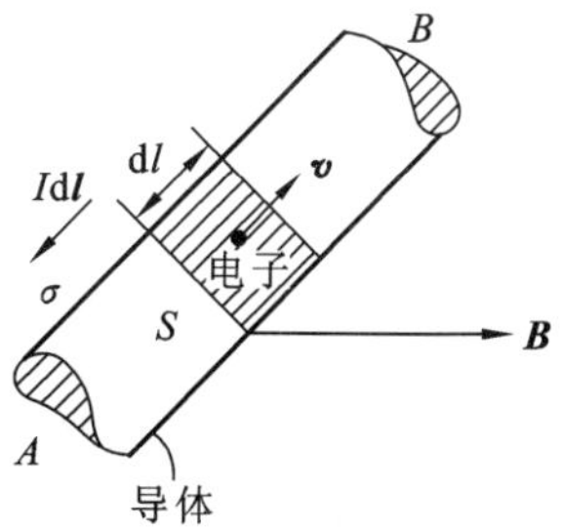

图11-36　电流元在磁场中的受力

因为电流的方向与电子的运动方向相反，所以电流元的受力为

$$\mathrm{d}\boldsymbol{F} = I\mathrm{d}\boldsymbol{l} \times \boldsymbol{B}, \tag{11-27}$$

上式即为电流元 $I\mathrm{d}\boldsymbol{l}$ 在磁场中所受安培力的计算公式，由安培通过实验总结得出，称为**安培定律**。

安培定律表述为：**磁场对电流元 $I\mathrm{d}\boldsymbol{l}$ 的作用力，在数值上等于电流元的大小、电流元所在处的磁感应强度的大小以及电流元 $I\mathrm{d}\boldsymbol{l}$ 和 $\boldsymbol{B}$ 之间的夹角的正弦的乘积**

$$\mathrm{d}F = I\mathrm{d}lB\sin\theta, \tag{11-28}$$

$\mathrm{d}\boldsymbol{F}$ 的方向为 $I\mathrm{d}\boldsymbol{l}\times\boldsymbol{B}$ 的方向，用右手螺旋法则确定：右手的四指从 $I\mathrm{d}\boldsymbol{l}$ 沿小于 π 的角度转向 $\boldsymbol{B}$ 时，伸直的大拇指的方向就是 $\mathrm{d}\boldsymbol{F}$ 的方向。

11.7.2　安培定律的应用

根据叠加原理，一段有限长载流导线在磁场中所受安培力应为导线上各段电流元所受磁力的矢量和，即

$$\boldsymbol{F} = \int \mathrm{d}\boldsymbol{F} = \int I\mathrm{d}\boldsymbol{l} \times \boldsymbol{B}, \tag{11-29}$$

上式是一矢量式，实际计算时要对各分量式积分。即若各电流元受到的磁力 $\mathrm{d}\boldsymbol{F}$ 的方向不同时，可先将 $\mathrm{d}\boldsymbol{F}$ 分解成 $\mathrm{d}F_x$、$\mathrm{d}F_y$ 和 $\mathrm{d}F_z$ 三个分量，再积分求合磁力 $\boldsymbol{F}$ 的各分量

$$F_x = \int \mathrm{d}F_x,\quad F_y = \int \mathrm{d}F_y,\quad F_z = \int \mathrm{d}F_z。$$

下面举例说明用安培定律求有限长载流导线在磁场中所受安培力的方法。

例11-16　一段长为 l、通以电流为 I 的直导线，放在磁感应强度为 $\boldsymbol{B}$ 的均匀磁场中，电流流向与 $\boldsymbol{B}$ 间的夹角为 θ。求直导线电流所受的力。

解　如图11-37所示，在直导线上任取一线元 $\mathrm{d}\boldsymbol{l}$，由于电流元 $I\mathrm{d}\boldsymbol{l}$ 与 $\boldsymbol{B}$ 间的夹角为 θ，则

$$\mathrm{d}F = I\mathrm{d}lB\sin\theta。$$

$\mathrm{d}\boldsymbol{F}$ 方向根据右手螺旋法则判定为垂直于图面向里。所以直导线电流所受安培力的大小为

$$F = \int_l \mathrm{d}F = \int_0^l IB\sin\theta\mathrm{d}l = BIl\sin\theta,$$

其方向也是垂直于图面向里。

讨论:(1) $\theta = 0$ 时,$F = 0$。

(2) $\theta = \frac{\pi}{2}$ 时,$F = F_{max} = BIl$。

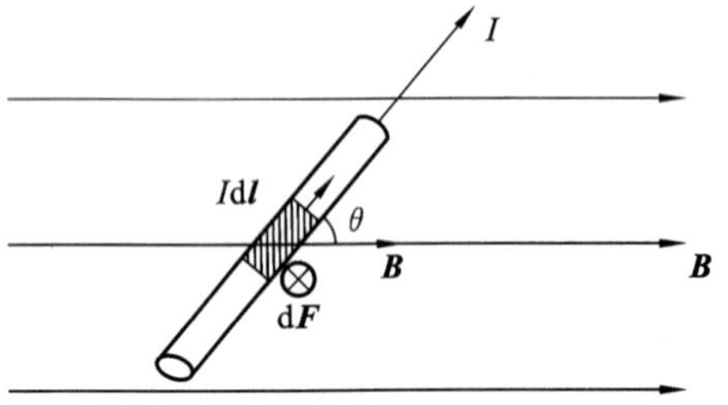

图 11-37 直导线电流所受的安培力

例 11-17 如图 11-38 所示,一通有电流 I 的圆弧,其弦长为 l,圆弧面与均匀磁场 $\boldsymbol{B}$ 垂直。求此段圆弧导线所受的安培力。

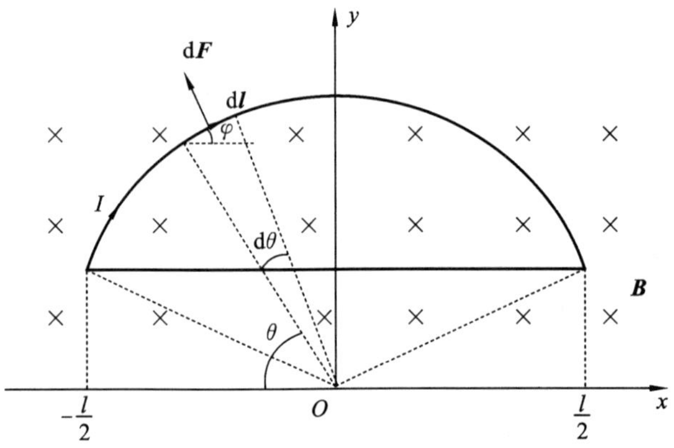

图 11-38 载流圆弧导线所受的安培力

解 如图 11-38 所示,以圆弧的圆心为原点建立坐标系。在圆弧上任取一电流元 $I\mathrm{d}\boldsymbol{l}$,其与 O 点连接,连线与 x 轴负方向间的夹角为 θ,因此 $\mathrm{d}\boldsymbol{l}$ 张开的圆心角为 $\mathrm{d}\theta$。由安培定律,该电流元所受到安培力的大小为

$$\mathrm{d}F = BI\mathrm{d}l,$$

方向如图 11-38 所示。由于圆弧导线上各电流元受力方向不同,所以将 $\mathrm{d}\boldsymbol{F}$ 投影到 x、y 方向上的分量为

$$\mathrm{d}F_x = \mathrm{d}F\cos(\pi - \theta) = -BI\mathrm{d}l\cos\theta = -BI\mathrm{d}l\sin\varphi = -BI\mathrm{d}y,$$

$$\mathrm{d}F_y = \mathrm{d}F\sin\theta = BI\mathrm{d}l\sin\theta = BI\mathrm{d}l\cos\varphi = BI\mathrm{d}x,$$

则圆弧导线所受到的安培力在 x、y 方向上的分量为

$$F_x = \int \mathrm{d}F_x = \int_0^0 -BI\mathrm{d}y = 0,$$

$$F_y = \int \mathrm{d}F_y = \int_{-\frac{l}{2}}^{\frac{l}{2}} BI\,\mathrm{d}x = BIl,$$

所以圆弧导线所受到的安培力为

$$\boldsymbol{F} = BIl\boldsymbol{j}。$$

可以看出，整个圆弧导线所受安培力可等效于起点连接终点的载流直导线通以相同电流时所受的安培力。这个结论具有普遍意义，即在均匀磁场中，任意形状的平面载流导线所受安培力等于连接导线的起点和终点的载流直导线受到的安培力。

例 11-18　如图 11-39 所示，一无限长的电流导线，其电流为 I_1，在相距为 d 处平行放置另一长为 l_2 的直线，其电流为 I_2。求直线电流 I_2 所受安培力。

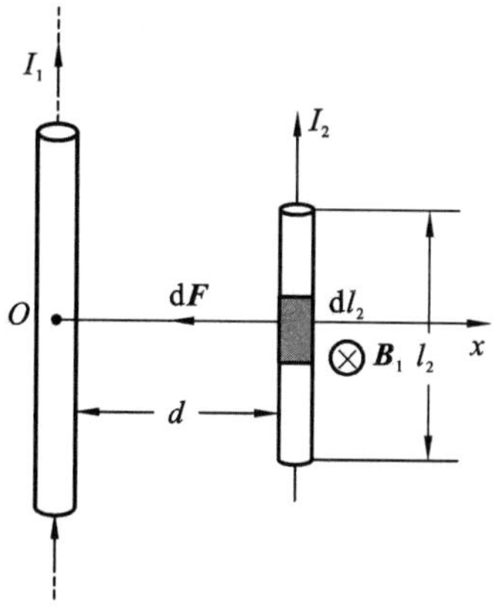

图 11-39　直线电流间的作用力

解　无限长直线电流 I_1 在 d 处产生的磁感应强度的大小为

$$B_1 = \frac{\mu_0 I_1}{2\pi d},$$

其方向垂直图面向里。设在 l_2 上任取一线元 $\mathrm{d}l_2$，建立如图 11-39 所示坐标系，根据安培定律，电流元 $I_2\mathrm{d}\boldsymbol{l}_2$ 所受安培力的大小为

$$\mathrm{d}F = B_1 I_2 \mathrm{d}l_2,$$

其方向沿 x 轴负方向，即指向电流 I_1，因此 I_2 所受安培力的大小为

$$F = \int \mathrm{d}F = \int B_l I_2 \mathrm{d}l_2 = \int_0^{l_2} \frac{\mu_0 I_1}{2\pi d} I_2 \mathrm{d}l_2 = \frac{\mu_0 I_1 I_2 l_2}{2\pi d},$$

其方向也沿 x 轴负方向。

在 SI 中，电流强度的单位"安培" 就是根据上式定义的。设在真空中两无限长平行直导线相距 1 m，通以大小相等的电流。如果导线每米长度的作用力为 2×10^{-7} N，则每根导线上的电流强度就规定为 1 A。

例 11-19　如图 11-40 所示，一无限长载流直导线 AB，通有电流 I_1，在它的一侧有一长为 l 的有限长载流导线 CD，其电流为 I_2，AB 与 CD 共面，且 $CD \perp AB$，C 端距

AB 为 a。求 CD 受到的安培力。

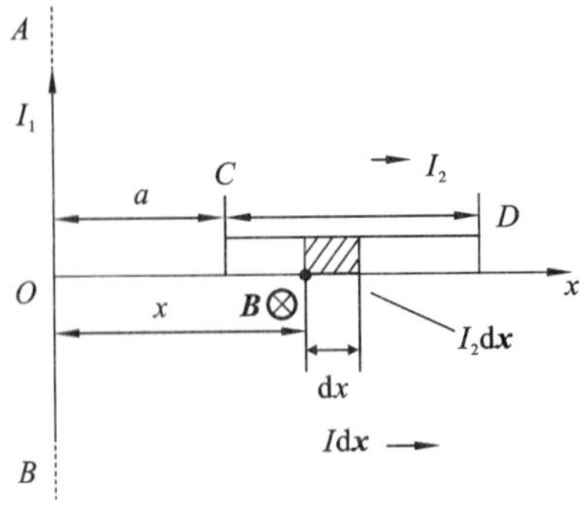

图 11-40　直线电流之间的作用力

解　取 x 轴与 CD 重合,原点在 AB 上。在 x 处取一电流元 $I_2\mathrm{d}\boldsymbol{x}$,该处 $\boldsymbol{B}$ 方向垂直纸面向里,大小为

$$B=\frac{\mu_0 I_1}{2\pi x},$$

则电流元的受力为

$$\mathrm{d}F=I_2\mathrm{d}x\cdot B=\frac{\mu_0 I_1 I_2}{2\pi x}\mathrm{d}x,$$

$\mathrm{d}\boldsymbol{F}$ 方向为垂直于 CD 向上。由于 CD 上各电流元受到的安培力方向相同,因此 CD 段受到的安培力方向与电流元受力方向相同,为垂直于 CD 向上,所受安培力大小为

$$F=\int\mathrm{d}F=\int_a^{a+l}\frac{\mu_0 I_1 I_2}{2\pi x}\mathrm{d}x=\frac{\mu_0 I_1 I_2}{2\pi}\ln\frac{a+l}{a}。$$

11.8　磁场对载流线圈的作用

实验表明,当载流线圈悬挂在磁场中时,可发生旋转,这说明线圈受到了磁场对它施加的力矩的作用,磁场对线圈产生的力矩称为**磁力矩**。下面来推导磁力矩公式。

1. 在均匀磁场中

如图 11-41 所示,设在磁感应强度为 $\boldsymbol{B}$ 的均匀磁场中,有一刚性矩形载流平面线圈,其边长分别为 l_1 和 l_2,电流强度为 I,并设线圈的平面与磁场方向间的夹角为任意角 φ,其中一对边 ab、cd 与 $\boldsymbol{B}$ 垂直。根据安培定律,线圈各边所受安培力大小为

$$F_1=F'_1=BIl_1\sin\varphi,$$

$$F_2=F'_2=BIl_2,$$

这两对力均是彼此大小相等、方向相反的,其中 $\boldsymbol{F}_1$ 和 $\boldsymbol{F}'_1$ 是平衡力,但 $\boldsymbol{F}_2$ 和 $\boldsymbol{F}'_2$ 不是平衡力,它们对线圈要产生磁力矩

$$M=F_2\frac{l_1}{2}\cos\varphi+F'_2\frac{l_1}{2}\cos\varphi=F_2 l_1\cos\varphi$$

$$= BIl_2l_1\cos\varphi = BIS\cos\varphi = BIS\sin\theta, \tag{11-30}$$

式中，$S = l_1l_2$，表示线圈的面积。利用面积矢量的定义，则有

$$\boldsymbol{M} = I\boldsymbol{S} \times \boldsymbol{B}, \tag{11-31}$$

定义 $\boldsymbol{p}_m = I\boldsymbol{S}$ 为平面载流线圈的**磁矩**，其大小为电流乘以线圈的面积，方向与线圈中电流成右手螺旋关系（即线圈平面的正法向方向），则磁力矩为

$$\boldsymbol{M} = \boldsymbol{p}_m \times \boldsymbol{B}。 \tag{11-32}$$

若线圈不只一匝，而是 N 匝，则 $\boldsymbol{p}_m = NI\boldsymbol{S}$。虽然是从矩形载流线圈的情形得到上述结论的，但理论上可以证明，式(11-32) 对任意形状的平面线圈都成立。

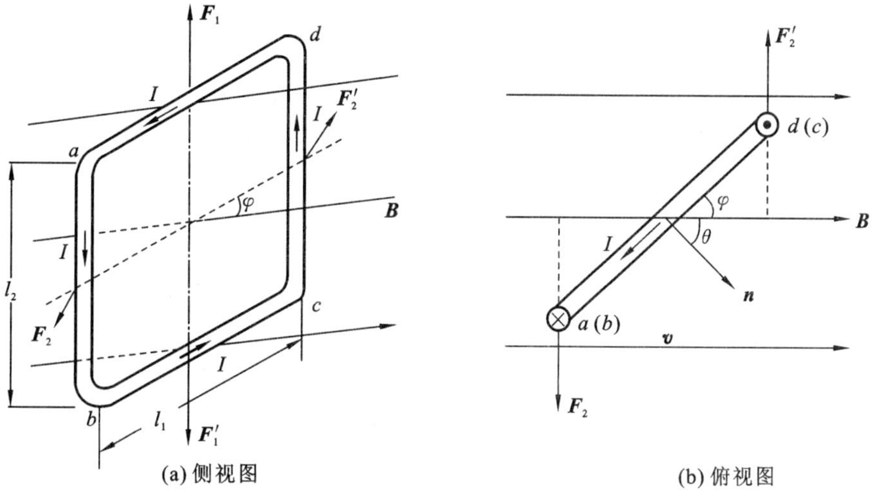

图 11-41　矩形载流线圈在均匀磁场中所受的磁力矩

值得注意的是，不只是载流线圈有磁矩，电子、质子等微观粒子也有磁矩，磁矩是粒子本身的特征之一，它们在磁场中受的力矩也都由式(11-32) 表示。

在载流线圈及磁场给定的情况下，线圈的转动主要取决于 θ 的大小。下面分几种情况对平面载流线圈所受磁力矩进行讨论。

(1) $\theta = \dfrac{\pi}{2}$

这时，线圈平面的法线与 $\boldsymbol{B}$ 垂直，线圈受到的磁力矩最大，$M = NISB$，线圈获得的角加速度最大，线圈处于加速转动中，如图 11-42(a) 所示。

(2) $\theta = 0$

这时，线圈平面的法线与 $\boldsymbol{B}$ 同向，线圈所受到的磁力矩为 0，合力也为 0，线圈处于平衡位置，如图 11-42(b) 所示。若给线圈一微小的扰动，使线圈偏离平衡位置，力 $\boldsymbol{F}_2$ 和 $\boldsymbol{F}'_2$ 将使线圈回到平衡位置。所以，这种平衡称为稳定平衡。

(3) $\theta = \pi$

这时，线圈平面的法线与 $\boldsymbol{B}$ 反向，线圈受到的磁力矩为 0，合力也为 0，线圈处于

平衡状态,如图 11-42(c) 所示。但此时若给线圈一微小扰动,线圈将在磁力矩的作用下继续沿着原来的方向转动。因此,这种平衡称为非稳定平衡。

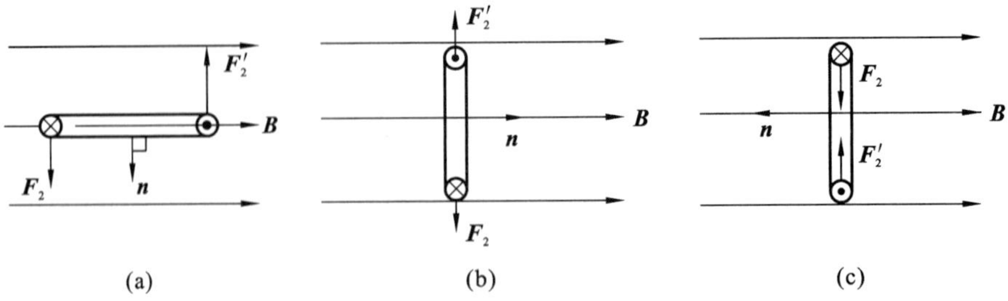

图 11-42 载流线圈所受磁力矩的几种特殊情况

由上述讨论我们得出普遍结论:任意形状的载流平面线圈在均匀磁场中所受合磁力为零,但要受到磁力矩 $\boldsymbol{M} = \boldsymbol{p}_m \times \boldsymbol{B}$ 的作用。该磁力矩总是力图使线圈的磁矩 $\boldsymbol{p}_m$ 转到磁场 $\boldsymbol{B}$ 的方向。

2. 在非均匀磁场中

平面载流线圈在非均匀磁场中,一般情况下,线圈所受的合磁力及合磁力矩均不为零,此时线圈既有平动又有转动。

例 11-20 如图 11-43 所示,边长为 $l = 0.1$ m的正三角形线圈放在磁感应强度大小 $B = 1$ T 的均匀磁场中,线圈平面与磁场方向平行,使线圈通以电流 $I = 10$ A,求:

(1) 线圈每边所受的安培力;

(2) 对 OO' 轴的磁力矩大小。

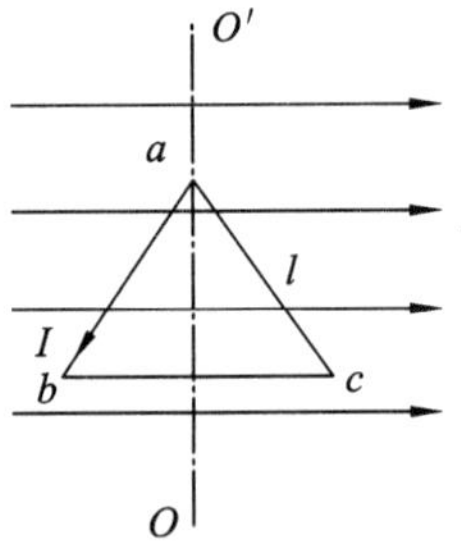

图 11-43 载流线圈在均匀磁场中所受的磁力和磁力矩

解 (1) $F_{bc} = 0$;

$\boldsymbol{F}_{ab}$ 的方向垂直于纸面向外,大小为

$$F_{ab} = BIl\sin 120^\circ = \frac{\sqrt{3}}{2}BIl \approx 0.866 \text{ N},$$

$\boldsymbol{F}_{ac}$ 的方向垂直于纸面向里,大小为

$$F_{ac} = BIl\sin 120^\circ = \frac{\sqrt{3}}{2}BIl \approx 0.866 \text{ N}。$$

(2) 线圈的磁矩大小为 $p_m = IS$，方向为线圈平面的正法线方向，即垂直于纸面向外。根据磁力矩的计算式 $\boldsymbol{M} = \boldsymbol{p}_m \times \boldsymbol{B}$，线圈对 OO' 轴的磁力矩方向沿$\overline{OO'}$ 方向向上，大小为

$$M = ISB = 10 \times \frac{\sqrt{3}}{4} l^2 \times 1 \approx 4.33 \times 10^{-2}\ \mathrm{N \cdot m}。$$

例 11-21　利用力矩做功的公式和磁力矩的计算式，证明在电流恒定的情况下，均匀磁场中，载流线圈受到的磁力矩做的功与线圈中的磁通量的增量 $\Delta\Phi_m$ 成正比。

证明　力矩元功的表达式为

$$dA = Md\theta,$$

均匀磁场中磁力矩计算式为

$$M = ISB\sin\theta,$$

由上两式可得

$$dA = ISB\sin\theta d\theta。$$

在恒定磁场中，穿过线圈的磁通量为

$$\Phi_m = BS\cos\theta,$$

则有 $d\Phi_m = -BS\sin\theta d\theta$，则

$$dA = -Id\Phi_m,$$

对上式积分，有

$$A = \int dA = \int_{\Phi_{m1}}^{\Phi_{m2}} -Id\Phi_m = -I(\Phi_{m2} - \Phi_{m1}) = -I\Delta\Phi_m,$$

证毕。

11.9　磁介质存在时的磁场

前面讨论了真空中的恒定磁场的性质，然而在实际应用中，常常需要了解物质中磁场的规律。由于物质的分子(或原子)中都存在着运动的电荷，所以，当物质放入磁场中的时候，其中的运动电荷将受到磁力的作用而使物质处于一种特殊的状态中，这个过程称为**磁化**。磁化后的物质反过来对原来的磁场产生影响。这种在磁场作用下，能够磁化并反过来影响磁场分布的物质称为**磁介质**。

11.9.1　磁介质的磁化　磁化强度　磁化电流

实验证明：假设没有磁介质(即真空)时，空间的磁感应强度分布为 $\boldsymbol{B}_0$，如果放入磁介质后，则磁介质将被这个外磁场磁化而在空间产生附加的磁感应强度分布 $\boldsymbol{B}'$，根据矢量叠加的性质，磁介质中的磁感应强度 $\boldsymbol{B}$ 应为

$$\boldsymbol{B} = \boldsymbol{B}_0 + \boldsymbol{B}'。\tag{11-33}$$

为了反映介质磁化后对磁场的影响情况，引进相对磁导率的概念，其定义为磁化后的磁场大小 B 与原磁场大小 B_0 之比，用 μ_r 表示，即

$$\mu_r = \frac{B}{B_0}。 \tag{11-34}$$

若 $\mu_r > 1$,则说明 $B > B_0$,磁化后介质的磁场增强了;若 $\mu_r < 1$,则说明 $B < B_0$,磁化后介质的磁场削弱了。可见,μ_r 的大小反映了介质磁化后对原磁场的影响程度,因而它是一个可以用来描述磁介质特性的物理量。

依据相对磁导率 μ_r 的大小,可以把磁介质分为三类:

(1) 顺磁质

$\mu_r > 1$,且与1相差不大的介质称为顺磁质,如氧、镁、铝等为顺磁质,其特点是磁化后产生的附加磁场与原磁场方向一致,因而使介质中的磁场增强。

(2) 抗磁质

$\mu_r < 1$,且与1相差不大的介质称为抗磁质,如氢、钠、铜等都是抗磁质,其特点是磁化后产生的附加磁场与原磁场方向相反,因而使介质中的磁场减弱。

(3) 铁磁质

$\mu_r \gg 1$ 的介质称为铁磁质,如铁、钴、镍及其合金等都是铁磁质,其特点是磁化后产生的附加磁场与原磁场同向,且比原磁场大得多。

顺磁质和抗磁质磁化后产生的附加磁场的大小 B' 都较 B_0 小得多,对原来磁场的影响都较微弱,所以,顺磁质和抗磁质统称为弱磁性物质。而铁磁质能显著地增强原磁场,是强磁性物质。下面简单介绍顺磁质和抗磁质磁化的微观机制。关于铁磁质,将在后面单独讨论。

在物质的分子中,每个电子都绕原子做轨道运动,从而使之具有轨道磁矩;此外,电子本身还有自旋,因而也会具有自旋磁矩。一个分子内所有电子全部磁矩的矢量和称为**分子的固有磁矩**,简称**分子磁矩**,用符号 $\boldsymbol{m}$ 表示。分子磁矩可用一个等效的圆电流 I 来表示,这就是安培当年为解释磁性起源而设想的分子电流,如图11-44所示。这里需要明确的是,分子电流与导体中的传导电流是有区别的,构成分子电流的电子只做绕核运动,它们不是自由电子,因此不能在导体内流动。

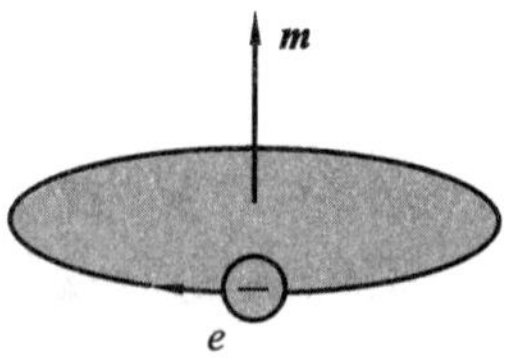

图 11-44 分子电流与分子磁矩

1. 顺磁质的磁化

在顺磁质中,每个分子环流的磁矩 $\boldsymbol{m}$ 不为0。在无外磁场时,因分子的热运动使每个分子磁矩的取向杂乱无章,故整个介质内所有磁介质分子磁矩的矢量和为0,对外不显磁性。

有外磁场时，分子磁矩要受到外磁场的磁力矩的作用 $\boldsymbol{M}=\boldsymbol{m}\times\boldsymbol{B}_0$，使分子磁矩转向外磁场的方向。此时所有分子磁矩的矢量和不为 0，其方向沿外磁场方向，产生一沿外磁场方向的附加磁场 $\boldsymbol{B}'$，使介质中的总磁场大小为 $B=B_0+B'$，使磁场增强。

2. 抗磁质的磁化

对抗磁质来说，在没有外磁场作用时，虽然分子中每个电子的轨道磁矩与自旋磁矩都不等于零，但分子中全部电子的轨道磁矩与自旋磁矩的矢量和却等于零，即分子固有磁矩为零($\boldsymbol{m}=0$)。所以，在没有外磁场时，抗磁质并不显现出磁性。但在外磁场作用下，分子中每个电子的轨道运动将受到影响，从而引起附加轨道磁矩 $\Delta\boldsymbol{m}$，而且附加轨道磁矩 $\Delta\boldsymbol{m}$ 的方向必是与外磁场 $\boldsymbol{B}_0$ 的方向相反，因此，在抗磁质中，就要出现与外磁场 $\boldsymbol{B}_0$ 的方向相反的附加磁场 $\boldsymbol{B}'$，称为抗磁性，于是，抗磁质内磁感应强度 $\boldsymbol{B}$ 的值要比 $\boldsymbol{B}_0$ 略小一点，即 $B=B_0-B'$。

从上面顺磁质和抗磁质磁化原理可以看出，磁介质在磁化前，分子总磁矩为零，对外不显示磁性，但磁化后的介质分子总磁矩不再为零，使得介质中的磁场与外磁场不相等。显然，分子总磁矩越大，则物质被磁化的程度就越高。因此，可用磁介质中单位体积内分子磁矩的矢量和来描述磁介质的磁化程度，称为**磁化强度**，用符号 $\boldsymbol{M}$ 表示，即

$$\boldsymbol{M}=\frac{\sum_i \boldsymbol{m}_i}{\Delta V}, \tag{11-35}$$

式中，ΔV 为体积元的体积，$\sum_i \boldsymbol{m}_i$ 为该体积元内分子磁矩的矢量和。$\boldsymbol{M}$ 越大，物质被磁化的程度就越大。在 SI 中，$\boldsymbol{M}$ 的单位是安培 / 米($\mathrm{A\cdot m^{-1}}$)。当磁介质中各处磁化强度 $\boldsymbol{M}$ 相同时，称为磁介质的均匀磁化。

电介质极化时，极化电荷产生附加电场。与此类似，磁介质磁化时，磁化电流产生附加磁场。**磁化电流**是在介质磁化时，由分子电流形成的、仅沿介质截面边缘流动的电流，也称为束缚电流。下面用一圆柱形顺磁质棒来说明磁化电流的产生及其特性。

如图 11-45(a) 所示，沿顺磁质棒的轴线方向加一磁场 $\boldsymbol{B}_0$，使棒均匀磁化，此时，棒内各分子电流的平面基本上与棒轴垂直。棒内任一横截面分子电流的分布如图 11-45(b) 所示，截面内的各点，由于相邻分子电流方向相反，因而相互抵消；但对于横截面边缘的各点，由于分子电流没有相互抵消，于是便形成了如图 11-45(b) 所示的沿截面边缘(亦即沿着棒的表面) 流动的磁化电流 I'。

磁化电流是产生附加磁场 $\boldsymbol{B}'$ 的根源，与磁化强度密切相关。在此，就不做进一步讨论了。

11.9.2　磁介质中的安培环路定理　磁场强度

在有磁介质存在的情况下，由于磁介质的磁化产生了磁化电流 I'，在空间不仅存在传导电流，而且还有磁化电流，总磁场的磁感应强度就是这两种电流共同产生的。所以，**磁介质中的安培环路定理**应为

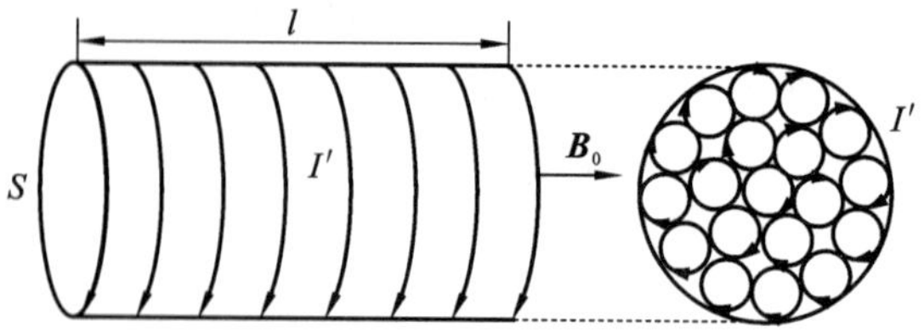

(a) 磁化电流的形成　　(b) 分子电流截面图

图 11-45　磁化电流

$$\oint_L \boldsymbol{B} \cdot \mathrm{d}\boldsymbol{l} = \mu_0 \left(\sum_{L内} I + \sum_{L内} I' \right), \qquad (11\text{-}36)$$

式中，$\sum_{L内} I$ 和 $\sum_{L内} I'$ 分别表示安培回路内所围住的传导电流和磁化电流的总和。由于磁化电流 I' 一般是未知的，因此上式使用起来有困难。为此，引入描述磁场的辅助物理量 —— 磁场强度的概念。

下面以无限长充满均匀磁介质的圆柱电流产生的磁场空间为例推导介质中的安培环路定理。

如图 11-46 所示，设均匀圆柱电流为 I_0，介质与圆柱电流接触的内表面的磁化电流为 I'，安培环路包围圆柱电流且与圆柱电流同轴。则

$$\boldsymbol{B} = \mu_r \boldsymbol{B}_0 = \boldsymbol{B}_0 + \boldsymbol{B}',$$

而

$$B_0 = \frac{\mu_0 I_0}{2\pi r}, \quad B' = \frac{\mu_0 I'}{2\pi r},$$

所以有

$$\frac{\mu_r \mu_0 I_0}{2\pi r} = \frac{\mu_0 I_0}{2\pi r} + \frac{\mu_0 I'}{2\pi r},$$

由此得

$$\mu_r I_0 = I_0 + I', \quad I' = \mu_r I_0 - I_0,$$

所以

$$\oint_l \boldsymbol{B} \cdot \mathrm{d}\boldsymbol{l} = \mu_0 (I_0 + I') = \mu_0 [I_0 + (\mu_r I_0 - I_0)] = \mu_0 \mu_r I_0,$$

$$\oint_l \frac{\boldsymbol{B}}{\mu_0 \mu_r} \cdot \mathrm{d}\boldsymbol{l} = I_0。$$

引入**磁场强度**矢量 $\boldsymbol{H}$：

$$\boldsymbol{H} = \frac{\boldsymbol{B}}{\mu_0 \mu_r} = \frac{\boldsymbol{B}}{\mu}, \qquad (11\text{-}37)$$

式中，μ 和 μ_r 是磁介质的磁导率和相对磁导率。在真空中，磁化电流为零，$\boldsymbol{B} = \boldsymbol{B}_0$，$\mu_r = 1$。在 SI 中，磁场强度 $\boldsymbol{H}$ 的单位是安培 / 米($\mathrm{A \cdot m^{-1}}$)。据此，可得到介质中的安培

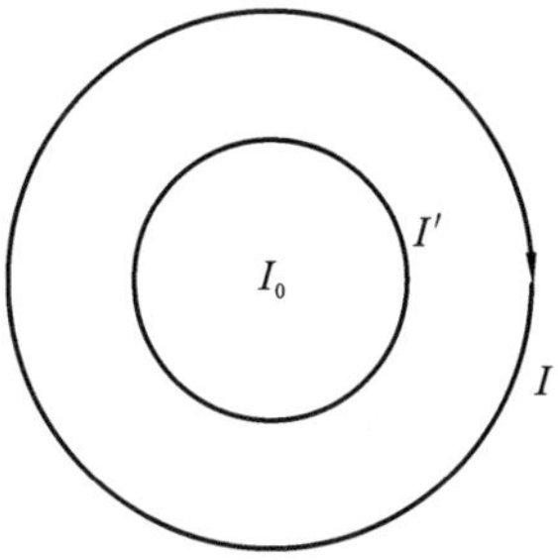

图 11-46　均匀圆柱电流和安培环路定理

环路定理为

$$\oint_L \boldsymbol{H} \cdot \mathrm{d}\boldsymbol{l} = I_0。$$

在一般情况下，介质中的安培环路定理可写为

$$\oint_L \boldsymbol{H} \cdot \mathrm{d}\boldsymbol{l} = \sum_{L_内} I。\qquad (11\text{-}38)$$

它表明：**恒定磁场中，磁场强度 $\boldsymbol{H}$ 沿任一闭合回路的环流等于此闭合回路所围的传导电流的代数和**。对于各向同性的磁介质，$\boldsymbol{H}$ 与 $\boldsymbol{B}$ 的方向相同。式(11-38)中，对电流正、负的约定与真空的稳恒磁场中的安培环路定理中情况相同。

下面举例说明有介质存在时，运用安培环路定理计算磁场的方法。

例 11-22　如图 11-47 所示，在密绕螺绕环内充满均匀磁介质，已知螺绕环上线圈总匝数为 N，线圈通有电流 I，环的横截面半径远小于环的平均半径，磁介质的相对磁导率为 μ_r。求磁介质中的磁感应强度。

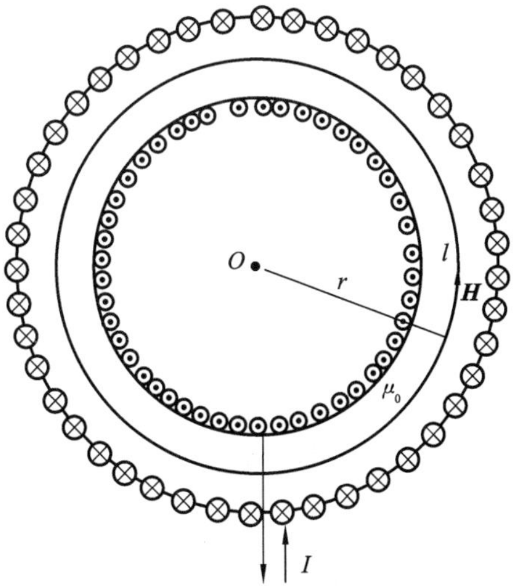

图 11-47　充满磁介质的密绕螺绕环

解 由于电流和磁介质的分布对环的中心轴对称,所以与螺绕环共轴的圆周上各点 $\boldsymbol{H}$ 的大小相等,方向沿圆周的切向。如图 11-47 所示。在环管内取与环共轴的半径为 r 的圆周为安培环路 L,环路绕向与电流流向成右手螺旋关系。应用磁介质中的安培环路定理得

$$\oint_L \boldsymbol{H} \cdot \mathrm{d}\boldsymbol{l} = \oint_L H \mathrm{d}l = H \cdot 2\pi r = NI,$$

$$H = \frac{NI}{2\pi r}。$$

再由 $B = \mu_0 \mu_r H$ 得环管内的磁感应强度为

$$B = \frac{\mu_0 \mu_r NI}{2\pi r},$$

磁感应强度的方向与电流流动方向构成右手螺旋关系。

例 11-23 如图 11-48 所示,半径为 R_1 的无限长圆柱体导线外有一层同轴圆筒状磁介质,圆筒外半径为 R_2,磁介质是均匀的,其相对磁导率为 μ_r,电流 I 在导线中均匀流过。试求:(1) 导线内的磁场分布;(2) 磁介质中的磁场分布;(3) 磁介质外面的磁场分布。

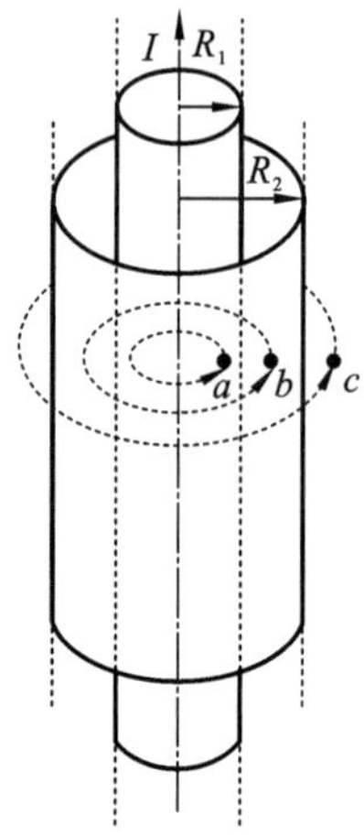

图 11-48 无限长圆柱体导线的磁场

解 圆柱体电流所产生的 $\boldsymbol{B}$ 和 $\boldsymbol{H}$ 的分布均具有轴对称性。

设 a、b、c 分别为导线内、磁介质中及磁介质外的任意点,它们到圆柱体轴线的垂直距离用 r 表示,选取半径为 r 的圆周为安培环路,环路的绕向与电流构成右手螺旋关系。

(1) 对过 a 点的圆周应用磁介质中的安培环路定理,有

$$\oint_L \boldsymbol{H} \cdot \mathrm{d}\boldsymbol{l} = \oint_L H \mathrm{d}l = H \cdot 2\pi r = I \frac{\pi r^2}{\pi R_1^2} = I \frac{r^2}{R_1^2},$$

于是有

$$H=\frac{Ir}{2\pi R_1^2}。$$

由于在 $0<r<R_1$ 区域内，$B=\mu_0\mu_r H=\mu_0 H$，因此导线内的磁感应强度为

$$B=\frac{\mu_0 Ir}{2\pi R_1^2}。$$

(2) 对过 b 点的圆周应用磁介质中的安培环路定理得

$$\oint_L \boldsymbol{H}\cdot \mathrm{d}\boldsymbol{l}=\oint_L H\mathrm{d}l=H\cdot 2\pi r=I,$$

$$H=\frac{I}{2\pi r}。$$

由于在 $R_1<r<R_2$ 区域内，$B=\mu_0\mu_r H$，由此得磁介质中的磁感应强度为

$$B=\frac{\mu_0\mu_r I}{2\pi r}。$$

(3) 对过 c 点的圆周应用磁介质中的安培环路定理得

$$\oint_L \boldsymbol{H}\cdot \mathrm{d}\boldsymbol{l}=\oint_L H\mathrm{d}l=H\cdot 2\pi r=I,$$

$$H=\frac{I}{2\pi r}。$$

由于在 $R_2<r$ 区域内，$B=\mu_0\mu_r H=\mu_0 H$，因此磁介质外的磁感应强度为

$$B=\frac{\mu_0 I}{2\pi r}。$$

磁场强度和磁感应强度的方向均为与电流流向成右手螺旋关系。

11.9.3　铁磁质

1. 铁磁质的磁化特性

如前所述，铁磁质是那些以铁为代表的一类磁性很强的物质。实验表明，铁磁质在磁化时所表现出来的规律性完全不同于顺磁质和抗磁质。如图 11-49 所示的是某一铁磁质开始磁化的 B-H 曲线，也称为**初始磁化曲线**。

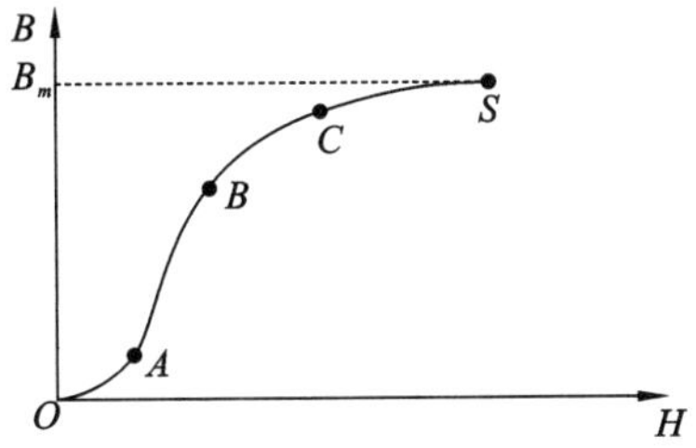

图 11-49　初始磁化曲线

由图 11-49 中可以看出，当外加的磁场强度 H(因为磁场强度 H 仅与传导电流的

分布有关,所以外加的磁场通常用 H 表示)为零时,介质处于未磁化状态,$B=0$。当 H 逐渐加大时,介质开始磁化,B 也逐渐增加,开始时增加缓慢(OA 段),然后经过一段急剧增加的过程(AB 段),又缓慢下来(BC 段)。再继续加大外磁场强度 H 时,B 几乎不再变化了(CS 段)。显然,这时磁介质的磁化已达**饱和**。把 S 处对应的 B_m 称为**饱和磁感应强度**。

顺磁质和抗磁质的磁化曲线,即 B-H 曲线是直线,而铁磁质的磁化曲线的曲线特征说明了铁磁质的磁导率是变化的,且取决于外部磁场的环境。

如图 11-50 所示,当铁磁质磁化达到饱和状态 S 点时,如果将外加磁场减小到零,发现铁磁质并不回到未磁化的状态 O 点,而是保持在一个状态 R。此时铁磁质内还保留有一定的磁感应强度 B_R,称之为**剩余磁感应强度**,简称**剩磁**,这表明磁感应强度的变化落后于磁场强度的变化,这种现象称为**磁滞现象**。要想使磁介质的磁感应强度减小到零,必须继续施加一个反向的外磁场,当外磁场加大到一定程度 H_C 时,介质中的 B 才变为零,此时介质已完全退磁。H_C 称为**矫顽力**。从介质具有剩磁的状态到使之达到完全退磁状态的这一段曲线 RC,称为介质的退磁曲线。

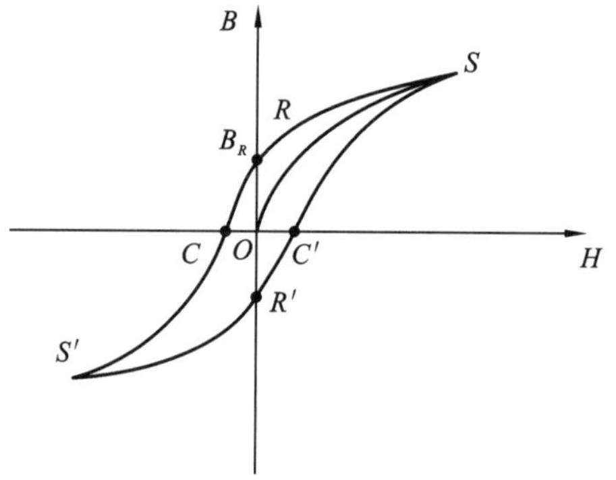

图 11-50 磁滞回线

已经完全退磁的介质,如果继续反向加大外磁场的强度,如图 11-50 所示,介质将被反向磁化,其反向为磁化曲线 CS'。当反向磁化达到反向的饱和状态 S' 后,逐渐减小反向磁场的数值到零,将在介质中保留一个反向的剩磁。为使反向剩磁减小到零,必须施加正方向磁场,逐渐加大其数值直至等于 $H_{C'}$。如果继续加大正向外磁场,则其磁化的曲线为 $C'S$,最终也会达到饱和状态 S。事实上,图 11-50 中闭合曲线中的两段曲线 $S'R'C'S$ 和 $SRCS'$ 是关于 O 点完全对称的。图 11-50 中所表示的铁磁质这种磁化过程的不可回溯性,称为**磁滞**,整个闭合曲线称为铁磁质的**磁滞回线**。

应当指出:实际上铁磁质磁化的规律远比上面所描述的要复杂得多。上述磁滞回线只是变化的外磁场的幅值足够大时所形成的最大磁滞回线。假设让外磁场在正负值之间反复变化,同时使它的幅值逐渐减小,最后到零,则铁磁质的磁滞回线如图 11-51 所示。可以看出,铁磁质最后完全退磁,这便是**交流去磁**的基本原理。

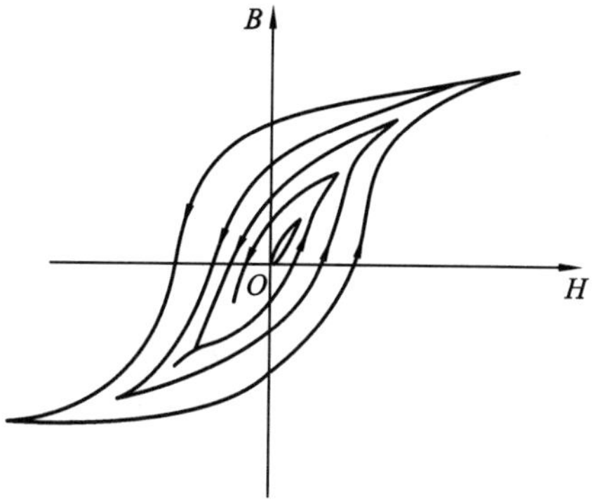

图 11-51　铁磁质去磁过程

2. 铁磁质的磁化机理

铁磁质奇怪的磁化特性，特别是磁化时能够产生比外加磁场大得多的附加磁场，这显然不能像弱磁性物质的磁化那样，用分子磁矩在外磁场中的趋向性排列与分子热运动之间的对抗来解释。近代科学实践证明：在铁磁质内部，实际上存在着一个个局部的小区域，在这些局部的区域内，电子自旋的磁矩是完全整齐排列着的，有很强的磁性，因此是一个个的“自发磁化区”，称为**磁畴**。磁畴的形成可解释为电子之间作用的一种量子效应。

如图 11-52(a) 所示，通常在未磁化的铁磁质中，各磁畴内的自发磁化方向不同，在宏观上不显示出磁性。在外加磁场作用后将显示出宏观的磁性，如图 11-52(b)、(c) 所示。当外加磁场不断加大时，原先磁化方向与外磁场方向接近的那些磁畴扩大自己的疆界，把临近那些磁化方向与外磁场方向相反的磁畴领域并吞过来一些，继而如同图 11-52(d) 所示，磁畴的磁化方向在不同程度上转向外磁场的方向，介质就显示出宏观的磁性来。当所有的磁畴都按外磁场的方向排列好后，介质的磁化就达到饱和状态，如图 11-52(e) 所示。磁畴的转向排列不像分子磁矩那样，它不需要太大的外磁场，而且磁畴内本身已是自发磁化区，磁性很强。所以，铁磁质磁化后其磁性比顺磁质和抗磁质的磁性强得多。造成铁磁质磁滞现象的主要原因是介质内的掺杂和内应力，当外磁场去掉后它们阻碍磁畴恢复到原来的退磁状态。

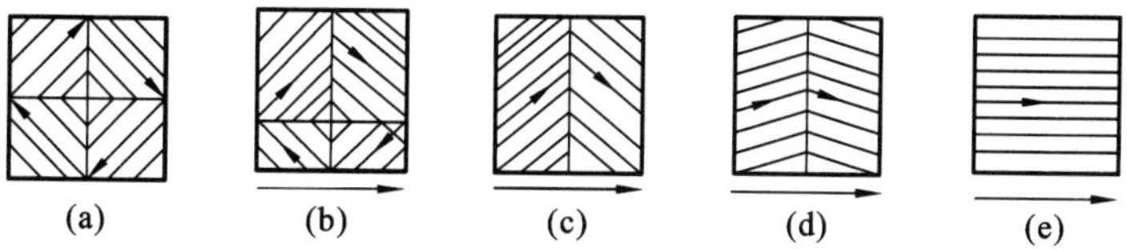

图 11-52　磁畴

最后，关于磁畴补充说明几点：① 磁畴结构是真实存在的，可以通过实验加以显示，其大小约为微米到毫米量级，不同的铁磁质材料具有不同大小的磁畴结构。② 目前用来观察磁畴结构的实验方法有两种：粉纹法和磁光法。③ 铁磁质磁化时磁畴方向的改变也会引起介质中晶格间距的变化，从而使铁磁质的长度和体积发生改变，此种现象称为**磁致伸缩**，可用于微振动机械检测。④ 受到剧烈震动或在高温下剧烈运动时，铁磁体的磁畴便会“土崩瓦解”，变成顺磁质，温度的这个临界点称为**居里点**。

3. 铁磁质的分类

根据铁磁质的矫顽力的大小可将铁磁质分为软磁材料和硬磁材料；按其化学成分的不同可分为金属和非金属磁性材料。下面简要介绍几种铁磁质材料的性能和用途。

(1) 软磁材料

软磁材料的矫顽力很小(大约为 1 $A \cdot m^{-1}$ 的量级) 或剩磁小，容易磁化和退磁，如图 11-53 所示。矫顽力小意味着其磁滞回线狭长，包围的面积小，从而在交变磁场中铁芯的损耗小，这表明软磁材料特别适合用于交变磁场之中，比如电子设备中的各种电感器件，变压器、镇流器、电动机和发电机中的铁芯等。剩磁小的软磁材料还用于那些要求切断电流后不需要剩磁的场合，如做电磁铁和继电器的铁芯。

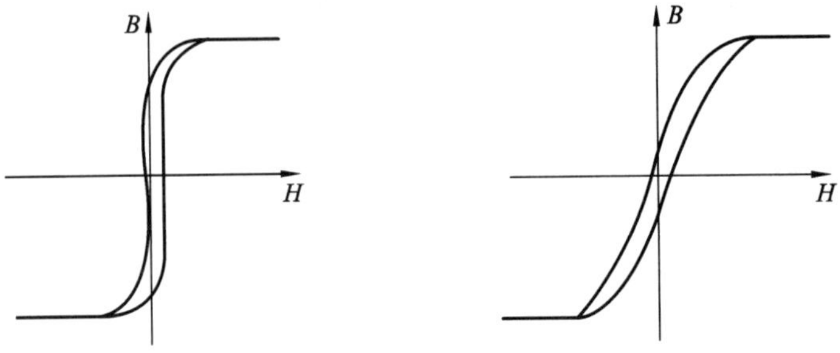

图 11-53　软磁材料的磁滞回线

(2) 硬磁材料

硬磁材料的矫顽力很大(大约为 $10^4 \sim 10^6$ $A \cdot m^{-1}$ 的量级)，剩磁也很大，所以又称为永磁体，其磁滞回线如图 11-54(a) 所示。许多电气设备都需要永磁体，如各种电表、扬声器、拾音器、录音机以及耳机和电话机等。永磁体的作用是在它的缺口中产生一个稳恒的磁场，例如在传统的磁电式电流计中，利用永磁体在气隙中产生一个稳恒的磁场使线圈偏转。

(3) 矩磁材料

铁氧体是非金属磁性材料，它是由三氧化二铁(Fe_2O_3) 和其他二价的金属化合物(如 NiO、ZnO、MnO 等) 的粉末在高温下混合烧结而成的，又称瓷性磁。其磁滞回线的形状接近于矩形，如图 11-54(b) 所示，其特征是剩磁 B_R 非常接近于饱和磁感应强度，且矫顽力较小。因此，当外磁场趋于零时，它只能处于 B_R 和 $-B_R$ 两种剩磁状态。若用这种材料的两种剩磁状态分别代表计算机二进制中的两个数码 0 和 1，则能在计算机中起“记忆” 的作用。电子计算机存储元件的磁芯以及现代电动机的铁芯均要用到这种材料。

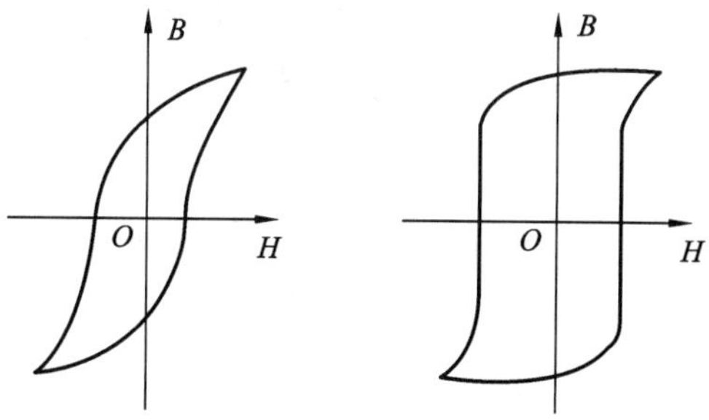

（a）硬磁材料　　（b）矩磁材料

图 11-54　硬磁材料和矩磁材料的磁滞回线

习题 11

11-1　在同一磁感应线上，各点 $\boldsymbol{B}$ 的数值是否都相等？为何不把作用于运动电荷的磁力方向定义为磁感应强度 $\boldsymbol{B}$ 的方向？

11-2　如图 11-55 所示，AB、CD 为长直导线，$\overset{\frown}{BC}$ 为圆心在 O 点的一段圆弧形导线，其半径为 R。若使导线通以电流 I，求 O 点的磁感应强度。

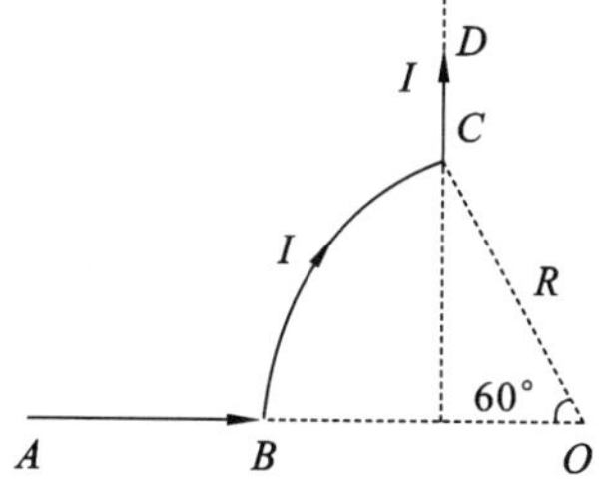

图 11-55

11-3　如图 11-56 所示，半径为 0.01 m 的无限长半圆柱形金属片，沿轴线方向的电流为 5.0 A，电流在柱面上均匀分布，求圆柱轴线上任一点的磁感应强度的大小。

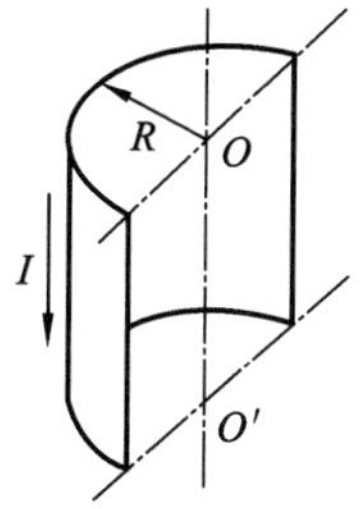

图 11-56

11-4　如图 11-57 所示，一半径为 R_2 的带电薄圆盘，其中半径为 R_1 的阴影部分均匀带正电荷,面电荷密度为$+\sigma$,其余部分均匀带负电荷,面电荷密度为$-\sigma$。当圆盘以角速度ω旋转时,测得圆盘中心点O的磁感应强度为零,问:R_1与R_2满足什么关系?

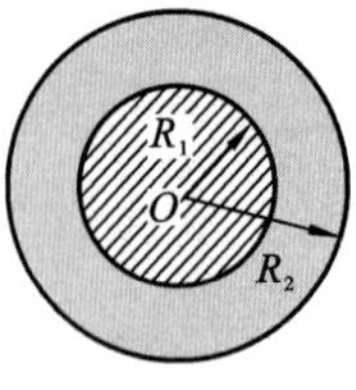

图 11-57

11-5　已知磁感应强度$B=2.0$ T的均匀磁场,方向沿x轴正方向,如图11-58所示。试求:(1) 通过图中$abcd$面的磁通量;(2) 通过图中$befc$面的磁通量;(3) 通过图中$aefd$面的磁通量。

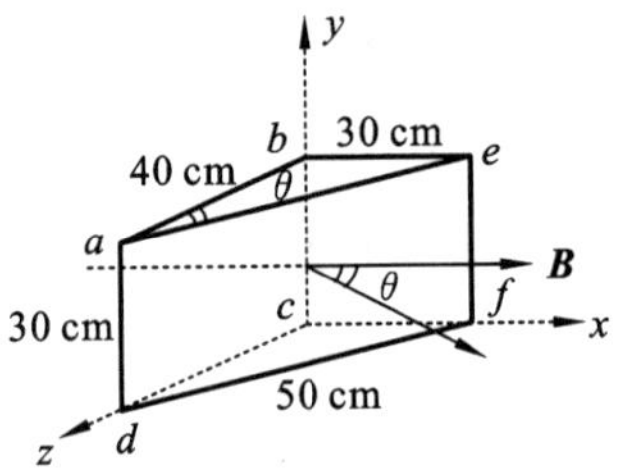

图 11-58

11-6　两平行直导线相距$d=40$ cm,每根导线载有电流$I_1=I_2=20$ A,如图11-59所示。求:

(1) 两导线所在平面内与该两导线等距离的一点处的磁感应强度;

(2) 通过图中灰色区域所示面积的磁通量(设$r_1=r_3=10$ cm,$l=25$ cm)。

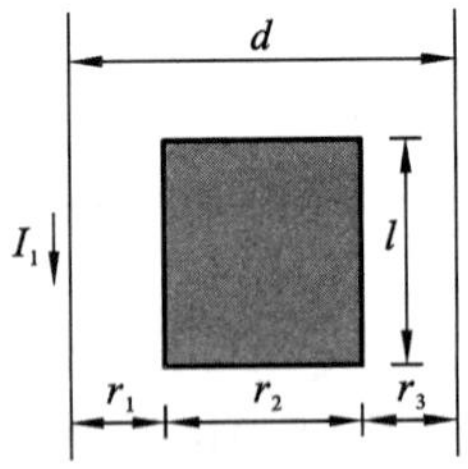

图 11-59

11-7　在半径为R的长直圆柱形导体内部,与轴线平行地挖一半径为r的长直圆柱形空腔,两轴间距离为a,且$a>r$,横截面如图11-60所示。现在电流I沿导体管流动,电流均匀分布在管的横截面上,且电流方向与管的轴线平行。求:

(1) 圆柱轴线上的磁感应强度的大小;

(2) 空腔轴线上的磁感应强度的大小。

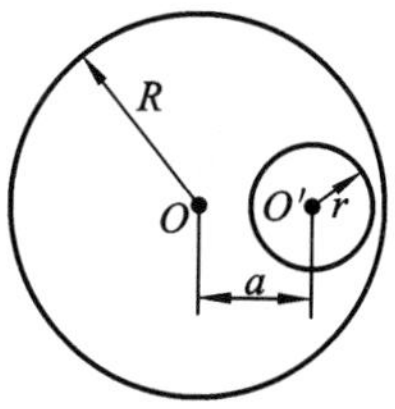

图 11-60

11-8　两块平行的大金属板上有均匀电流流通，面电流密度都是 j，但方向相反。求板间和板外的磁场分布。

11-9　如图 11-61 所示，一电子经过 A 点时，速率 $v_0 = 1 \times 10^7$ m/s。已知电子的质量为 $m = 9.11 \times 10^{-31}$ kg，电子所带电量为 $e = -1.6 \times 10^{-19}$ C。

(1) 欲使这电子沿半圆自 A 至 C 运动，试求所需磁场的大小和方向；

(2) 求电子从 A 运动到 C 所需的时间。

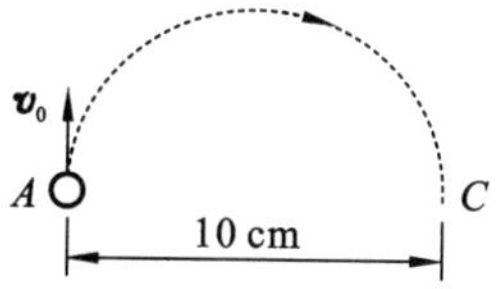

图 11-61

11-10　如图 11-62 所示，在长直导线 AB 内通以电流 $I_1 = 20$ A，在矩形线圈 $CDEF$ 中通以电流 $I_2 = 10$ A，AB 与线圈共面，且 CD、EF 都与 AB 平行。已知 $a = 9.0$ cm，$b = 20.0$ cm，$d = 1.0$ cm，求：

(1) 导线的 AB 磁场对矩形线圈每边所作用的力；

(2) 矩形线圈所受合力和合力矩。

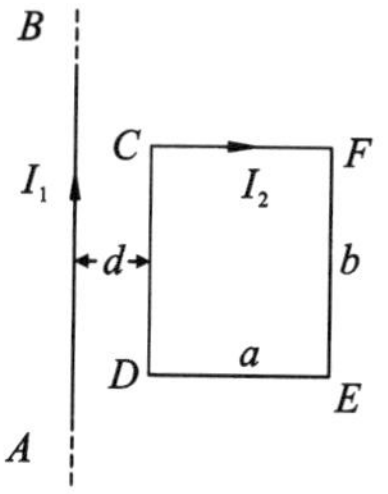

图 11-62

11-11　如图 11-63 所示，一半径为 R 的无限长半圆柱面导体，载有与轴线上的长直导线等值、反向的电流 I。试求轴线上长直导线单位长度所受的磁力。

11-12　如图 11-64 所示，半径分别为 R_1、R_2 的两个半圆弧与直径的两小段构成一载流回路 $ABCDA$，现将其放入一与回路共面的均匀磁场 $\boldsymbol{B}$ 中，求线圈的磁矩和磁力矩。

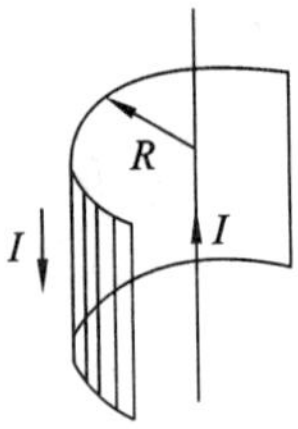

图 11-63

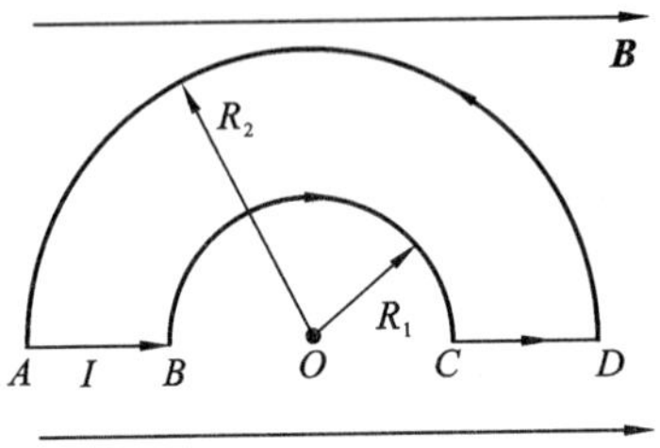

图 11-64

11-13　螺绕环中心周长 $L = 10$ cm，环上线圈匝数 $N = 200$ 匝，线圈中通有电流 $I = 100$ mA。

(1) 当管内是真空时，求管中心的磁场强度 $\boldsymbol{H}$ 和磁感应强度 $\boldsymbol{B}_0$；

(2) 若环内充满相对磁导率 $\mu_r = 4\ 200$ 的磁性物质，则管内的 $\boldsymbol{B}$ 和 $\boldsymbol{H}$ 各是多少？

(3) 磁性物质中心处由导线中传导电流产生的 $\boldsymbol{B}_0$ 和由磁化电流产生的 $\boldsymbol{B}'$ 各是多少？

第 12 章　电磁感应

从前一章的讨论我们知道，电流能够产生磁场，那么反过来，磁场能否产生电流呢？从 1822 年起，英国物理学家法拉第就开始对这一问题进行有目的的实验研究，历经近 10 年的努力，终于在 1831 年发现了电磁感应现象，总结出利用磁场产生电流的规律，即电磁感应定律。电磁感应现象的发现，进一步揭示了电和磁的联系，为电磁理论的发展奠定了基础，同时，促进了电工、电子技术、电气化、自动化的全面发展，对推动社会生产力和科学技术的发展起到了重要作用。

本章主要讨论电磁感应现象的基本规律 —— 法拉第电磁感应定律；两种感应电动势 —— 动生电动势和感生电动势，接着介绍自感和互感的规律；最后推导磁场能量的表达式。

12.1　电磁感应的基本定律

12.1.1　电磁感应现象

经过大量的实验，法拉第于 1831 年发现了磁效应产生电流的规律。与电磁感应现象相关的实验可大致总结如下：

实验一：线圈与电流计组成闭合回路，当条形磁铁插入或抽出线圈时，回路中有电流产生，如图 12-1(a) 所示。

实验二：一个线圈中电流发生变化时，它附近的其他线圈中也有电流产生，如图 12-1(b) 所示。

实验三：磁场不变，当闭合回路中某一个边移动时，回路包围的面积改变，回路中有电流产生，如图 12-1(c) 所示。

实验四：磁场不变，让闭合的矩形线圈在磁场中旋转，发现线圈中有电流产生，如图 12-1(d) 所示。

综合上述实验，可得到结论：当穿过一个闭合导体回路所围面积的磁通量发生变化时，不管这种变化是什么原因引起的，回路中就有电流产生，这种现象称为**电磁感应现象**，回路中所出现的电流称为**感应电流**。回路中有电流产生说明有电动势存在，这个电动势称为**感应电动势**。

12.1.2　楞次定律

1833 年，楞次在总结大量实验结果的基础上，提出了一个判定电磁感应现象中

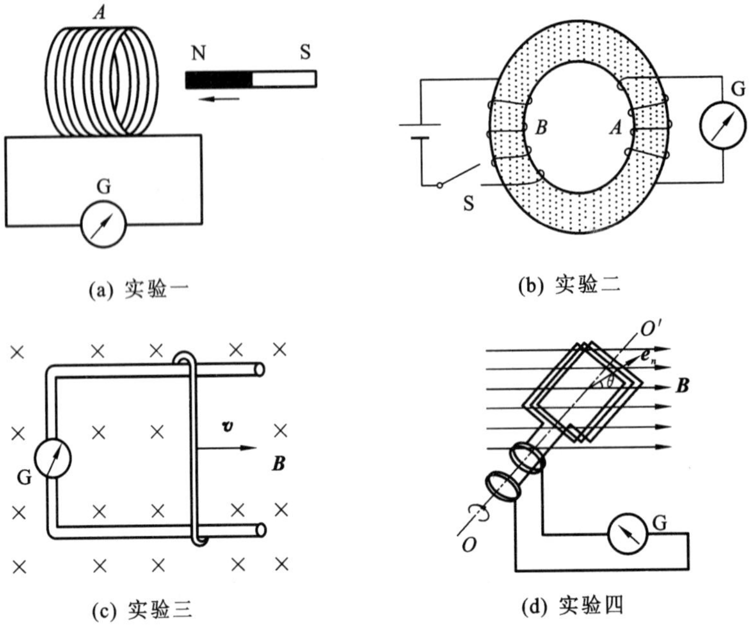

图 12-1　电磁感应现象

感应电流方向的法则,称为**楞次定律**。楞次定律指出:**闭合回路中的感应电流的方向,总是使它产生的磁场反抗引起感应电流的原磁通量变化**。楞次定律表明,感应电流的效果总是反抗引起感应电流的原因。这里的效果是指感应电流所产生的磁场,原因是指引起感应电流的原磁通量的变化。

可借助下面的实验来说明用楞次定律判断感应电流方向的方法。图 12-2 为一条形磁铁相对一闭合线圈运动的过程。图 12-2(a) 是磁铁向下运动靠近线圈的情况,这时线圈中的磁场 $\boldsymbol{B}$ 向下且在增强,故穿过线圈向下的磁通量在增加。按照楞次定律,感应电流所激发的磁场要反抗原磁通量的增加,所以感应电流所激发的磁场方向向上,与原磁场方向相反,由右手螺旋法则就可以确定感应电流的方向,如图 12-2(a) 所示。图 12-2(b) 是磁铁向上运动远离线圈的情况。这时线圈中磁场 $\boldsymbol{B}$ 向下且在减弱,故穿过线圈向下的磁通量在减少,按照楞次定律,感应电流所激发的磁场要反抗原磁通量的减少,所以感应电流所激发的磁场方向向下,与原磁场方向相同,根据右手螺旋法则可确定线圈中感应电流的方向,如图 12-2(b) 所示。

借助上述实验可以说明楞次定律的物理意义。在实验中闭合线圈里有感应电流产生,于是线圈中应有能量释放出来,如发出焦耳热。那么,这些能量究竟是从哪儿来的呢?如图 12-2(a),闭合线圈中产生的感应电流会形成一个磁矩,按右手螺旋法则,磁矩向上,即上端是 N 极。线圈的 N 极会排斥磁铁的 N 极,阻止磁铁的相对运动。因而,磁铁要继续靠近线圈,就必须借助外力克服斥力而做功,通过做功,磁铁运动的机械能转化为了电能。而图 12-2(b) 中的情况刚好相反,这时线圈的上端是S极,它会通

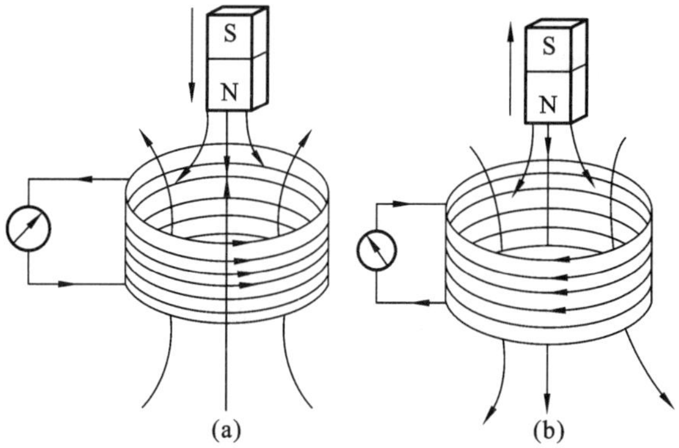

图 12-2　用楞次定律判断感应电流的方向

过吸引来反抗磁铁的相对运动，在这个过程中，磁铁要继续远离线圈，也要借助外力克服引力做功，从而把机械能转化为电能。可见电磁感应中释放的能量并不是凭空而来的，而是其他能量如机械能转化而来的。如果楞次定律中所述不是感应电流激发的磁场去反抗引起感应电流的原磁通量的变化，而是支持这种变化，那么上述实验中的一切都会倒过来。试想在图 12-2(a) 中，我们只需给磁铁一点很少的启动能量使之向下运动，如果楞次定律反过来，那么磁铁受到的就将是引力而不是斥力，它就会加速磁铁的向下运动，磁铁的加速运动将进一步增加感应电流的强度，从而更进一步加速磁铁的运动…… 这样我们就能在磁铁上获得源源不绝的机械能，在线圈上获得无穷无尽的电能，而我们除了给予初始点启动能量外却没有输入任何其他能量，这显然不符合能量转化与守恒定律。可见，楞次定律中的“反抗”的含义就是要强迫外界为电磁感应的进行输入能量，借以提供电磁感应中的能量输出，这显然是在维护能量守恒定律这个自然界的普遍法则。所以我们说，楞次定律是能量守恒定律在电磁感应现象中的具体表现。这不仅是在上述实验中是如此，实际上，电磁感应的所有实验都验证了能量守恒定律。

12.1.3　法拉第电磁感应定律

法拉第电磁感应定律可表述为：**当穿过一个闭合导体回路所围面积的磁通量发生变化时，不管这种变化是由于什么原因所引起的，回路中都会形成感应电动势。感应电动势的大小与穿过回路的磁通量的变化率成正比**。即

$$\mathscr{E}_i = -k\frac{\mathrm{d}\Phi_m}{\mathrm{d}t}, \tag{12-1}$$

式中，k 是比例常数，它的数值取决于式中各量的单位。在 SI 中，如果磁通量的单位用韦伯，时间的单位用秒，电动势的单位用伏特，则 $k=1$，式(12-1) 可写成

$$\mathscr{E}_i = -\frac{\mathrm{d}\Phi_m}{\mathrm{d}t}, \tag{12-2}$$

式中的负号代表感应电动势的方向。

如果回路由 N 匝密绕线圈组成,且穿过每匝线圈的磁通量都等于 Φ_m,把通过所有线圈的总磁通量称为**磁链**,用 Ψ 表示,则

$$\Psi = N\Phi_m,$$

则回路中产生的感应电动势为

$$\mathscr{E}_i = -\frac{d\Psi}{dt} = -N\frac{d\Phi_m}{dt}。\tag{12-3}$$

设回路的总电阻为 R,由欧姆定律知,回路中的感应电流为

$$I_i = \frac{\mathscr{E}_i}{R} = -\frac{1}{R}\frac{d\Psi}{dt} = -\frac{N}{R}\frac{d\Phi_m}{dt},\tag{12-4}$$

由于流过回路的电流 $I_i = \frac{dq_i}{dt}$,所以在时间 t_1 到 t_2 内,流过回路的感应电荷电量为

$$q_i = \int_{t_1}^{t_2} I_i dt = \int_{t_1}^{t_2} -\frac{1}{R}\frac{d\Psi}{dt}dt = \frac{1}{R}(\Psi_1 - \Psi_2) = \frac{N}{R}(\Phi_{m_1} - \Phi_{m_2}),\tag{12-5}$$

式(12-5)在地质学领域中应用广泛,被称为**磁强计原理**。

在法拉第电磁感应定律表达式中,负号是楞次定律的反映,它表明了感应电动势的方向与磁通量变化的关系。下面具体说明如何判定感应电动势的方向。

在判定感应电动势的方向时,应先规定导体回路 L 的绕行方向,通常约定,回路所围平面的法线方向应与回路绕向成右手螺旋关系,即四指方向是回路绕向时,大拇指指向就是回路所围面积的法线方向。那么,当回路中磁感应线方向和所规定的回路绕向成右手螺旋关系时,磁通量 Φ_m 为正。实际上,通常我们也习惯取与磁场成右手螺旋关系的方向为回路绕向。这时,如果穿过回路的磁通量增大,即$\frac{d\Phi_m}{dt} > 0$,则 $\mathscr{E}_i < 0$,这表明此时感应电动势的方向与回路绕向相反,如图 12-3(a) 所示。如果穿过回路的磁通量减小,即$\frac{d\Phi_m}{dt} < 0$,则 $\mathscr{E}_i > 0$,这表示此时感应电动势的方向与回路绕向相同,如图 12-3(b) 所示。还要指出的是,在存在单一电动势的回路中,电动势的方向就是回路中电流的方向。

图 12-4 是一个产生感应电动势的实例。中间是一个线圈,通有图示方向的电流时,它的磁场的磁感应线分布如图 12-4 所示。另一导体回路 L 的绕行正方向规定如

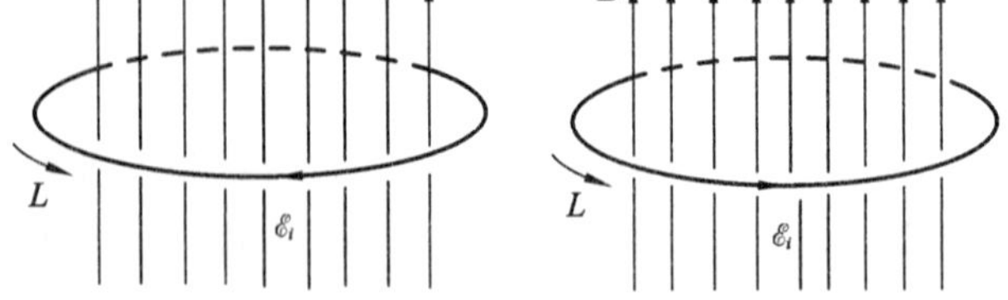

(a) Φ_m 增大时　　(b) Φ_m 减小时

图 12-3　$\mathscr{E}_i$ 的方向和 Φ_m 的变化的关系

图 12-4 所示，当它在线圈上面向下运动时，$\frac{d\Phi_m}{dt} > 0$，从而 $\mathscr{E}_i < 0$，$\mathscr{E}_i$ 方向与回路绕向相反。当它在线圈下面向下运动时，$\frac{d\Phi_m}{dt} < 0$，则 $\mathscr{E}_i > 0$，$\mathscr{E}_i$ 方向与回路绕向相同。

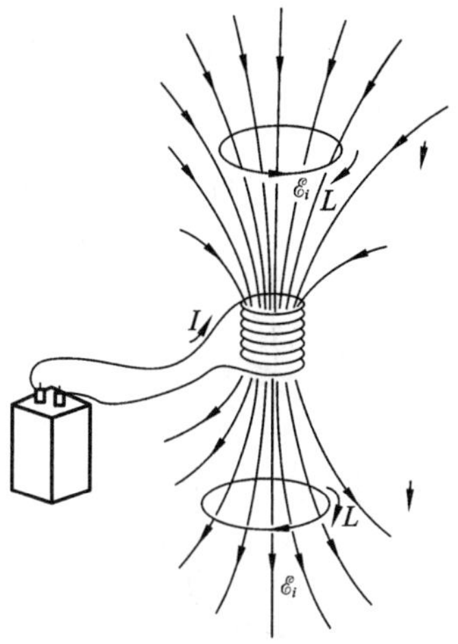

图 12-4　感应电动势的方向

例 12-1　如图 12-5 所示，一长直导线载有交变电流 $I = I_0 \sin\omega t$，旁边有一矩形线圈 $ABCD$（与长直导线共面），长为 l_1，宽为 l_2，长边与长直导线平行，AD 边与长直导线相距为 a，线圈共有 N 匝。求线圈中的感应电动势大小。

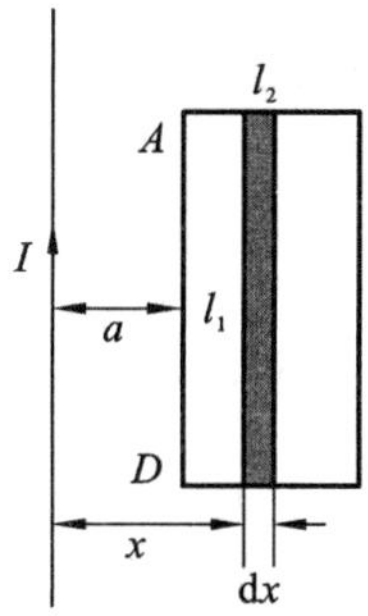

图 12-5　矩形线圈中的感应电动势

解　先求出穿过矩形线圈的磁通量。如图 12-5 所示，在线圈 $ABCD$ 内取一平行于直导线的面元，宽为 dx，该面元的面积为 $dS = l_1 dx$。取回路绕行方向为顺时针方向，则穿过该面元的磁通量为

$$d\Phi_m = \boldsymbol{B} \cdot d\boldsymbol{S} = \frac{\mu_0 I}{2\pi x} l_1 dx,$$

$$\Phi_m = \int d\Phi_m = \int_a^{a+l_2} \frac{\mu_0 I}{2\pi x} l_1 dx = \frac{\mu_0 I l_1}{2\pi} \ln \frac{a + l_2}{a},$$

由法拉第电磁感应定律，线圈中的感应电动势为

$$\mathscr{E}_i = -N\frac{\mathrm{d}\Phi_m}{\mathrm{d}t} = -N\frac{\mu_0 l_1}{2\pi}\ln\left(\frac{a+l_2}{a}\right)\frac{\mathrm{d}I}{\mathrm{d}t} = -N\frac{\mu_0 I_0 \omega l_1}{2\pi}\ln\left(\frac{a+l_2}{a}\right)\cos\omega t\text{。}$$

例 12-2 在磁感应强度 $B=0.8\ \mathrm{T}$ 的均匀磁场中有一边长为 $0.05\ \mathrm{m}$ 的正方形线圈,可绕 OO' 轴转动,线圈共有 15 匝,总电阻 $R=2\ \Omega$。若线圈以 $\omega=10\pi\ \mathrm{rad\cdot s^{-1}}$ 的角速度转动,且 $t=0$ 时线圈平面恰与 $\boldsymbol{B}$ 垂直,如图 12-6 所示。求:

(1) $t_1=1.15\ \mathrm{s}$ 时线圈的感应电动势;

(2) 在 $t_1=1.15\ \mathrm{s}$ 到 $t_2=1.20\ \mathrm{s}$ 时间内,通过线圈的感应电量。

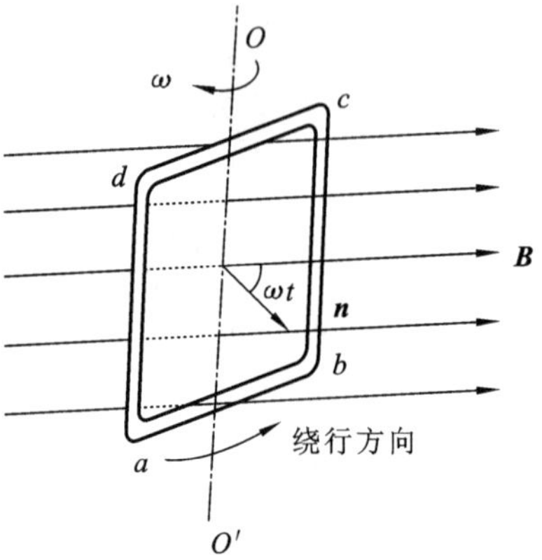

图 12-6 在均匀磁场中匀速转动的线圈

解 (1) 取 $abcda$ 为回路绕向,即回路标定方向,则 t 时刻线圈法线单位矢量 $\boldsymbol{n}$ 与 $\boldsymbol{B}$ 间的夹角为 ωt,此时通过线圈的磁链为

$$\Psi = NBS\cos\omega t\text{。}$$

根据法拉第电磁感应定律,有

$$\begin{aligned}\mathscr{E}_i &= -\frac{\mathrm{d}\Psi}{\mathrm{d}t} = NBS\omega\sin\omega t\\ &= 15\times0.8\times0.05^2\times10\pi\sin(10\pi\times1.15)\mathrm{V}\\ &= -9.42\times10^{-1}\ \mathrm{V},\end{aligned}$$

式中负号表示 $t=1.15\ \mathrm{s}$ 时感应电动势的方向与回路标定的绕向 $abcda$ 相反。

(2) 根据式(12-5)得

$$\begin{aligned}q_i &= \frac{1}{R}(\Psi_1-\Psi_2) = \frac{NBS}{R}(\cos\omega t_1-\cos\omega t_2)\\ &= \frac{15\times0.8\times0.05^2}{2}[\cos(10\pi\times1.15)-\cos(10\pi\times1.20)]\mathrm{C}\\ &= -3\times10^{-2}\ \mathrm{C},\end{aligned}$$

式中负号表示感应电荷的流动方向与回路标定的方向相反。

12.2　动生电动势与感生电动势

在电磁感应现象中，使穿过回路所围面积的磁通量发生变化的原因有多种，按照引起磁通量变化的原因，产生的感应电动势大致可分为两类：一类是由于回路所围面积的变化或面积取向变化而引起的感应电动势，称为**动生电动势**；另一类是由于空间磁感应强度的变化引起的感应电动势，称为**感生电动势**。下面分别讨论这两种电动势。

12.2.1　动生电动势

如图 12-7 所示，一矩形导体回路，磁场垂直于纸面向里，回路中有一可动边是长度为 l 的导体棒 ab，现它以恒定速率 v 向右运动。规定以顺时针方向为回路的绕行方向。穿过导体回路所围面积的磁通量为

$$\Phi_m = Blx,$$

根据法拉第电磁感应定律，回路上的感应电动势为

$$\mathscr{E}_i = -\frac{\mathrm{d}\Phi_m}{\mathrm{d}t} = -Bl\frac{\mathrm{d}x}{\mathrm{d}t} = -Blv,$$

感应电动势为负值，说明感应电动势的方向与回路绕向相反。这个电动势是动生电动势。

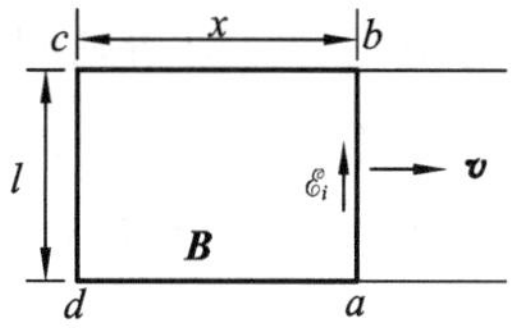

图 12-7　动生电动势

动生电动势的产生机理可用洛伦兹力来解释。导体棒内有自由电子，当棒以速度 $\boldsymbol{v}$ 向右运动时，导体棒内的自由电子也以速度 $\boldsymbol{v}$ 向右运动。这些电子受到洛伦兹力的作用，且

$$\boldsymbol{F}_m = -e\boldsymbol{v} \times \boldsymbol{B}。$$

电子在洛伦兹力的作用下向 a 端移动，使 a 端累积了负电荷，b 端累积了正电荷，这样在 a、b 端之间就形成了静电场，电场的方向从 b 指向 a。电子同时受到静电力的作用，且

$$\boldsymbol{F}_e = -e\boldsymbol{E},$$

静电力的方向指向 b，与洛伦兹力的方向刚好相反。一开始，a、b 端累积的电荷数目较少，静电场场强较小，洛伦兹力占主要作用，负电荷仍向 a 端移动，正电荷向 b 端移动。随着两端电荷的增加，电子所受的静电力也在增加，当静电力和洛伦兹力大小相等时，a、b 两端形成恒定的电势差，b 端电势高，a 端电势低。ab 棒可看成是一个电源，如图 12-8 所示。

洛伦兹力相当于电源内部的非静电力，将正电荷从负极(a 端) 移到正极(b 端)。

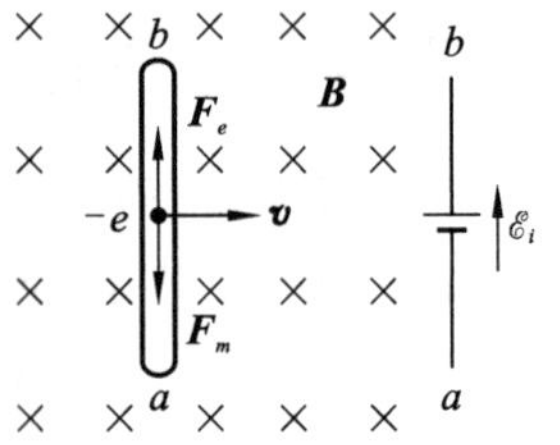

图 12-8　动生电动势产生的机理

非静电场的场强为

$$\boldsymbol{E}_k = \frac{\boldsymbol{F}_k}{q} = \frac{\boldsymbol{F}_m}{-e} = \boldsymbol{v} \times \boldsymbol{B}, \tag{12-6}$$

根据前一章中对电源电动势的定义,ab 棒上的动生电动势为

$$\mathscr{E}_i = \int_-^+ \boldsymbol{E}_k \cdot \mathrm{d}\boldsymbol{l} = \int_a^b (\boldsymbol{v} \times \boldsymbol{B}) \cdot \mathrm{d}\boldsymbol{l}。 \tag{12-7}$$

在图 12-8 中,由于 $\boldsymbol{v}$ 与 $\boldsymbol{B}$ 垂直,而且 $\boldsymbol{v}\times\boldsymbol{B}$ 的方向与 $\mathrm{d}\boldsymbol{l}$ 的方向一致,空间每一点的磁场相等,ab 棒上每一点运动的速度相同,所以 ab 棒上的动生电动势为

$$\mathscr{E}_i = \int_a^b (\boldsymbol{v} \times \boldsymbol{B}) \cdot \mathrm{d}\boldsymbol{l} = \int_a^b vB\,\mathrm{d}l = Bvl, \tag{12-8}$$

式(12-8) 与前面用法拉第电磁感应定律计算得到的回路中的感应电动势结果相同。从以上分析可以看出,动生电动势只存在于运动的导体上,如果导线 ab 与其他不动的导线共同构成一个闭合回路,则其他不动的导线上不会产生动生电动势,它们只是提供一个电流可通行的通路。

式(12-7) 中,$(\boldsymbol{v}\times\boldsymbol{B})\cdot\mathrm{d}\boldsymbol{l}$ 是一段导体线元 $\mathrm{d}\boldsymbol{l}$ 上的动生电动势,记作

$$\mathrm{d}\mathscr{E}_i = (\boldsymbol{v} \times \boldsymbol{B}) \cdot \mathrm{d}\boldsymbol{l}。$$

若 $\mathrm{d}\mathscr{E}_i > 0$,说明 $\mathrm{d}\mathscr{E}_i$ 方向与 $\mathrm{d}\boldsymbol{l}$ 相同;若 $\mathrm{d}\mathscr{E}_i < 0$,说明 $\mathrm{d}\mathscr{E}_i$ 方向与 $\mathrm{d}\boldsymbol{l}$ 相反。对于非均匀磁场而且导体各段运动速度不同的情况,可将导体分成若干小的导体线元,把每一个导体线元产生的动生电动势加在一起,就是整个导线上产生的动生电动势,即

$$\mathscr{E}_i = \int_L \mathrm{d}\mathscr{E}_i = \int_L (\boldsymbol{v} \times \boldsymbol{B}) \cdot \mathrm{d}\boldsymbol{l}。 \tag{12-9}$$

例 12-3　一根长度为 l 的铜棒,在磁感应强度为 $\boldsymbol{B}$ 的均匀磁场中,以角速度 ω 在与磁场方向垂直的平面上绕棒的一端 O 做匀速转动,如图 12-9 所示。试求铜棒两端的感应电动势。

解　如图 12-9 所示,在铜棒上取极小的一段线元 $\mathrm{d}\boldsymbol{l}$,其方向沿 O 到 P,速度为 $v = l\omega$,并且 $\boldsymbol{v}$、$\boldsymbol{B}$、$\mathrm{d}\boldsymbol{l}$ 互相垂直。于是,$\mathrm{d}\boldsymbol{l}$ 两端的动生电动势为

$$\mathrm{d}\mathscr{E}_i = (\boldsymbol{v} \times \boldsymbol{B}) \cdot \mathrm{d}\boldsymbol{l} = vB\,\mathrm{d}l = B\omega l\,\mathrm{d}l。$$

把铜棒看成是由许多长度为 $\mathrm{d}\boldsymbol{l}$ 的线元组成的,每一线元的线速度都与 $\boldsymbol{B}$ 垂直,于是铜棒两端之间的动生电动势为各线元的动生电动势之和,即

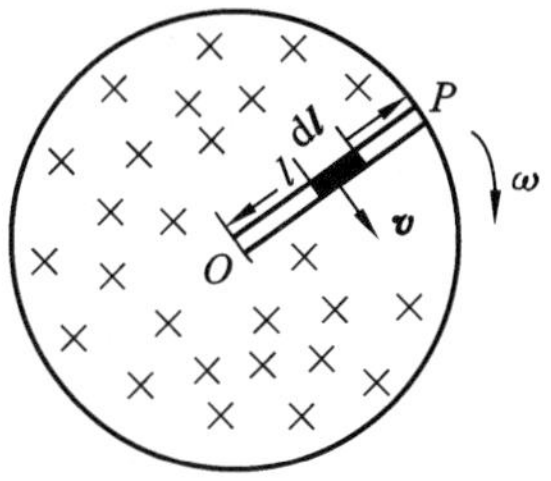

图 12-9　在均匀磁场中旋转的铜棒两端的动生电动势

$$\mathscr{E}_i = \int \mathrm{d}\mathscr{E}_i = \int_0^l B\omega l \,\mathrm{d}l = \frac{1}{2}B\omega l^2,$$

计算的结果为正值，说明动生电动势的方向与所选定的线元 d$\boldsymbol{l}$ 的方向相同，即由 O 指向 P，O 端带负电，P 端带正电。

例 12-4　如图 12-10 所示，在电流为 I 的长直载流导线旁有一与其垂直的导线 AB，长为 l，A 端至长直导线的距离为 r_0，导线 AB 以匀速度 $\boldsymbol{v}$ 平行于长直导线向上运动。求 AB 中的动生电动势。

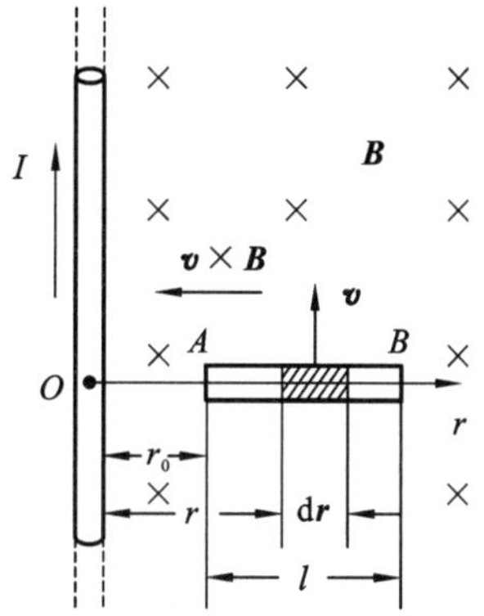

图 12-10　在非均匀磁场中平动的导体棒中的动生电动势

解　取坐标轴 r 如图 12-10 所示，在 AB 段上任取一线元 d$\boldsymbol{r}$，其坐标为 r，方向向右。由于 $\boldsymbol{v} \perp \boldsymbol{B}$，且 $\boldsymbol{v} \times \boldsymbol{B}$ 与 d$\boldsymbol{r}$ 反向，故线元的电动势为

$$\mathrm{d}\mathscr{E}_i = (\boldsymbol{v} \times \boldsymbol{B}) \cdot \mathrm{d}\boldsymbol{r} = -vB\,\mathrm{d}r,$$

导线 AB 的电动势为

$$\mathscr{E}_i = \int \mathrm{d}\mathscr{E}_i = \int_A^B (\boldsymbol{v} \times \boldsymbol{B}) \cdot \mathrm{d}\boldsymbol{r} = \int_A^B -vB\,\mathrm{d}r = \int_{r_0}^{r_0+l} -v\frac{\mu_0 I}{2\pi}\frac{\mathrm{d}r}{r} = -\frac{\mu_0 Iv}{2\pi}\ln\frac{r_0+l}{r_0},$$

其值为负表示电动势的方向与积分路径 d$\boldsymbol{r}$ 的方向相反，即 $B \to A$，B 端的电势低，A 端的电势高。

例 12-5　有一半径为 R 的半圆形金属导线在均匀磁场 $\boldsymbol{B}$ 中以速度 $\boldsymbol{v}$ 做切割磁感线运动，如图 12-11 所示，求导线中的动生电动势。

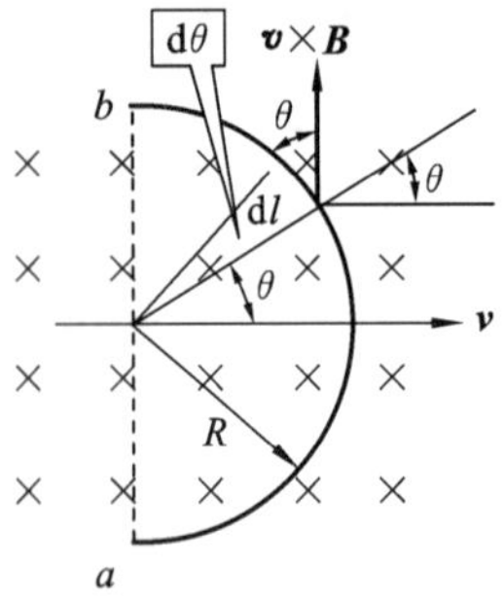

图 12-11　半圆形导线中的动生电动势

解　方法一:在半圆形导线上取一线元 $\mathrm{d}\boldsymbol{l}$,如图 12-11 所示,该线元上的动生电动势为

$$\mathrm{d}\mathscr{E}_i = (\boldsymbol{v} \times \boldsymbol{B}) \cdot \mathrm{d}\boldsymbol{l} = vB\,\mathrm{d}l\cos\theta,$$

而 $\mathrm{d}l = R\mathrm{d}\theta$,则有

$$\mathscr{E}_i = \int_a^b \mathrm{d}\mathscr{E}_i = vBR\int_{-\frac{\pi}{2}}^{\frac{\pi}{2}} \cos\theta\mathrm{d}\theta = 2vBR,$$

其方向为 $a \rightarrow b$,即 a 端电势低,b 端电势高。

方法二:作连接 ab 的辅助直导线,与半圆形金属导线组成闭合回路,由法拉第电磁感应定律知,闭合回路中总的感应电动势为 0,即半圆形导线中的动生电动势与直导线 ab 中的动生电动势大小相等,即

$$\mathscr{E}_i = \mathscr{E}_{\overline{ab}} = \int_a^b (\boldsymbol{v} \times \boldsymbol{B}) \cdot \mathrm{d}\boldsymbol{l} = 2vBR,$$

其方向为 $a \rightarrow b$,即 a 端电势低,b 端电势高。

例 12-6　图 12-12 所示的是最简单交流发电机的示意图,$ABCD$ 是一单匝线圈,它可以绕固定的转轴在永磁铁的磁极 N、S 所激发的均匀磁场中转动。线圈的两端分别接在两个与线圈一起转动的铜环上,铜环通过两个带有弹性的金属触头与外电路接通。当线圈在原动机(如汽轮机、水轮机等机械能供给)的带动下,在均匀磁场中匀速转动。求线圈中的感应电动势。

解　设线圈的 AB 和 CD 边长为 l_1,BC 和 DA 边长为 l_2,线圈面积 $S = l_1 l_2$。考虑某一瞬时,线圈处于如图 12-12(b) 所示的位置,线圈平面的法线方向单位矢量 $\boldsymbol{n}$ 与竖直方向之间的夹角为 θ,如果计时的零时刻 $\theta = 0°$,则 $\theta = \omega t$。在 AB 边中产生的动生电动势为

$$\mathscr{E}_{AB} = \int_A^B (\boldsymbol{v} \times \boldsymbol{B}) \cdot \mathrm{d}\boldsymbol{l} = \int_A^B vB\sin\left(\frac{\pi}{2} + \theta\right)\mathrm{d}l = vBl_1\cos\theta。$$

同理,在 CD 边中产生的动生电动势为

$$\mathscr{E}_{CD} = \int_C^D (\boldsymbol{v} \times \boldsymbol{B}) \cdot \mathrm{d}\boldsymbol{l} = \int_C^D vB\sin\left(\frac{\pi}{2} - \theta\right)\mathrm{d}l = vBl_1\cos\theta。$$

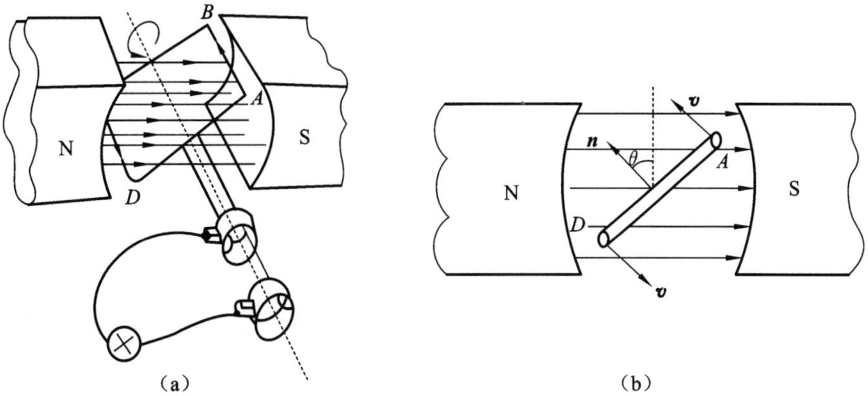

（a）　（b）

图 12-12　交流发电机的原理图

由于在线圈回路中这两个电动势的方向相同，而 BC 和 DA 边没有产生电动势，所以，整个回路中的动生电动势为

$$\mathscr{E}_i = \mathscr{E}_{AB} + \mathscr{E}_{CD} = 2vBl_1\cos\theta,$$

因为 $v = \dfrac{l_2}{2}\omega$，故

$$\mathscr{E}_i = l_2\omega Bl_1\cos\omega t = BS\omega\cos\omega t。$$

当然，这一结果也可以通过法拉第电磁感应定律得出。

从计算结果可以看出，感应电动势随时间变化的曲线是余弦曲线，因此称为简谐交变电动势，简称简谐交流电。

12.2.2　感生电动势　感生电场

当导体回路不动，由于磁场变化引起穿过回路的磁通量发生变化而产生的感应电动势称为感生电动势。显然，由于导体回路未动，所以这时产生电动势的非静电力不会是洛伦兹力。那么，它是什么样的力呢？为了说明感生电动势的形成原因，麦克斯韦在实验的基础上提出了一个假说：变化的磁场会在它周围的空间激发一个电场，这个电场叫**感生电场**（又叫涡旋电场），用 $\boldsymbol{E}_k$ 表示。它就是产生感生电动势的非静电场，感生电场施于导体内部自由电子上的力，就是导体产生感生电动势的非静电力。麦克斯韦关于感生电场的假说完满地解释了感生电动势的形成机制并得到近代物理实验的证明。根据电动势的定义，由于磁场的变化，在一个导体回路中产生的感生电动势为

$$\mathscr{E}_i = \oint_L \boldsymbol{E}_k \cdot \mathrm{d}\boldsymbol{l},$$

又根据法拉第电磁感应定律，有

$$\mathscr{E}_i = \oint_L \boldsymbol{E}_k \cdot \mathrm{d}\boldsymbol{l} = -\frac{\mathrm{d}\Phi_m}{\mathrm{d}t},$$

而磁通量

$$\Phi_m = \int_S \boldsymbol{B} \cdot \mathrm{d}\boldsymbol{S},$$

由于回路所围的面积不随时间变化，所以

$$\mathscr{E}_i = \oint_L \boldsymbol{E}_k \cdot \mathrm{d}\boldsymbol{l} = -\int_S \frac{\partial \boldsymbol{B}}{\partial t} \cdot \mathrm{d}\boldsymbol{S}, \tag{12-10}$$

式(12-10)中$\frac{\partial \boldsymbol{B}}{\partial t}$为磁场$\boldsymbol{B}$对时间的变化率，记作偏导数形式是因为$\boldsymbol{B}$还可能随空间而变。式(12-10)即为感生电场和变化磁场之间的关系，是电磁场的基本方程之一。事实上，在变化磁场周围不管是否有导体回路存在，都有感生电场存在。当有导体回路时，感生电场对回路中的载流子施加电场力使其产生定向移动而形成电流。另外，$-\frac{\partial \boldsymbol{B}}{\partial t}$与$\boldsymbol{E}_k$在方向上遵从右手螺旋法则。

感生电场与静电场都是电场，它们的相同点在于都对电荷有作用力，不同点表现在：

(1) 静电场是由静止电荷产生的，感生电场是变化的磁场激发的。

(2) 静电场场线起于正电荷，止于负电荷，为有源场，静电场的通量$\oint_S \boldsymbol{E} \cdot \mathrm{d}\boldsymbol{S} \neq 0$；感生电场的电场线是闭合的，为无源场，感生电场的通量$\oint_S \boldsymbol{E}_k \cdot \mathrm{d}\boldsymbol{S} = 0$。

(3) 静电场为保守场，静电场的环流$\oint_L \boldsymbol{E} \cdot \mathrm{d}\boldsymbol{l} = 0$，而感生电场为非保守场，其环流$\oint_L \boldsymbol{E}_k \cdot \mathrm{d}\boldsymbol{l} \neq 0$。

值得说明的是，在很多实际问题中，往往既有动生电动势，又有感生电动势，这时

$$\mathscr{E}_i = -\int_S \frac{\partial \boldsymbol{B}}{\partial t} \cdot \mathrm{d}\boldsymbol{S} + \int_L (\boldsymbol{v} \times \boldsymbol{B}) \cdot \mathrm{d}\boldsymbol{l}。 \tag{12-11}$$

下面举例说明感生电场和感生电动势的计算方法。

例 12-7　设长直螺线管的半径为R，横截面积如图 12-13 所示，磁感应强度为$\boldsymbol{B}$的磁场均匀分布于管内，方向平行于管轴向里，磁感应强度的值随时间的变化率为$\mathrm{d}B/\mathrm{d}t$，求螺线管内外区域感生电场的分布。

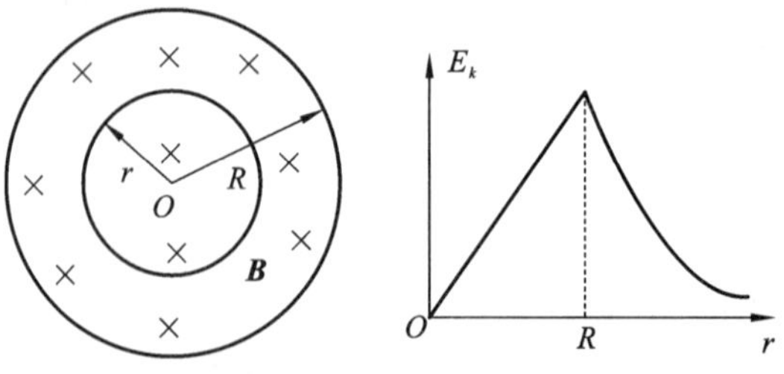

图 12-13　长直螺线管内外的感生电场

解　由于磁场的分布具有轴对称性，感生电场具有涡旋性，因此，感生电场线必定为以管中心轴为圆心、圆面垂直于中心轴的一簇同心圆。在同一圆周上，各点的感生电场大小相等，方向沿圆周切线方向。以管中心轴上一点为圆心、r 为半径作一圆周为积分回路，取顺时针为回路绕向，则有

$$\oint_L \boldsymbol{E}_k \cdot \mathrm{d}\boldsymbol{l} = E_k \cdot 2\pi r = -\frac{\mathrm{d}\Phi_m}{\mathrm{d}t},$$

所以

$$E_k = -\frac{1}{2\pi r}\frac{\mathrm{d}\Phi_m}{\mathrm{d}t}。$$

当 $r \leqslant R$ 时，通过回路所围面积的磁通量为

$$\Phi_m = \pi r^2 B,$$

故

$$E_k = -\frac{1}{2\pi r}\frac{\mathrm{d}\Phi_m}{\mathrm{d}t} = -\frac{r}{2}\frac{\mathrm{d}B}{\mathrm{d}t};$$

当 $r \geqslant R$ 时，由于螺线管外的磁场基本为零，故通过回路所围面积的磁通量与通过螺线管截面的磁通量相等：

$$\Phi_m = \pi R^2 B,$$

所以

$$E_k = -\frac{1}{2\pi r}\frac{\mathrm{d}\Phi_m}{\mathrm{d}t} = -\frac{R^2}{2r}\frac{\mathrm{d}B}{\mathrm{d}t}。$$

根据楞次定律，若 $\frac{\mathrm{d}B}{\mathrm{d}t} > 0$，则 $E_k < 0$，即 $\boldsymbol{E}_k$ 的方向与回路绕向相反；若 $\frac{\mathrm{d}B}{\mathrm{d}t} < 0$，则 $E_k > 0$，即 $\boldsymbol{E}_k$ 的方向与回路绕向相同。E_k 与 r 的关系如图 12-13 所示。

例 12-8　设有半径为 R、高度为 h 的铝质圆盘，其电导率为 γ。把圆盘放在磁感应强度为 $\boldsymbol{B}$ 的均匀磁场中，磁场方向垂直盘面，如图 12-14 所示。设磁场随时间变化，且 $\mathrm{d}B/\mathrm{d}t = k$ 为一常量。求盘内的感应电流值(圆盘内感应电流的磁场略去不计)。

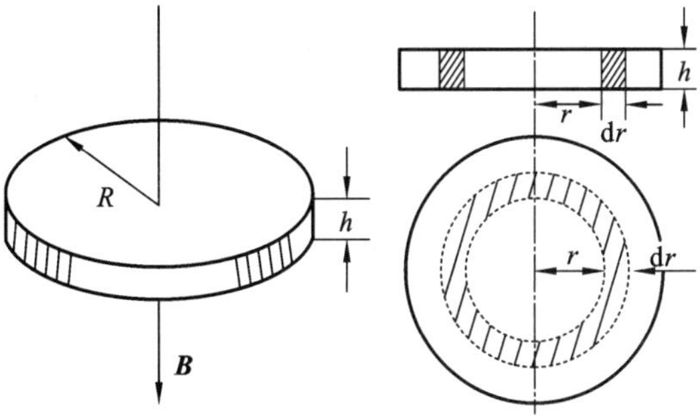

图 12-14　铝质圆盘内的感生电场及感应电流

解　在圆盘中取一半径为 r、宽度为 $\mathrm{d}r$、高度为 h 的小圆环，由于磁场随时间变

化,在圆环中的感生电动势的值为

$$\mathscr{E}_i = \oint_l \boldsymbol{E}_k \cdot \mathrm{d}\boldsymbol{l} = -\int_S \frac{\mathrm{d}\boldsymbol{B}}{\mathrm{d}t} \cdot \mathrm{d}\boldsymbol{S},$$

由于 $\mathrm{d}\boldsymbol{B}$ 也垂直盘面,且 $\mathrm{d}B/\mathrm{d}t = k$,故上式为

$$\mathscr{E}_i = -\frac{\mathrm{d}B}{\mathrm{d}t}\int_S \mathrm{d}S = -\frac{\mathrm{d}B}{\mathrm{d}t}\pi r^2 = -k\pi r^2。$$

另外,由电阻的定义可知圆环的电阻为

$$\mathrm{d}R = \frac{1}{\gamma}\frac{2\pi r}{h\,\mathrm{d}r},$$

根据欧姆定律可得圆环中的电流大小为

$$\mathrm{d}I = \frac{kh\gamma}{2} r\mathrm{d}r,$$

圆盘中的感应电流为

$$I = \int \mathrm{d}I = \frac{kh\gamma}{2}\int_0^R r\mathrm{d}r = \frac{1}{4}k\gamma R^2 h。$$

例 12-9　如图 12-15 所示,在半径为 R 的圆柱形空间存在一均匀磁场,其磁感应强度的方向与圆柱轴线平行。今将一长为 l 的导体杆 AB 置于磁场中,求当 $\frac{\mathrm{d}B}{\mathrm{d}t} > 0$ 时杆中的感生电动势。

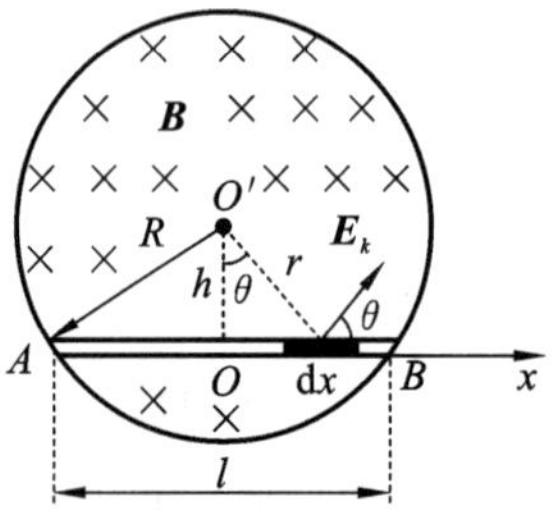

图 12-15　导体杆中的感生电动势

解　如图 12-15 所示,取杆中点为坐标原点建立 x 轴。在杆上取一线元 $\mathrm{d}x$,该线元到圆柱截面中心 O' 的距离为 r,根据例 12-7 的结论可知,该线元处的感生电场大小为

$$E_k = \frac{r}{2}\frac{\mathrm{d}B}{\mathrm{d}t},$$

其方向如图 12-15 所示。故 AB 杆上的感生电动势为

$$\mathscr{E}_i = \int_A^B \boldsymbol{E}_k \cdot \mathrm{d}\boldsymbol{l} = \int_{-\frac{l}{2}}^{\frac{l}{2}} \frac{r}{2}\frac{\mathrm{d}B}{\mathrm{d}t}\cos\theta\mathrm{d}x$$

$$= \int_{-\frac{l}{2}}^{\frac{l}{2}} \frac{r}{2}\frac{\mathrm{d}B}{\mathrm{d}t}\frac{h}{r}\mathrm{d}x = \frac{l}{2}\sqrt{R^2 - \left(\frac{l}{2}\right)^2}\frac{\mathrm{d}B}{\mathrm{d}t},$$

由楞次定律知,$\mathscr{E}_i$ 的方向为 $A \to B$。

本题也可以等效成一个导体回路，然后利用电磁感应定律来求解。连接 $O'A$、$O'B$ 形成一个三角形回路，则回路中的感应电动势的大小为

$$\mathscr{E}_i = \left|\frac{\mathrm{d}\Phi_m}{\mathrm{d}t}\right|,$$

而该三角形回路中穿过的磁通量为

$$\Phi_m = BS = \frac{1}{2}Blh,$$

则回路中的感应电动势大小为

$$\mathscr{E}_i = \frac{l}{2}h\frac{\mathrm{d}B}{\mathrm{d}t} = \frac{l}{2}\sqrt{R^2-\left(\frac{l}{2}\right)^2}\frac{\mathrm{d}B}{\mathrm{d}t}。$$

在 $O'A$、$O'B$ 两段上，导线沿圆周径向，而感生电场沿圆周切向，故这两段导线上每一线元都与感生电场垂直，线元上的感生电动势

$$\mathrm{d}\mathscr{E}_i = \boldsymbol{E}_k \cdot \mathrm{d}\boldsymbol{l} = 0,$$

所以，$O'A$、$O'B$ 两段上没有感生电动势。故 AB 上的感生电动势就是整个三角形回路的电动势，AB 上的感生电动势为

$$\mathscr{E}_i = \frac{l}{2}\sqrt{R^2-\left(\frac{l}{2}\right)^2}\frac{\mathrm{d}B}{\mathrm{d}t}。$$

12.2.3　涡电流

感应电流不仅能够在导体回路内出现，而且当大块导体与磁场有相对运动或处在变化的磁场中时，在这块导体中也会激起感应电流。这种在大块导体内流动的感应电流，称为**涡电流**，简称涡流。涡电流在工程技术中有广泛的应用。

大块金属的电阻很小，形成的涡流很大，能产生巨大的热量以资利用。如工频感应炉，待冶炼的金属块中的涡流使金属块溶化。其优点在于，能使物料内部各处同时加热，可以在真空中加热避免氧化等。如家用电磁灶、微波炉都是利用这一原理工作的。

同理，当金属板在磁场中运动时也产生涡流，而涡流同时又受到磁场的安培力的作用，阻碍其相对运动。该原理被应用于电磁仪表中指针的定位、电度表中的制动铝盘等。

变压器和电机中的铁芯等处在交变磁场中，产生的涡流既浪费能源，又容易损坏设备。因此对于高频器件，如收音机中的磁性天线、中频变压器等，采用半导体磁性材料做磁芯能降低能耗。常用的减少涡流的途径：选择高阻值材料（电机变压器的铁芯材料是硅钢而非铁）、多片铁芯组合等。

12.3　自感和互感

按电磁感应定律，当穿过回路的磁通量发生变化时，回路中就有感应电动势产生。通常情况下，有两种可能：磁通量或许来源于回路自身中的电流，又或者是来源于其他回路中的电流。在前一种情况下发生的电磁感应，称为**自感**，后一种情况称为**互**

感。本节将分别讨论自感和互感现象。

12.3.1 自感

由于回路自身电流变化引起回路中磁通量的变化，而在回路中激起感应电动势的现象称为自感现象，所激起的电动势称为**自感电动势**。

考虑一个闭合回路，其中的电流为 I。根据毕奥-萨伐尔定律，此电流在空间任一点的磁场都和电流 I 成正比，因此，穿过回路本身所围面积的磁通量也和 I 成正比，即有

$$\Phi_m = LI, \tag{12-12}$$

式中，比例系数 L 称为导体回路的自感系数，简称自感。值得注意的是，L 是一个与电流无关而仅取决于回路形状和介质性质的常量，而且是一个正的常量。当回路有 N 匝线圈时，则 Φ_m 应该理解为通过回路的磁链，则式(12-12) 变为

$$\Psi = LI, \tag{12-13}$$

因此，自感在数值上等于回路中电流为1 A时，通过自身回路的磁链。在SI中，自感的单位是亨利(H)。

由法拉第电磁感应定律可以求得自感电动势为

$$\mathscr{E}_L = -\frac{\mathrm{d}\Phi_m}{\mathrm{d}t} = -\left(L\frac{\mathrm{d}I}{\mathrm{d}t} + I\frac{\mathrm{d}L}{\mathrm{d}t}\right)。$$

当回路的形状、大小和周围介质的磁导率都不随时间变化时，自感系数 L 为一常量，则

$$\mathscr{E}_L = -L\frac{\mathrm{d}I}{\mathrm{d}t}, \tag{12-14}$$

式中的负号是楞次定律的体现，即自感电动势将反抗回路中电流的变化。也就是说，电流增大时，自感电动势与原来电流的方向相反；电流减小时，自感电动势与原来电流的方向相同。

自感现象在电子无线电技术中有广泛的应用，利用线圈具有阻碍电流变化的特征，可以稳定电路里的电流，无线电设备中常与电容器组合在一起，构成谐振电路或滤波器等。有时自感现象的产生是有害的，比如在一些大的自感线圈电路突然断电时，电路中就会产生很大的自感电动势，可能会烧坏线圈绝缘保护层或电闸开关。

例 12-10 一长直螺线管，长度为 l，横截面积为 S，线圈的匝数为 N，管中介质的磁导率为 μ，试求其自感系数。

解 假设螺线管通有电流 I，因为载流长直螺线管内的磁场是匀强磁场，其磁感应强度的大小为

$$B = \mu n I = \mu\frac{N}{l}I,$$

$\boldsymbol{B}$ 的方向与螺线管的轴线平行。因此，穿过螺线管每一匝线圈的磁通量都等于

$$\Phi_m = BS = \mu\frac{N}{l}IS,$$

穿过螺线管的磁链为

$$\Psi = N\Phi_m = \mu \frac{N^2}{l} IS,$$

则

$$L = \frac{\Psi}{I} = \mu \frac{N^2}{l} S = \mu \frac{N^2}{l^2} lS = \mu n^2 V,$$

式中，n 为螺线管单位长度上线圈的匝数，V 为螺线管的体积。

例 12-11　如图 12-16 所示，一根电缆由同轴的两个薄壁金属管构成，半径分别为 R_1 和 $R_2(R_1 < R_2)$，两管壁间充满磁导率为 μ 的磁介质。电流由内管流走，由外管流回。试求单位长度电缆的自感系数。

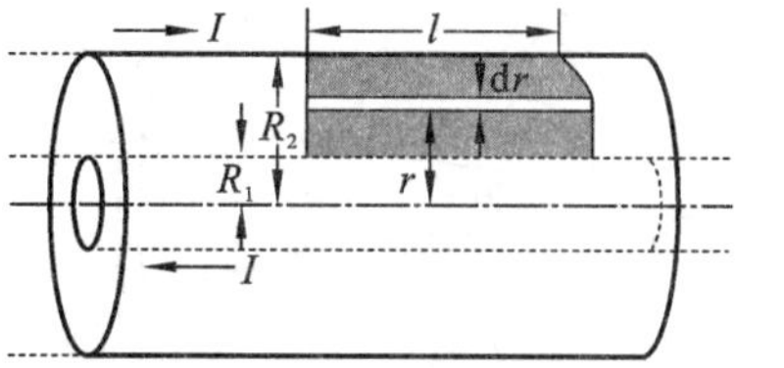

图 12-16　同轴电缆的自感

解　电缆可视为单匝回路，其磁通量为通过内外管间任一纵截面的磁通量。设电缆中流过的电流为 I，根据安培环路定理，除内外管之间外，其余空间的磁感应强度为 0。在内外管间距轴线为 r 处的磁感应强度为

$$B = \frac{\mu I}{2\pi r}。$$

任取一段长度为 l 的电缆，要计算此段电缆的自感系数，只需计算出通过该段电缆纵截面的磁通量。由于内外管间的磁场是非均匀的，则在该纵截面上距离轴线为 r 的地方取一面元 $\mathrm{d}S = l\mathrm{d}r$，该面元上穿过的磁通量为

$$\mathrm{d}\Phi_m = B\mathrm{d}S = \frac{\mu I}{2\pi r} l\,\mathrm{d}r,$$

则该段电缆纵截面上穿过的磁通量为

$$\Phi_m = \int_S \mathrm{d}\Phi_m = \int_{R_1}^{R_2} \frac{\mu I}{2\pi r} l\,\mathrm{d}r = \frac{\mu I l}{2\pi} \ln \frac{R_2}{R_1},$$

由此可得长度为 l 的电缆自感系数为

$$L = \frac{\Phi_m}{I} = \frac{\mu l}{2\pi} \ln \frac{R_2}{R_1},$$

则单位长度的电缆自感系数为

$$L' = \frac{L}{l} = \frac{\mu}{2\pi} \ln \frac{R_2}{R_1}。$$

12.3.2　互感

一闭合导体回路，当其中的电流随时间变化时，它周围的磁场也随时间变化，在

它附近的导体回路中就会产生感应电动势。这种现象称为互感现象,产生的感应电动势称为**互感电动势**。

假如有两个相邻的固定线圈1和线圈2,如图12-17所示,分别通有电流I_1和I_2,I_1产生的磁场通过线圈2的磁通量记作Φ_{21},显然,Φ_{21}与I_1成正比,记为

$$\Phi_{21}=M_{21}I_1, \tag{12-15}$$

式中,M_{21}是比例系数。

同样,I_2产生的磁场通过线圈1的磁通量记作Φ_{12},并且与I_2成正比

$$\Phi_{12}=M_{12}I_2, \tag{12-16}$$

式中,M_{12}是比例系数。

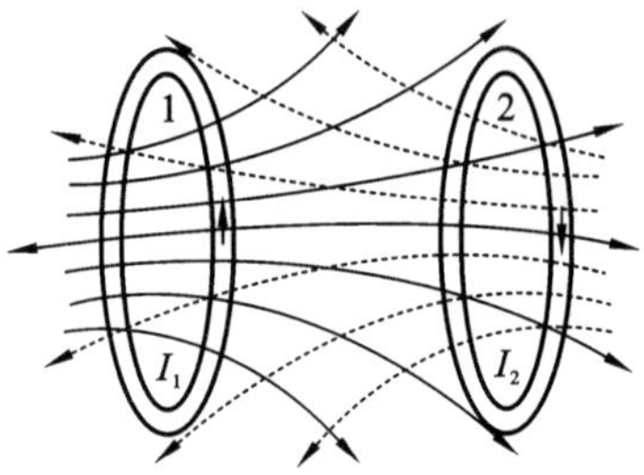

图12-17　互感

比例系数M_{21}和M_{12}与两个线圈的形状、大小、匝数、相对位置以及周围磁介质的磁导率有关,理论和实验都可以证明

$$M_{21}=M_{12}=M,$$

M称为两个线圈的互感系数,简称互感。当回路中有N匝线圈时,则式(12-15)、式(12-16)中的磁通量应理解为通过线圈的磁链。因此,两线圈的互感系数在数值上等于其中任一线圈的电流为1 A时,通过另一线圈的磁链。在SI中,互感的单位为亨利(H)。

对两个固定的回路来说,互感系数为一个常量,则根据法拉第电磁感应定律,有

$$\mathscr{E}_{21}=-\frac{\mathrm{d}\Phi_{21}}{\mathrm{d}t}=-M\frac{\mathrm{d}I_1}{\mathrm{d}t}, \tag{12-17}$$

$$\mathscr{E}_{12}=-\frac{\mathrm{d}\Phi_{12}}{\mathrm{d}t}=-M\frac{\mathrm{d}I_2}{\mathrm{d}t}, \tag{12-18}$$

式中的$\mathscr{E}_{21}$为当线圈1中的电流变化时,在线圈2中引起的感应电动势;$\mathscr{E}_{12}$为当线圈2中的电流变化时,在线圈1中引起的感应电动势。负号表示在一个线圈中所引起的互感电动势要反抗另一个线圈中电流的变化。

互感现象在电工和电子技术中应用很广泛。通过互感线圈使能量或信号由一个线圈方便地传递到另一个线圈;利用互感原理可制成变压器、感应圈等。当然,在某些问题中互感常常是有害的,例如,有线电话往往会由于两路电话之间的互感而引起串

音，无线电设备中也往往会由于导线间或器件间的互感而妨碍正常工作，对于这种由于互感产生的干扰情形要设法避免。

例 12-12　有两个长度均为 l、半径分别为 r_1 和 r_2（且 $r_1 < r_2$）、匝数分别为 N_1 和 N_2 的同轴密绕螺线管，如图 12-18 所示，试计算它们的互感。

解　设电流 I_1 通过半径为 r_1 的螺线管，此螺线管内的磁感应强度为

$$B_1 = \mu_0 \frac{N_1}{l} I_1 = \mu_0 n_1 I_1。$$

考虑螺线管是密绕的，两螺线管间 $\boldsymbol{B} = 0$。

于是，穿过半径为 r_2 的螺线管的磁链为

$$\Psi_2 = N_2 \Phi_{21} = N_2 B_1 (\pi r_1^2) = n_2 l B_1 (\pi r_1^2) = n_2 l \mu_0 n_1 I_1 (\pi r_1^2),$$

可得互感为

$$M_{21} = \frac{N_2 \Phi_{21}}{I_1} = \mu_0 n_1 n_2 l (\pi r_1^2)。$$

同理，设电流 I_2 通过半径为 r_2 的线圈，产生的磁感应强度为

$$B_2 = \mu_0 \frac{N_2}{l} = \mu_0 n_2 I_2,$$

而此时穿过半径为 r_1 的螺线管内的磁链为

$$\Psi_1 = N_1 \Phi_{12} = N_1 B_2 (\pi r_1^2) = n_1 l B_2 (\pi r_1^2) = n_1 l \mu_0 n_2 I_2 (\pi r_1^2),$$

可得互感为

$$M_{12} = \frac{N_1 \Phi_{12}}{I_2} = \mu_0 n_1 n_2 l (\pi r_1^2)。$$

结论：

$$M_{12} = M_{21} = M。$$

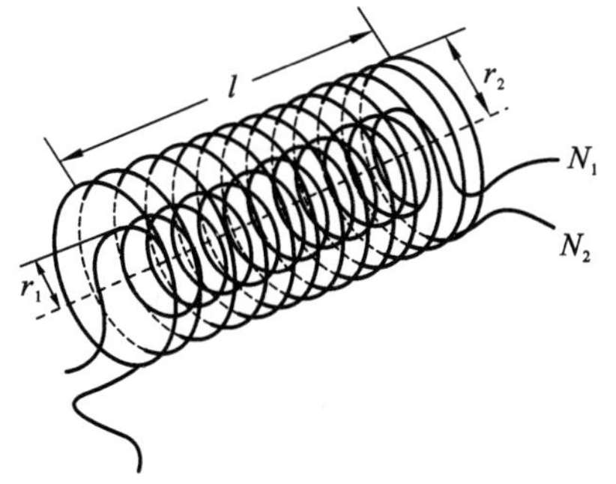

图 12-18　两同轴螺线管的互感

例 12-13　如图 12-19 所示，两圆形线圈共面，其半径分别为 R_1 和 R_2，$R_1 \gg R_2$，匝数分别 N_1 和 N_2。求互感系数。

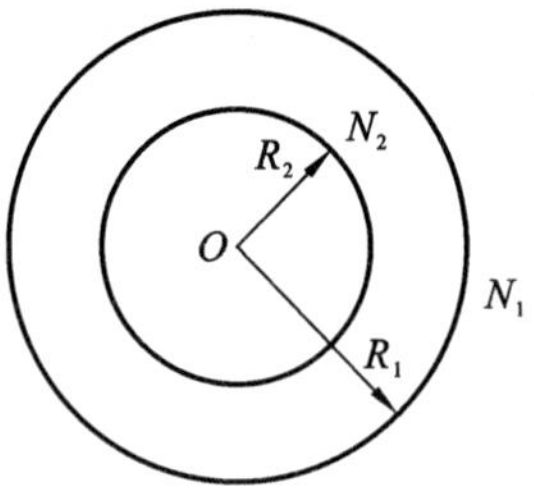

图 12-19　两圆形线圈的互感

解　设大线圈通有电流 I_1，在其中心处产生的磁感应强度大小为

$$B_1 = \frac{\mu_0 I_1 N_1}{2R_1}。$$

由于 $R_1 \gg R_2$，所以小线圈可视为处于均匀磁场中，磁感应强度大小为中心 O 点的磁场 B_1。

通过小线圈的磁链为

$$\Psi_{21} = N_2 \Phi_{21} = N_2 B_1 S_2 = N_2 \frac{\mu_0 I_1 N_1}{2R_1} \pi R_2^2,$$

则互感系数

$$M = \frac{\Psi_{21}}{I_1} = \frac{\mu_0 N_1 N_2}{2R_1} \pi R_2^2。$$

例 12-14　如图 12-20 所示，一长直导线与一宽为 a、高为 b 的单匝矩形回路共面，相距为 d。若矩形回路中有顺时针方向的电流 I，且 I 正以速率 $\frac{\mathrm{d}I}{\mathrm{d}t}$ 增加，求长直导线中的感应电动势。

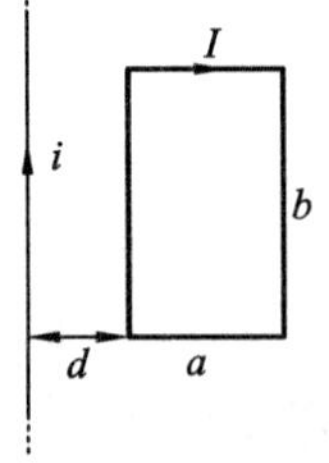

图 12-20　长直导线中的互感电动势

解　长直导线可看作在无限远处闭合的回路，如图 12-20 中虚线所示，但感应电动势仅出现在矩形线框电流附近的长直导线中。此题用电磁感应定律很难求出，应先求出互感系数，再求互感电动势。

设长直导线中有电流 i，则 i 在矩形线框中产生的磁通量为

$$\Phi_m = \int_S \mathrm{d}\Phi_m = \int_d^{d+a} \frac{\mu_0 i}{2\pi r} b \,\mathrm{d}r = \frac{\mu_0 i b}{2\pi} \ln \frac{d+a}{d},$$

故两回路的互感系数为

$$M=\frac{\Phi_m}{i}=\frac{\mu_0 b}{2\pi}\ln\frac{d+a}{d},$$

矩形线框中电流 I 变化时在长直导线中产生的互感电动势的大小为

$$\mathscr{E}=M\frac{\mathrm{d}I}{\mathrm{d}t}=\frac{\mu_0 b}{2\pi}\frac{\mathrm{d}I}{\mathrm{d}t}\ln\frac{d+a}{d},$$

根据楞次定律可知长直导线上的感应电动势方向向下。

12.4　磁场的能量

前面已经指出，电场具有能量。与此类似，磁场也具有能量。电场的能量储存在电场中，磁场的能量亦储存在磁场中。下面以通电长直螺线管为例来研究磁场能量的计算式。

12.4.1　通电螺线管中的磁能

如图 12-21 所示，将一个自感系数为 L 的长直螺线管与电源相连。开关 K 闭合后，电流从零开始增长。电流的变化在螺线管中产生自感电动势，该电动势阻碍电流的增加，其方向与电源电动势相反。所以，螺线管中的电流从零达到某一恒定值的过程，就是外电源反抗自感电动势做功的过程，在这一过程中，外电源把其他形式的能量转化为磁场能量储存在自感线圈中。

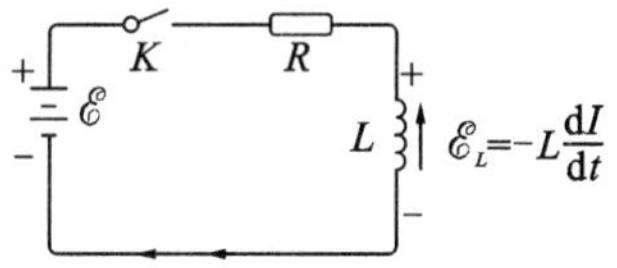

图 12-21　通电螺线管中的磁能

自感线圈中储存了能量也可以通过接下来的实验说明。当回路中的电流达到稳定后，再断开 K，若 R 是一个电灯，它会猛亮一下然后再熄灭。电源断开后，电灯的闪光能量就是储存在自感线圈中的能量释放。

设在 $\mathrm{d}t$ 时间内通过线圈的电荷为 $\mathrm{d}q$，则电源反抗自感电动势做的元功为

$$\mathrm{d}A=-\mathscr{E}_L\mathrm{d}q,$$

将 $\mathscr{E}_L=-L\frac{\mathrm{d}I}{\mathrm{d}t}$、$\mathrm{d}q=I\mathrm{d}t$ 代入上式中，有

$$\mathrm{d}A=LI\mathrm{d}I,$$

则电流从零增大到 I 的过程中，电源所做的总功为

$$A=\int\mathrm{d}A=\int_0^I LI\mathrm{d}I=\frac{1}{2}LI^2。$$

根据功能原理，螺线管内磁场的能量应等于外电源所做的功，即螺线管中磁场的能量（简称磁能）为

$$W_m=\frac{1}{2}LI^2。\tag{12-19}$$

12.4.2　磁场的能量

前面已经讨论过,长直密绕螺线管的自感系数为 $L=\mu n^2V$,式中,μ 为管内磁介质的磁导率,n 为单位长度上线圈的匝数,V 为螺线管的体积,所以式(12-19) 可写为

$$W_m=\frac{1}{2}LI^2=\frac{1}{2}\mu n^2I^2V。$$

长直螺线管中 $B=\mu nI$,$H=\dfrac{B}{\mu}=nI$,所以有

$$W_m=\frac{1}{2}LI^2=\frac{1}{2}\mu n^2I^2V=\frac{1}{2}BHV=\frac{B^2V}{2\mu},\tag{12-20}$$

因此,单位体积内的磁场能量,即**能量密度**为

$$w_m=\frac{W_m}{V}=\frac{1}{2}BH=\frac{1}{2}\mu H^2=\frac{B^2}{2\mu},\tag{12-21}$$

上式虽然是从长直螺线管这一特例推出来的,但可以证明,它适用于普遍情况。在任意磁场中,某处的磁场能量密度都可以用式(12-21) 表示。因此,对于非均匀磁场,总的磁场能量为

$$W_m=\int_V w_m\mathrm{d}V=\int_V\frac{B^2}{2\mu}\mathrm{d}V。\tag{12-22}$$

例 12-15　如图 12-22 所示,一根很长的同轴电缆,由半径分别为 R_1、R_2 的同心圆筒所组成。内圆筒上载有恒定电流 I,经外圆筒返回形成闭合回路。试计算长为 l 的这一段电缆内储存的磁场能量。

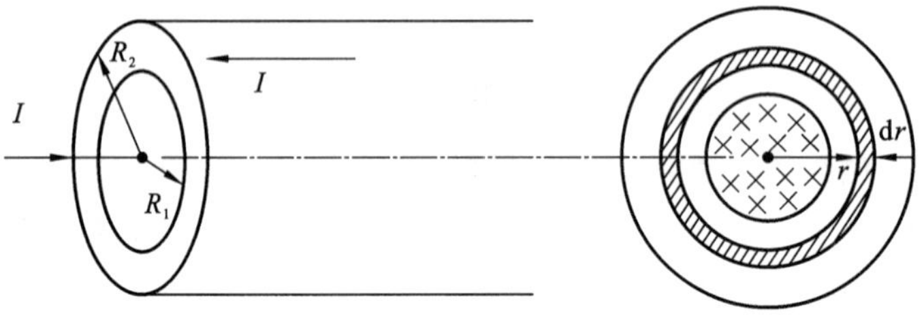

图 12-22　同轴电缆的磁能

解　由安培环路定理可知,在内外圆筒间距圆筒轴线距离为 r 处的磁感应强度为

$$B=\frac{\mu_0I}{2\pi r},$$

则两圆筒间距圆筒轴线距离 r 处的磁场能量密度为

$$w_m=\frac{B^2}{2\mu_0}=\frac{1}{2\mu_0}\left(\frac{\mu_0I}{2\pi r}\right)^2=\frac{\mu_0I^2}{8\pi^2r^2}。$$

在半径为 r 处,取厚度为 $\mathrm{d}r$、长为 l 的圆柱壳体积元 $\mathrm{d}V$,此体积元中包含的磁能为

$$\mathrm{d}W_m=w_m\mathrm{d}V=\frac{\mu_0I^2}{8\pi^2r^2}2\pi rl\,\mathrm{d}r=\frac{\mu_0I^2l}{4\pi r}\mathrm{d}r,$$

则所求的磁场总能量为

$$W_m=\int \mathrm{d}W_m=\int_{R_1}^{R_2}\frac{\mu_0 I^2 l}{4\pi r}\mathrm{d}r=\frac{\mu_0 I^2 l}{4\pi}\ln\frac{R_2}{R_1}。$$

利用式(12-20)，还可以求出此段电缆的自感系数为

$$L=\frac{\mu_0 l}{2\pi}\ln\frac{R_2}{R_1},$$

其单位长度上的自感系数为

$$L'=\frac{L}{l}=\frac{\mu_0}{2\pi}\ln\frac{R_2}{R_1}。$$

这个结果与用自感系数的定义式计算出的结果完全相同(见前面例 12-11)。

习 题 12

12-1　将一磁棒插入一闭合导体回路中：一次迅速插入，一次缓慢插入，但两次插入的始末位置相同。在两次插入中，问：

(1) 感应电动势是否相等?如果不等，哪一次的大?

(2) 感应电量是否相等?如果不等，哪一次的大?

(3) 回路中的电动势是动生电动势还是感生电动势?为什么?

12-2　一半径 $r=10$ cm 的圆形回路放在 $B=0.8$ T 的均匀磁场中，回路平面与 $\boldsymbol{B}$ 垂直。当回路半径以恒定速率 $\frac{\mathrm{d}r}{\mathrm{d}t}=80$ cm/s 收缩时，求回路中感应电动势的大小。

12-3　如图 12-23 所示，一长直电流 I 旁距离 r 处有一与电流共面的圆线圈，线圈的半径为 R 且 $R\ll r$。就下列两种情况求线圈中的感应电动势：

(1) 若电流以速率 $\frac{\mathrm{d}I}{\mathrm{d}t}$ 增加；

(2) 若线圈以速率 v 向右平移。

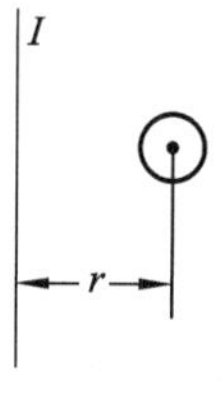

图 12-23

12-4　如图 12-24 所示，用一根硬导线弯成半径为 r 的一个半圆。令这半圆形导线在磁场中以频率 f 绕图中半圆的直径旋转，整个电路的电阻为 R。求感应电流的最大值。

12-5　如图 12-25 所示，长直导线通以电流 $I=5$ A，在其右方放一长方形线圈，两者共面。线圈长 $b=0.06$ m，宽 $a=0.04$ m，线圈以速度 $v=0.03$ m/s 垂直于直线

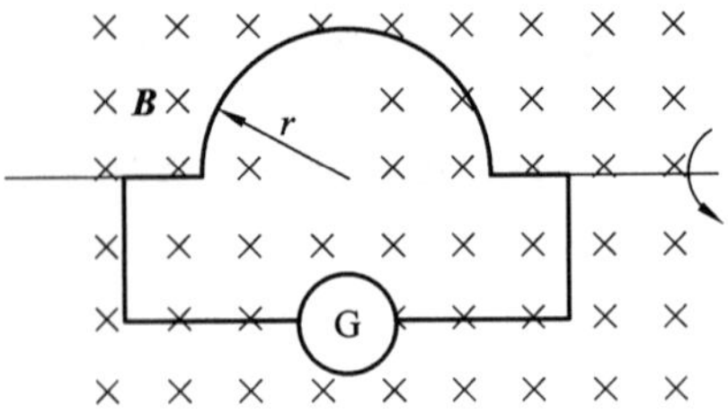

图 12-24

平移远离。求：$d=0.05\ \mathrm{m}$ 时线圈中感应电动势的大小和方向。

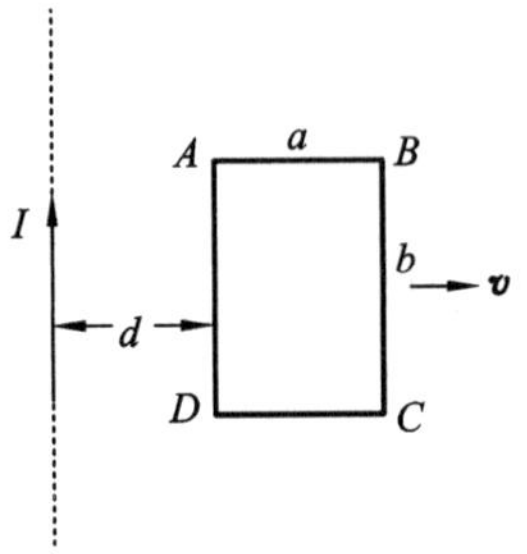

图 12-25

12-6　如图 12-26 所示，棒 AB 长为 l，在磁感应强度为 $\boldsymbol{B}$ 的均匀磁场中绕过 O 点的轴以角速度 ω 逆时针转动，设 O 轴与磁场平行，且 $OB=2OA$。求 AB 上的感应电动势的大小，并指出 A、O、B 三点中哪一点的电势最高。

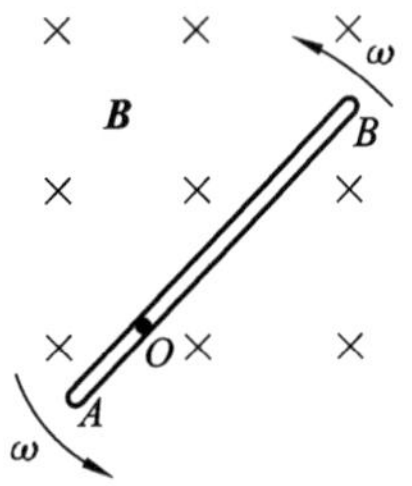

图 12-26

12-7　在半径为 R 的圆柱形空间内，充满磁感应强度大小为 B 的均匀磁场，$\boldsymbol{B}$ 的方向与圆柱的轴线平行。有一无限长直导线在垂直圆柱中心轴线的平面内，两线相距为 a，$a>R$，如图 12-27 所示。已知磁感应强度随时间的变化率为 $\dfrac{\mathrm{d}B}{\mathrm{d}t}$，求长直导线上的感应电动势。

12-8　电子感应加速器是利用感生电场来加速电子的一种设备，它的柱形电磁铁在两极间产生磁场，如图 12-28 所示，在磁场中安置一个环形真空管道作为电子运

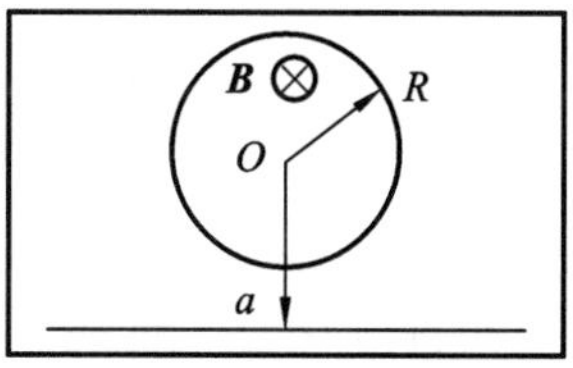

图 12-27

动的轨道。当磁场发生变化时，就会沿管道方向产生感生电场，射入其中的电子就会受到这感生电场的持续作用而被不断加速。设环形真空管的轴线半径为 a，求磁场变化时沿环形真空管轴线的感生电场。

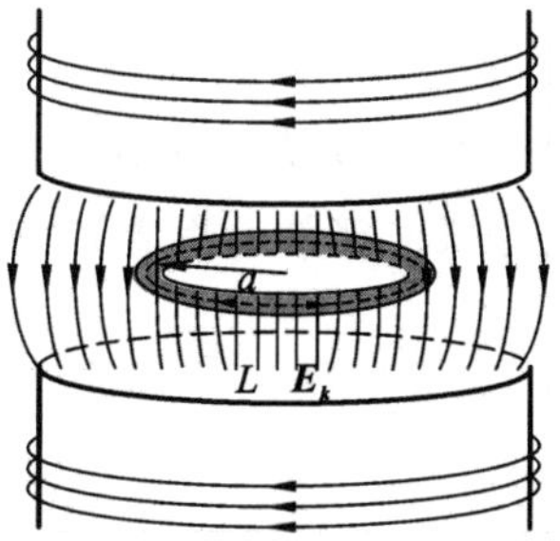

图 12-28

12-9　磁感应强度为 $\boldsymbol{B}$ 的均匀磁场充满一半径为 R 的圆柱形空间，一金属杆放在如图 12-29 所示位置，杆长为 $2R$，其中一半位于磁场内，另一半在磁场外。当 $\frac{\mathrm{d}B}{\mathrm{d}t}>0$ 时，求杆两端的感应电动势的大小和方向。

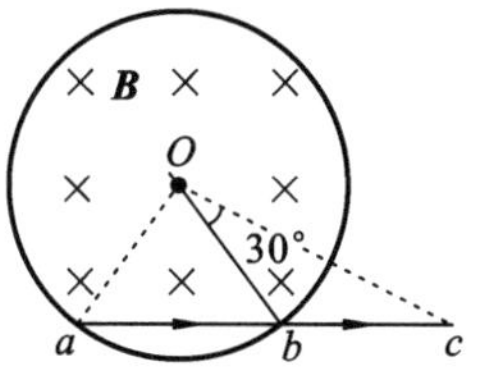

图 12-29

12-10　如图 12-30 所示，两根平行长直导线，横截面的半径都是 a，中心相距为 d，两导线属于同一回路。设两导线内部的磁通可忽略不计，证明：这样一对导线长度为 l 的一段自感为

$$L=\frac{\mu_0 l}{\pi}\ln\frac{d-a}{a}。$$

12-11　一圆环形线圈 a 由 50 匝细线绕成，截面积为 4.0 cm^2，放在另一个匝数等于 100 匝、半径为 15.0 cm 的圆环形线圈 b 的中心，两线圈同轴。求：

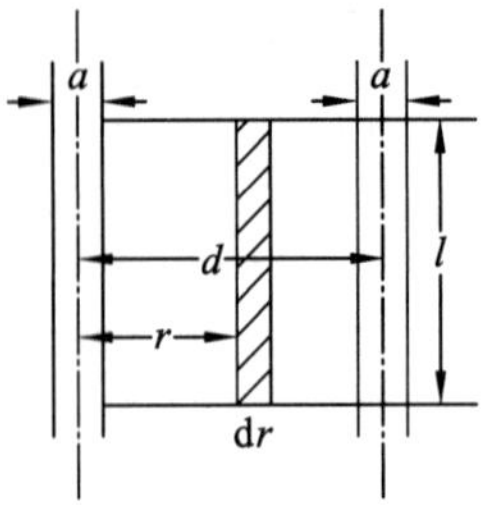

图 12-30

(1) 两线圈的互感系数;

(2) 当线圈 a 中的电流以 50 A/s 的变化率减小时,线圈 b 内磁通量的变化率;

(3) 线圈 b 的感生电动势。

12-12　一无限长圆柱形直导线,其截面半径 $R = 0.01\ \text{m}$,截面上各处的电流密度相等,总电流 $I = 10\ \text{A}$。求:导线内部单位长度上所储存的磁能。

第 13 章　光的干涉

光学的发展历史悠久，可追溯到公元前四百多年的先秦时代，最早的光学知识记录在中国的《墨经》中，叙述了影的定义和生成，光的直线传播及小孔成像，讨论了镜中像与物的关系。

随着对光的反射和折射定律的研究，几何光学得到了迅速发展。17 世纪中期，牛顿根据光的直线传播性，认为光是一种微粒流，按照微粒说解释光的直线传播、成像、反射和折射十分方便。

19 世纪初，随着光的干涉、衍射和偏振现象的发现，发现了光的另一种性质——波动性。托马斯·杨在 1801 年通过实验发现光的干涉图样，称为杨氏双缝干涉实验，它是世界十大经典物理实验之一。之后由菲涅耳于 1818 年补充了惠更斯原理，为波动光学奠定了坚实的基础。

麦克斯韦提出的电磁场基本方程组预言了电磁波的存在，指出光是一种电磁波。光是电磁波的结论由赫兹的实验证实了其正确性。

从这一章起，之后几章主要学习光的波动性，即波动光学。

13.1　光的干涉的基础理论

13.1.1　光波与光源

光是一种电磁波，简称光波，是交变的电场和磁场在空间的传播过程。人眼可以看见的波长的电磁波称为可见光。可见光通常划分为七色光，它们在真空中的波长范围一般是 400 nm ~ 760 nm，不同颜色对应不同的波段。具有单一频率的光称为单色光。在数学上，单色光的波函数用单一的余弦函数或正弦函数表示。

发射光波的物体称为光源，即光波的源。有太阳、萤火虫等自然光源，也有白炽灯、荧光灯等人造光源。普通光源发光的机理是原子（或分子）的自发辐射。原子、分子在吸收能量后处于一种不稳定的激发态，即使没有任何外界作用，它们也会自发地回到低激发态或基态，同时向外发出光波。

因为辐射是不稳定的，所以光波有间断性，不是连续的。一个原子的一次发光的时间极短，一般在 10^{-11} s ~ 10^{-8} s，发出的光波的长度也比较短，将发光时间乘以光速可知，光波的长度大约在毫米到米的范围，我们把这一段光波称为一个光波列，如图 13-1 所示。光波有独立性，在自发辐射中，每一次发光都是随机进行的，各光波列的传播方向、振动方向、相位和发出的时间都是随机的。也即是说，在同一个光源发出的光中，不同原子同时发出的光，以及同一个原子不同时发出的光，在叠加的时候都是独立的、不相干的。

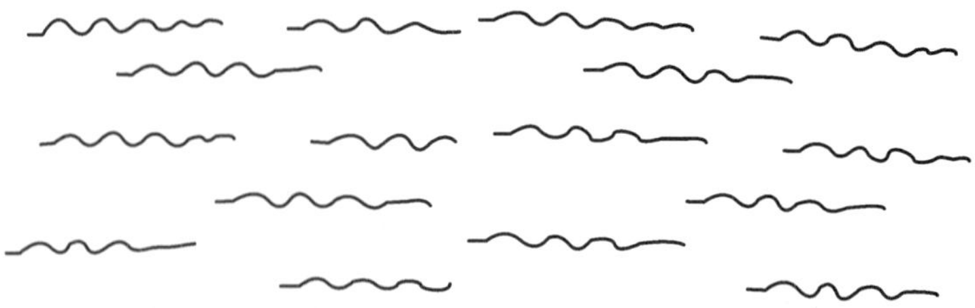

图 13-1　原子或分子发射的波列

13.1.2　光的相干性及相干条件

因为光波的独立性,所以当光波在空间传播相遇时,交叠的各点的波振动是各列波单独存在时在该点引起的振动的矢量和,这就是**波的叠加原理**。光的干涉就是当两束光在空间相遇叠加时,交叠区域内某些地方振动始终加强而有些地方振动始终减弱的现象。

分析光的干涉现象可知,在空间相遇时能产生干涉现象的光必须具备的条件是:**频率相同、振动方向相同且相位差恒定,称为相干条件**。**满足相干条件的光称为相干光**。这三个条件的必要性可以用数学方法计算余弦波函数或正弦波函数的叠加来证明。

13.1.3　获得相干光的方法

前面说了普通光源因辐射发出的光波是不稳定的,所以这些光波很难满足相干条件而产生干涉现象。只有从同一光源的同一点发出的光波通过某些方法分束后再使其相遇,才能获得满足相干条件的相干光。

怎样把一束光分裂成两束相干光呢?常见的具体做法有两种:一种是**波面分割法**,也称分波面法,即从同一个光波的波阵面上取出两个子光波作为相干光源,它们发出的光波因从同一点发出而肯定满足相干条件,后文将要分析和讨论的杨氏双缝干涉是其典型实例。另一种是**振幅分割法**,也称分振幅法,即把光源某一点发出的光射到不同介质分界面后,经反射和折射,强度一分为二或更多,然后再利用透镜等工具让其在空间相遇叠加而产生干涉,后文将要分析和讨论的薄膜干涉是其实用举例,如图 13-2(a) 为分波面法,(b) 为分振幅法。这两种获得相干光的方法也是各种设计观察光的干涉现象的常用方法。

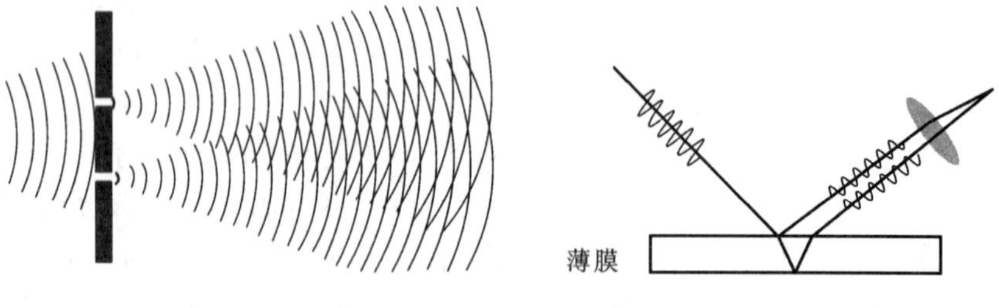

(a) 分波面法　　(b) 分振幅法

图 13-2　获得相干光的方法

13.1.4　光程与光程差

获得了相干光后可以观察干涉现象，然而干涉结果的关键问题是需要计算相位差。由于光在不同介质中的波速和波长不相同，在分析和讨论光的干涉过程时，必须考虑光在不同介质中传播的问题，例如，光穿过空气与透镜分界面后波长改变的情况，这让相位差的计算比只在同种介质中传播的情况要复杂。

先分析光的波长在不同介质中变化的情况。介质的折射率 n 定义为光在真空中的速度与在介质中速度的比值，即

$$n=\frac{c}{u}=\frac{\lambda\nu}{\lambda'\nu}=\frac{\lambda}{\lambda'},\tag{13-1}$$

式中，λ 表示光在真空中的波长，λ' 表示光在介质中的波长。一般情况下 $n\geqslant 1$，所以 $\lambda'=\lambda/n\leqslant\lambda$，即光在介质中的波长比真空中的波长要短一些。

光在真空中传播的路程为 r 时，相应的相位差为 $\Delta\varphi=\frac{2\pi r}{\lambda}$；光在介质中传播的路程同为 r 时，相应的相位差为 $\Delta\varphi'=\frac{2\pi r}{\lambda'}$。利用光在真空中波长 λ 与在介质中波长 λ' 的关系可知

$$\Delta\varphi'=n\Delta\varphi=\frac{2\pi nr}{\lambda}。\tag{13-2}$$

由式(13-2) 可以看出，如果把 nr 看作表示路程的一个整体，式的右边可以表示光在任意不同介质传播路程的相位变化。为了描述和计算光在不同介质中传播引起的相位变化，定义光程的概念：**光在介质中实际传播的路程 r 与该介质的折射率 n 的乘积称为光程 L，即 $L=nr$**。由式(13-1) 可以知道：光程表示在相同传播时间或者相同相位变化的条件下，把光在介质中实际传播的路程转换为同等条件下光在真空中传播的相应路程。

有了光程的概念之后，可以方便计算两束光的光程差，并随时根据需要转换为这两束光的相位差。如图 13-3 所示，两束光分别在两种介质中传播到 P 点。

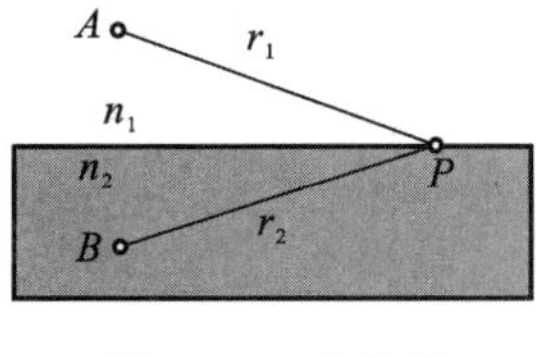

图 13-3　光程差

两束光的光程差 δ 等于其光程之差，即

$$\delta=L_2-L_1=n_2r_2-n_1r_1,\tag{13-3}$$

与这两束光的光程差 δ 对应的相位差为

$$\Delta\varphi=\frac{2\pi\delta}{\lambda}。\tag{13-4}$$

引入光程与光程差的概念后，在分析和计算干涉现象的强弱结果时，可以选择计算恒定的相位差或者直接计算光程差都很方便，甚至光程差比相位差计算更简单。

例 13-1　已知真空中波长为 λ 的单色点光源 S 放置在真空空间中，空间还放置有一双孔板和折射率为 n 的透光介质，如图 13-4 所示，求光波分别经过双孔 A 和 B 到达同一点 C 时的光程差 δ 和相位差 $\Delta\varphi$。

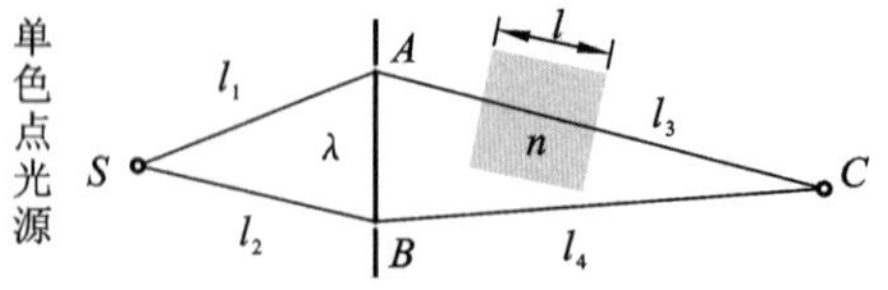

图 13-4　光程差与相位差

解　由光程的定义可知

$$L_{SAC} = l_1 + (l_3 - l) + nl,$$

$$L_{SBC} = l_2 + l_4,$$

则光程差

$$\delta = L_{SAC} - L_{SBC} = l_1 + l_3 + l(n-1) - l_2 - l_4,$$

相位差

$$\Delta\varphi = \frac{2\pi\delta}{\lambda}。$$

13.1.5　反射的半波损失与薄透镜的等光程性

当光波从一种介质射向另一种介质在分界面发生反射时，反射光可能发生相位突变或半波损失。实验表明，**光波从光疏介质（折射率较小）入射到光密介质（折射率较大）表面反射时，会发生相位突变或半波损失，反之没有**。光的反射如图 13-5 所示。

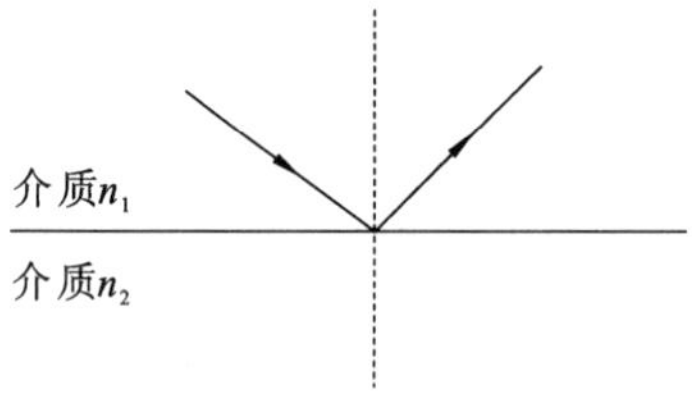

图 13-5　光的反射

图 13-5 中，当 $n_1 > n_2$ 时，反射不引起半波损失，反射光的光程直接按照光程定义计算；当 $n_1 < n_2$ 时，反射会引起半波损失，计算反射光的光程在定义的基础上必须加上半个波长 $\lambda/2$。因此，在计算每束光的光程时要考虑传播过程中是否有反射引起的半波损失，如果有奇数次半波损失就必须加上半个波长，有偶数次半波损失则因为周期性而可以不加，**由半波损失引起的两束光的光程差称为附加光程差**。

另外，光在传播的过程中可能穿过插放的薄透镜，而光经过薄透镜各部分的路程不同，那么光经过薄透镜各部分的光程是否也不同？实验表明，薄透镜可以改变光的传播方向，但是不会引起附加光程差，如图 13-6 所示。

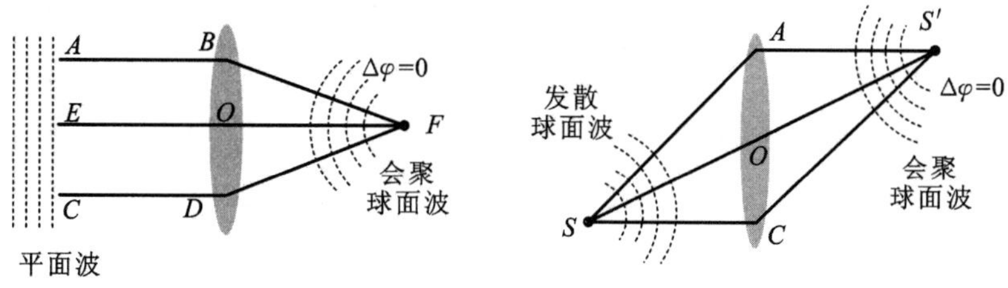

(a) 各光程 $L_{ABF}=L_{EOF}=L_{CDF}$，$\delta=0$　　(b) 各光程 $L_{SAS'}=L_{SOS'}=L_{SCS'}$，$\delta=0$

图 13-6　薄透镜不引起附加光程差

13.1.6　光干涉极值条件

通常我们用电场 $\boldsymbol{E}$ 作为光的代表，称为光矢量。按照波动理论，不计波振幅的衰减，相遇前两束光波的波动方程为

$$E_1=A_1\cos\left(\omega t+\varphi_1-\frac{2\pi r_1}{\lambda}\right), \tag{13-5}$$

$$E_2=A_2\cos\left(\omega t+\varphi_2-\frac{2\pi r_2}{\lambda}\right), \tag{13-6}$$

两束光的相位差为

$$\Delta\varphi=\varphi_2-\varphi_1-\frac{2\pi}{\lambda}(r_2-r_1),$$

根据三角函数的加法计算，它们相遇时在相遇点引起的合振动振幅为

$$A=\sqrt{A_1^2+A_2^2+2A_1A_2\cos\Delta\varphi}。 \tag{13-7}$$

相干叠加的条件是相位差 $\Delta\varphi$ 恒定，由式(13-7) 可知 $\Delta\varphi$ 为 2π 的整数倍时，振幅最大，干涉加强，也称为相长干涉；$\Delta\varphi$ 为 π 的奇数倍时，振幅最小，干涉减弱，也称为相消干涉。即干涉的极值条件可以用恒定的相位差表示为

$$\Delta\varphi=\begin{cases}\pm 2k\pi, & \text{加强，相长干涉，}\\ \pm(2k+1)\pi, & \text{减弱，相消干涉；}\end{cases} \tag{13-8}$$

干涉的极值条件也可用恒定的光程差表示为

$$\delta=\begin{cases}\pm k\lambda, & \text{加强，相长干涉，}\\ \pm(2k+1)\lambda/2, & \text{减弱，相消干涉；}\end{cases} \tag{13-9}$$

式(13-8)、式(13-9) 中，$k=0,1,2,\cdots$。

13.2　杨氏双缝干涉

分波面法干涉的方法很多，常见的方法有杨氏双缝干涉、双面镜干涉、劳埃德镜(单面镜) 干涉等。1801 年，英国科学家托马斯 · 杨首先用实验方法研究并实现了光的干涉现象,从而证实了光的波动性。该实验是分波面法干涉的典型代表。

13.2.1 杨氏双缝干涉实验装置

实验设计的最初,托马斯·杨做的是双孔干涉实验,如图 13-7 所示,让光源发出的光先通过单孔,在单孔后放置有双孔屏,屏上双孔相距很近而且在同一波面上,这样,来自同一波面上的光通过双孔,这两束光满足干涉条件并在后面的空间各点相遇叠加。在空间放一个与双孔屏平行的观察屏,可以在屏幕上观察到明暗相间的对称的干涉条纹。

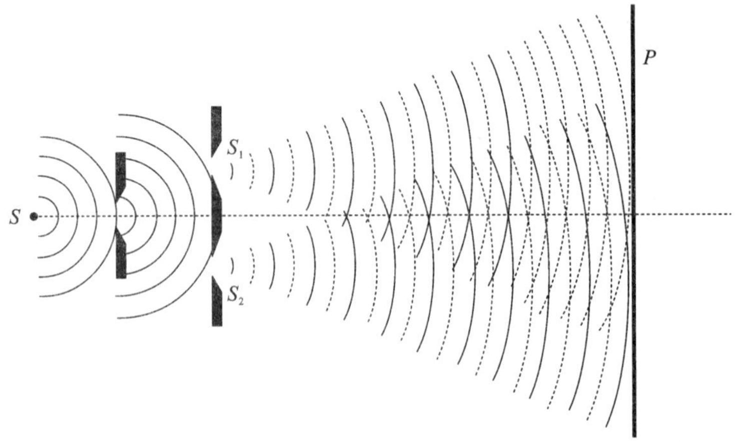

图 13-7 杨氏双缝实验装置简图

后来,托马斯·杨用单缝和双缝代替了单孔和双孔,完成了著名的杨氏双缝干涉实验,获得了更好的干涉实验图像效果,成就了一个经典的世界物理实验。光源的光先通过单狭缝,之后再通过离单狭缝一段距离的两条相距很近的狭缝,在双缝后面的屏幕上得到干涉图样。为了便于分析并得到更清晰的干涉条纹,双缝间距 d 是远远小于双缝与观察屏的间距 D 的,观察屏上的干涉条纹都与狭缝平行,条纹间的距离相等。

13.2.2 实验光路分析与计算

杨氏双缝干涉实验的光路图如图 13-8(a) 所示。让波长记为 λ 的单色平行光垂直入射到双缝上,因双缝 S_1 和 S_2 在同一波面上而相位相同,这样由 S_1 和 S_2 发出的光在观察屏上相遇时的干涉结果只需要计算在双缝与观察屏之间的光程差。

先来分析观察屏上 A 点的干涉结果。设实验装置全部置于真空环境中,空间介质折射率 $n = 1$。在通常的情况下缝屏间距 D 的大小是米的数量级,而双缝间距及条纹分布位置 x 的大小为毫米数量级,即 $D \gg d$, $D \gg x$,所以 A 点的角位置 θ 很小, $\sin\theta \approx \tan\theta$,图 13-8 中 δ 所在的小三角形可近似为直角三角形,则从 S_1 和 S_2 到达 A 点的光的光程差为

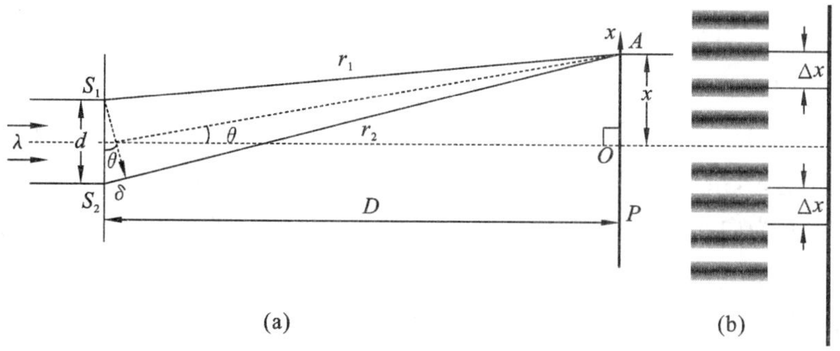

图 13-8　杨氏双缝干涉实验的光路简图

$$\delta = r_2 - r_1 = d\sin\theta \approx d\tan\theta = d\,\frac{x}{D}。\tag{13-10}$$

根据前文所讲干涉的极值条件，可以得出杨氏双缝干涉极大（明条纹）和干涉极小（暗条纹）的光程差条件，并相应得出极值条纹出现在观察屏上的位置如下：

明条纹条件和位置

$$\delta = d\,\frac{x}{D} = \pm k\lambda,\quad (k = 0,1,2,\cdots),$$

$$x_{亮} = \pm k\,\frac{D}{d}\lambda,\quad (k = 0,1,2,\cdots);\tag{13-11}$$

暗条纹条件和位置

$$\delta = d\,\frac{x}{D} = \pm(2k+1)\,\frac{\lambda}{2},\quad (k = 0,1,2,\cdots),$$

$$x_{暗} = \pm(2k+1)\,\frac{D}{d}\,\frac{\lambda}{2},\quad (k = 0,1,2,\cdots)。\tag{13-12}$$

从式(13-11)可以知道，当 $k = 0$ 时对应的明条纹位置坐标为 0，位于观察屏的中央 O 点，称为**中央明纹**，也称**零级明纹**。当 $k = 1,2,\cdots$ 对应的明条纹分别称为**第一级明纹**、**第二级明纹**…… 式中"±"号表示 x 有正有负，表明各级明条纹对称分布在中央明纹的两侧。

由式(13-12)可以知道，当 $k = 0,1,2,\cdots$ 时对应的暗条纹对称分布在中央明纹两侧，分别称为**第一级暗纹**、**第二级暗纹**……

13.2.3　条纹特征分析

结合上文明暗条纹出现的条件和位置要求并结合观察屏上的图像图 13-8(b) 分析发现：

（1）明暗条纹是与双缝平行的直条纹。

（2）明暗条纹是相间出现的。

（3）定义相邻两级明纹中心的间距为暗纹宽度，相邻两级暗纹中心的间距为明纹宽度，也称为条纹间隔 Δx：

$$\Delta x = x_{k+1} - x_k = \frac{D}{d}\lambda, (k = 0,1,2,\cdots), \tag{13-13}$$

由式(13-13)可见,Δx 是与 k 无关的定值,即条纹是等间距的。

由式(13-13)可以发现:在实验装置不变即 D 和 d 确定的条件下,实验所用单色光源的波长越大,条纹越宽;波长越小,条纹越窄。若用白光垂直双缝入射做实验,则零级明纹中心为白光,边缘及其他明纹为从紫到红排列的彩色光谱,且高级次彩色明纹将出现色彩重叠。另外,根据条纹间距的表达式可知,可以通过实验图像测量条纹间距后结合公式计算,间接测量出入射光波长,托马斯·杨就是通过此法第一次测量了光波的波长。

例 13-2　在杨氏双缝干涉实验中,用单色光照射到相距 $d = 0.2$ mm 的双缝上,双缝与观察屏的垂直距离为 1 m。

(1) 测得相邻明纹间的距离为 2.5 mm,求单色光的波长;

(2) 若入射光的波长为 600 nm,求相邻两明纹间的距离。

解　(1) 根据条纹间距 $\Delta x = \frac{D}{d}\lambda$ 可得

$$\lambda = \frac{d}{D}\Delta x = \frac{0.2 \times 10^{-3}}{1} \times 2.5 \times 10^{-3}\ \text{m} = 500\ \text{nm}。$$

(2) 当入射光波长 λ 为 600 nm 时,相邻明纹间距 Δx 为

$$\Delta x = \frac{D}{d}\lambda = \frac{1}{0.2 \times 10^{-3}} \times 600 \times 10^{-9}\ \text{m} = 3\ \text{mm}。$$

例 13-3　在杨氏双缝干涉实验中,用波长 $\lambda = 550$ nm 的单色平行光作为光源。若用一厚度为 $d = 6.6 \times 10^{-6}$ m、折射率为 $n = 1.58$ 的云母片覆盖一缝后,零级明纹将移到原来的第几级明纹处?

解　如图 13-9 所示,假设云母片盖住单缝 S_1 后零级明纹出现在 P 点,则盖云母片后两束光在 P 点的光程差应满足

$$\delta' = r_2 - (r_1 - d + nd) = 0。$$

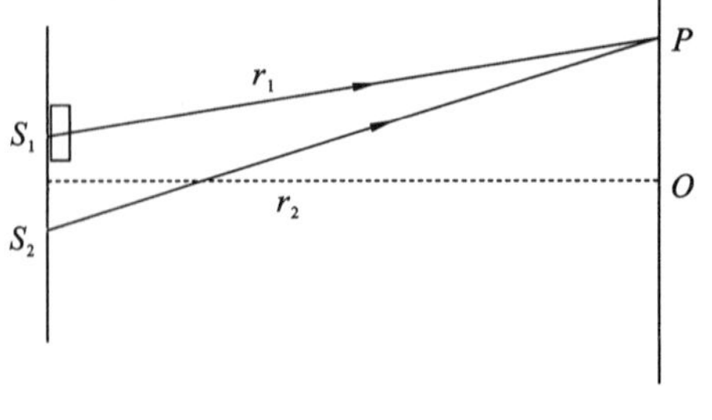

图 13-9　存在有介质片的杨氏双缝干涉实验

设未盖云母片前,P 点为第 k 级明纹,则光程差满足

$$\delta = r_2 - r_1 = k\lambda,$$

结合两式可得

$$(n-1)d = k\lambda,$$

所以

$$k = (n-1)d/\lambda = \frac{(1.58-1)\times 6.6\times 10^{-6}}{550\times 10^{-9}} \approx 7。$$

例 13-4　在杨氏双缝干涉实验中，用 $\lambda = 600$ nm 单色光垂直照射到相距 $d = 0.2$ mm 的双缝上，双缝与观察屏的距离为 1 m，若将整个装置放在折射率 $n = 1.2$ 的液体中进行实验，则干涉条纹的宽度是多少？

解　由图 13-8(a) 可知，装置在液体中实验的光程差为

$$\delta = n(r_2 - r_1) = nd\,\frac{x}{D} = \begin{cases} \pm k\lambda, & 明，\quad k = 0,1,2,\cdots \\ \pm(2k+1)\,\dfrac{\lambda}{2}, & 暗，\quad k = 0,1,2,\cdots \end{cases}$$

所以明条纹位置为

$$x = \pm k\,\frac{D}{d}\,\frac{\lambda}{n},$$

条纹宽度为

$$\Delta x = \frac{D}{d}\,\frac{\lambda}{n} = \frac{1\times 600\times 10^{-9}}{0.2\times 10^{-3}\times 1.2}\ \text{m} = 2.5\ \text{mm}。$$

13.3　薄 膜 干 涉

分振幅法获得相干光是观察干涉现象实验中常用的方法之一，入射光经过不同介质分界面的反射和折射而分为多束相干光，再利用透镜等工具使光相遇产生干涉。由于反射波和折射波的振幅都来自入射波但又小于入射波，所以该方法形象地称为入射光的振幅被分割，也称振幅分割法。

生活中常见的一些现象，无论是空中飞舞的彩色肥皂泡，还是海面上漂浮的五颜六色的油层，都是自然光照射下分振幅法干涉的结果。

光波在某种介质膜的上、下表面反射和折射后相互叠加所产生的干涉现象，称为薄膜干涉。薄膜干涉通常分为两种：一种是厚度均匀且上、下表面平行的薄膜产生的等倾干涉；另一种是厚度逐渐有微小的均匀变化的薄膜在膜表面产生的等厚干涉。后文将分别具体分析薄膜干涉。

13.3.1　平行薄膜干涉光路

上、下表面平行的薄膜干涉的光路如图 13-10 所示，记薄膜的折射率为 n_2、厚度为 e，薄膜的上、下方的介质的折射率分别为 n_1 和 n_3。

波长为 λ 的一束单色光以入射角 i 照到薄膜上表面，在入射点 A 分为两束，一束是反射光束 1，另一束折射进入薄膜内，在下表面 C 点反射后回到上表面 B 点，再折射后回到薄膜的上方形成光束 2。根据反射和折射原理，两束光 1、2 平行，经过薄透镜汇

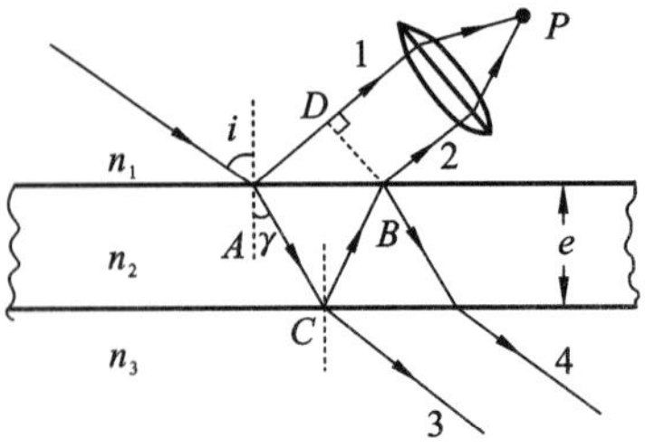

图 13-10　平行薄膜的干涉光路

聚后在 P 点相遇并产生干涉。因为干涉现象发生在薄膜的反射方向，所以光束 1、2 的干涉称为反射光干涉。至于那些在薄膜内经三次、五次 …… 反射再折回薄膜上方的光线，由于强度迅速下降等原因，可以不必考虑。

13.3.2　光程差的计算

下面我们来讨论薄膜干涉的光程差 δ 的计算。如图 13-10 所示，两束光 1 和 2 在 A 点之前光程相同，在 B 点和 D 点之后光程也相同(参考前文图 13-6)，则两束光经过薄透镜在其焦平面上 P 点相遇时的光程差为

$$\delta = n_2(AC + CB) - n_1 AD + \delta', \tag{13-14}$$

上式中 δ' 表示由反射半波损失引起的附加光程差，在实际计算中也是非常重要的。δ' 是这样确定的：光束 1 只在 A 点发生了一次反射，由介质 n_1 入射向薄膜介质 n_2 表面的反射可能有半波损失；光束 2 在 C 点也有一次反射，由薄膜介质 n_2 入射到介质 n_3 表面的反射也可能产生半波损失。三种介质折射率大小的排列，有两种可能的方式：一种是按 $n_1 < n_2 > n_3$ 或 $n_1 > n_2 < n_3$ 的顺序排列，即薄膜的折射率大于或小于它两面介质的折射率，此时只有光束 1 或者光束 2 有一次半波损失，附加光程差 $\delta' = \lambda/2$；另一种是 $n_1 < n_2 < n_3$ 或 $n_1 > n_2 > n_3$ 的排列顺序，即薄膜的折射率在它两面的介质折射率的大小之间，这时两束光都有一次或者都没有半波损失，附加光程差 $\delta' = 0$，例如，水面上的油膜、镜头上的保护膜都属于这种情况。

根据反射和折射原理，由图 13-10 可得几何关系

$$AC = CB = \frac{e}{\cos\gamma}, \quad AB = 2e\tan\gamma,$$

$$AD = AB\sin i = 2e\tan\gamma\sin i,$$

代入式(13-14)，得到

$$\delta = 2n_2 \frac{e}{\cos\gamma} - 2n_1 e\tan\gamma\sin i + \delta', \tag{13-15}$$

根据折射定律 $n_1 \sin i = n_2 \sin\gamma$，上式可转化为

$$\delta = \frac{2n_2 e}{\cos\gamma}(1 - \sin^2 i) + \delta' = 2n_2 e\cos\gamma + \delta' \tag{13-16}$$

或

$$\delta = 2e\sqrt{n_2^2 - n_1^2\sin^2 i} + \delta', \tag{13-17}$$

可以看出，光程差的公式包括两项：第一项是在介质中产生的光程差，第二项是在表面反射时的半波损失所产生的附加光程差。

从图 13-10 中分析可以发现，穿过薄膜介质 n_2 的光束 3 和 4 也是平行的相干光，可以在介质 n_3 由薄透镜相聚产生干涉现象，称为透射光干涉。与反射光干涉相同的方法计算发现，在介质折射率排列相同的条件下，透射光的光程差与反射光的光程差总是相差半个波长，即 $\lambda/2$。若反射光干涉是加强的明条纹，则透射光干涉将是减弱的暗条纹，即在薄膜干涉中，反射光干涉与透射光干涉是互补的，这刚好也与能量守恒定律相符合。

13.3.3　等倾干涉条纹

由式(13-16) 和式(13-17) 可以发现，当薄膜的厚度 e 确定且处处相同，即薄膜上、下表面平行时，光程差的大小由入射角决定，入射角相同的点在同一级干涉条纹上，所以**平行薄膜干涉称为等倾干涉**，所得条纹称为**等倾干涉条纹**。入射角越小，条纹间距越大。若用点光源做实验，等倾干涉条纹是一系列处在薄透镜焦平面上的内疏外密的同心圆，如图 13-11 所示。

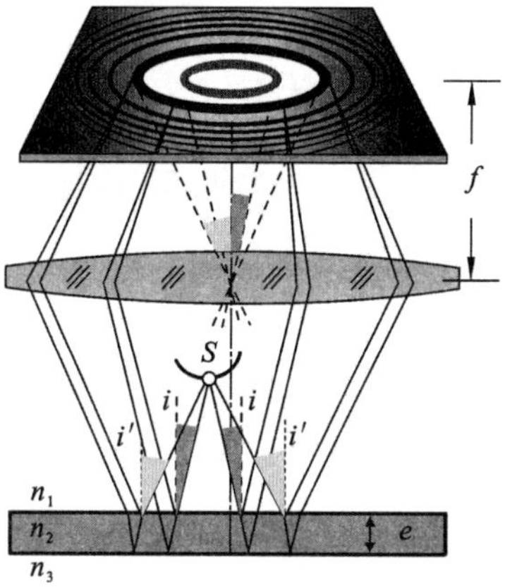

图 13-11　点光源的等倾干涉条纹

在实验和一些讨论中，为了计算简单，常用近似垂直入射的平行光，此时入射角和折射角都为 0，薄膜干涉的反射光程差计算公式可简化为

$$\delta = 2ne + \delta', \tag{13-18}$$

式中，n 表示薄膜的折射率。

例 13-5　在空气中，有一折射率为 $n = 1.4$ 的平行薄膜，其厚度 $e = 300$ nm。如果用白光垂直照射该薄膜，在反射方向观察，薄膜会呈现什么颜色？

解　因为薄膜被空气包围且薄膜折射率大于空气折射率，所以反射光附加光程差为 $\delta' = \lambda/2$，又因白光垂直入射，所以反射光的光程差为

$$\delta = 2ne + \lambda/2。$$

反射方向观察颜色,需要该颜色的光干涉加强,则

$$\delta = 2ne + \lambda/2 = k\lambda, \quad (k = 1,2,\cdots),$$

所以

$$\lambda = \frac{2ne}{k - 1/2} = \frac{4ne}{2k - 1}, \quad (k = 1,2,\cdots),$$

$k = 1$ 时,$\lambda_1 = 4ne = 1\ 680$ nm;$k = 2$ 时,$\lambda_2 = 4ne/3 = 560$ nm;$k = 3$ 时,$\lambda_3 = 4ne/5 = 336$ nm。

在可见光范围内,只有 $\lambda_2 = 560$ nm 符合条件,该波长对应颜色为绿色,即薄膜呈现绿色。

例 13-6 在折射率为 $n' = 1.68$ 的平板玻璃表面涂一层折射率为 $n = 1.38$ 的 MgF_2 透明薄膜,可以减少玻璃表面的反射光。若用波长 $\lambda = 500$ nm 的单色光垂直入射,为了尽量减少反射,则 MgF_2 薄膜的最小厚度应为多少?

解 由题可知三种介质折射率 $n_0 < n < n'$,反射光附加光程差 $\delta' = 0$,则单色光垂直入射后反射光光程差为 $\delta = 2ne$。为了尽量减少反射,需要反射光干涉减弱,即

$$\delta = \pm (2k - 1)\lambda/2,$$

综上可得

$$e = \frac{\pm (2k - 1)\lambda}{4n},$$

因为 $e > 0$,所以当 $k = 1$ 时,薄膜最小厚度

$$e_{\min} = \frac{\lambda}{4n} \approx 90.6 \text{ nm}。$$

由例 13-6 可以发现,如果在一种介质表面上镀一层平行薄膜,并假设用垂直入射的平行光,此时透射光或反射光干涉的光程差分别为 $\delta = 2ne + \lambda/2$ 或 $\delta = 2ne$(其中,n 表示薄膜的折射率),通过调整镀膜厚度可以使光程差满足所需要的干涉加强或减弱的公式,这样就可以使透射光或反射光得到加强,做此作用的薄膜称为**增透膜**或**增反膜**。由于透射光和反射光的光程差相差一个 $\lambda/2$,这意味着对相同的薄膜透射光和反射光的干涉是反相,即若反射光干涉加强则透射光干涉相消,反之亦然。在工程光学中增透膜和增反膜都得到了广泛的应用,例如,照相机、望远镜、显微镜等光学仪器总是希望透入镜头内的光尽可能的多,可以在镜头表面镀一层增透膜。

13.4 非平行膜干涉

13.4.1 劈尖干涉

两块平面玻璃片的一端互相重叠,另一端放入一薄纸片或者细丝,则在两玻璃片间形成一端薄一端厚的空气薄层,即劈尖形的空气膜,称作**空气劈尖**,如图 13-12(a) 所示;原来上、下表面平行的薄膜介质折射率记为 n,现在把上表面做成微微倾斜的面,上、下表面形成一个微小的夹角,称作**薄膜劈尖**,如图 13-12(b) 所示。

入射光照射劈尖上表面,经上、下表面反射的光束可以在上表面产生干涉并形成明

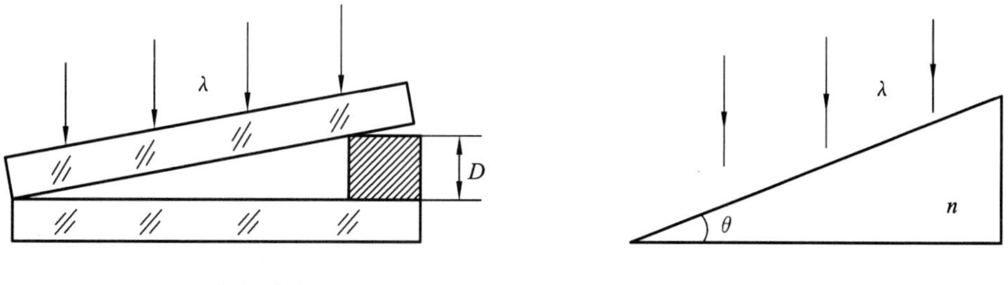

图 13-12　劈尖示意图

暗相间的条纹。劈尖干涉的光路如图 13-13 所示，点光源 S 发出的单色光波长记为 λ，劈尖上、下表面的夹角记为 θ。其中一个方向的光束 1 从上表面的 C 点折射到下表面的 B 点，之后反射回到上表面的 A 点并折射出介质上方；另一光束 2 直接在上表面的 A 点发生反射，光束 1 和 2 为相干光。光束 2 的入射角记为 i，A 点到下表面的厚度记为 e。

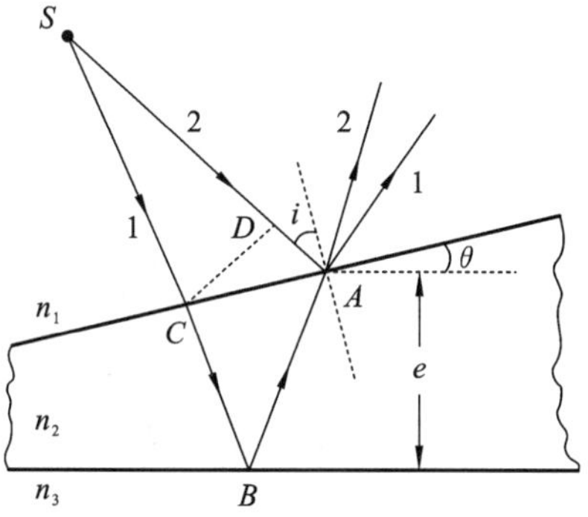

图 13-13　劈尖干涉的光路

反射光束 1 和 2 在 A 点相遇发生干涉时的光程差为

$$\delta = n_2(BC + AB) - n_1 AD + \delta' 。\tag{13-19}$$

事实上，劈尖角 θ 是极小的，在计算传播光程差和附加光程差的时候把上、下表面近似看作平行，计算过程参考平行膜的分析，所以反射光干涉的光程差为

$$\delta = 2e\sqrt{n_2^2 - n_1^2 \sin^2 i} + \delta',$$

若入射光垂直照射，则反射光干涉的光程差为

$$\delta = 2n_2 e + \delta' 。$$

由于各处薄膜的厚度 e 不同，光程差也不同，因而产生明暗相间的干涉条纹。劈尖厚度相同的地方，是一条等厚线，光程差相同，呈现同一级条纹，故称为**等厚干涉**。下面以一种情况为例具体分析。假设入射光垂直照射，劈尖折射率记为 n 且最大，即三层介质折射率排序为 $n_1 < n > n_3$，则反射光干涉的光程差为

$$\delta = 2ne + \lambda/2,\tag{13-20}$$

干涉减弱得到暗条纹的条件是

$$\delta=(2k+1)\lambda/2,\quad (k=0,1,2,\cdots)。\tag{13-21}$$

在劈尖棱边处，厚度 $e=0$，$\delta=\lambda/2$ 满足暗条纹条件，这与实验结果也是一致的，同时也是半波损失存在的有力证据。若介质折射率排序是递变顺序，附加光程差为零，那么棱边将是明条纹中心。由式(13-20) 结合干涉加强和减弱条件，可以得出各级明条纹和暗条纹在劈尖表面的分布情况，例如，暗条纹对应劈尖薄膜厚度

$$e_k=\frac{k\lambda}{2n},\tag{13-22}$$

任意相邻两条暗条纹中心所对应劈尖薄膜的厚度差为

$$\Delta e=\frac{(k+1)\lambda}{2n}-\frac{k\lambda}{2n}=\frac{\lambda}{2n},\tag{13-23}$$

在劈尖表面相邻两条暗条纹中心的间距(条纹间距) 为

$$\Delta l=\frac{\Delta e}{\sin\theta}\approx\frac{\Delta e}{\theta}=\frac{\lambda}{2n\theta}。\tag{13-24}$$

同样也可得出明条纹位置及间距，发现干涉条纹为与棱边平行的明暗相间的等间距的条纹，如图 13-14 所示。

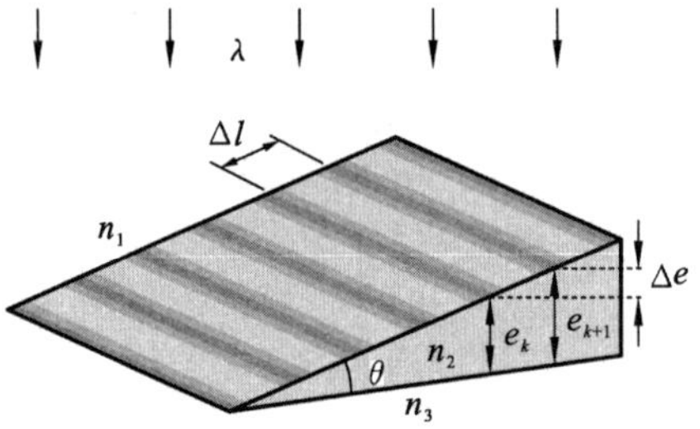

图 13-14　劈尖干涉条纹

劈尖干涉在生产中有很多应用，根据式(13-24)，可以设计测量微小夹角、微小长度、光波波长和介质折射率。还可利用劈尖干涉原理检测光学平面的平整度，因为平面足够，平时条纹也很平直，若局部出现条纹弯曲则说明不平整，如图 13-15 所示。

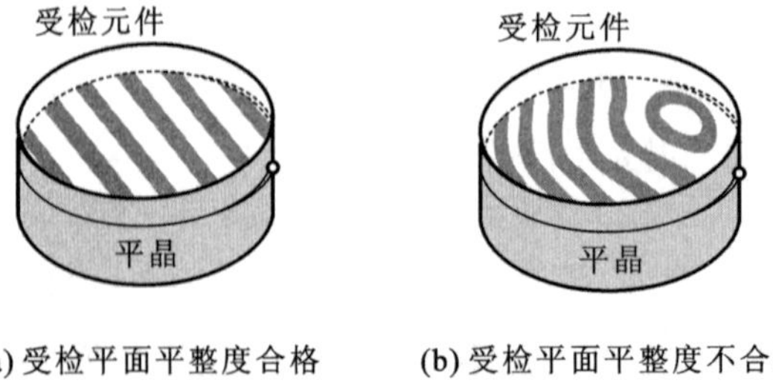

(a) 受检平面平整度合格　　(b) 受检平面平整度不合格

图 13-15　劈尖干涉检测光学平面的平整度

例 13-7　两块平板玻璃构成一空气劈尖，长 $L=4$ cm，一端夹住一金属丝，现以波长为 $\lambda=589$ nm 的钠光垂直入射。若观察到相邻明条纹(或暗条纹) 间距离 $\Delta l=$

0.1 mm，求金属丝的直径 d。

解　空气折射率 $n_0=1$，如图 13-16 所示，结合式(13-24) 可得

$$\frac{d}{L}=\tan\theta\approx\sin\theta=\frac{\Delta e}{\Delta l}=\frac{\lambda}{2n_0\Delta l},$$

$$d=\frac{\lambda L}{2n_0\Delta l}=\frac{589\times10^{-9}\times4\times10^{-2}}{2\times1\times0.1\times10^{-3}}\ \text{m}=1\ 178\times10^{-7}\ \text{m}=0.117\ 8\ \text{mm}。$$

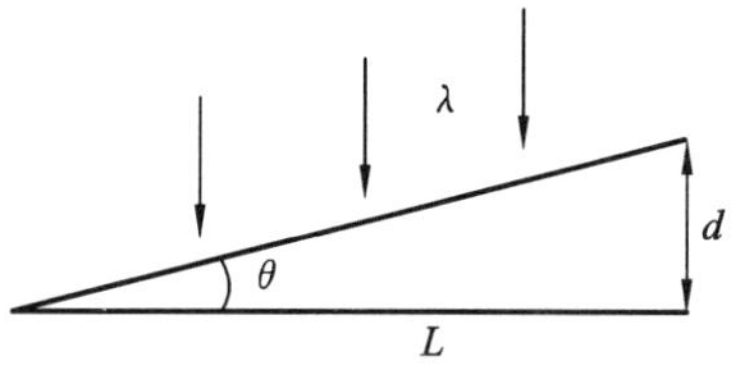

图 13-16　空气劈尖实验测量微小长度

13.4.2　牛顿环干涉

在一块平的玻璃片上，放一曲率半径 R 相当大的平凸透镜，如图 13-17(a) 所示，则在玻璃片和凸透镜之间形成一个上表面为球面、下表面为平面且厚度不等的空气膜，称为**牛顿环装置**。当单色平行光垂直照射时，由于空气膜上、下表面反射光发生干涉，在空气膜上表面即球面上可以观察到以接触点 O 为圆心的明暗相间的同心圆环干涉条纹，如图 13-17(b) 所示。这些圆环形干涉条纹称为**牛顿环**。

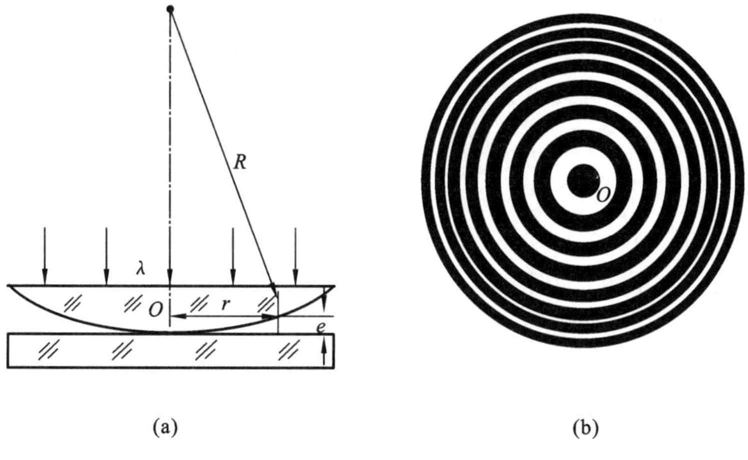

图 13-17　牛顿环干涉的装置和条纹示意图

因为平凸透镜的半径 R 相当大，所以空气膜的夹角也是极小的，每一个局部都可以看作一个小的劈尖，但在不同的地方，它们的夹角不等，故条纹的间距不相同，中心要稀疏一些，由中心向外逐渐变得密集。牛顿环干涉仍为等厚干涉，其明、暗纹的厚度仍遵从等厚干涉的一般规律。

因为介质折射率的排列是 $n_1 > n_2 < n_3$ 的顺序，所以当单色平行光垂直入射时，反射光的光程差为 $\delta = 2n_2 e + \lambda/2$，空气折射率为 $n_2 = 1$，所以反射光的光程差为

$$\delta = 2e + \frac{\lambda}{2}。 \tag{13-25}$$

中心接触点的厚度为 $e = 0$，满足暗纹干涉条件，所以牛顿环的中心为暗纹。明环和暗环所对应空气膜厚度分别为

$$e_{明} = (2k-1)\frac{\lambda}{4}, \quad (k = 1,2,\cdots), \tag{13-26}$$

$$e_{暗} = k\frac{\lambda}{2}, \quad (k = 0,1,2,\cdots)。 \tag{13-27}$$

下面我们来计算牛顿环的直径。由图 13-17(a) 中的直角三角形可得

$$r^2 = R^2 - (R-e)^2 = 2Re - e^2, \tag{13-28}$$

其中，r 为牛顿环干涉条纹的半径。平凸透镜的半径 R 的数量级一般为米，而薄膜厚 e 的数量级一般为微米，即 $R \gg e$，故上式后一项可忽略，近似有

$$r^2 = 2Re \quad 或 \quad e = \frac{r^2}{2R}。 \tag{13-29}$$

将明环和暗环所对应空气膜厚度代入上式可得牛顿环半径分别为

$$r_{明} = \sqrt{(2k-1)R\lambda/2}, \quad (k = 1,2,\cdots), \tag{13-30}$$

$$r_{暗} = \sqrt{kR\lambda}, \quad (k = 0,1,2,\cdots)。 \tag{13-31}$$

牛顿环常用来测量透镜的曲率半径及光的波长，可利用牛顿环来检验工件表面，特别是球面的平整度，也可用来测量微小长度的变化。对于空气薄膜，保持玻璃片不动，使透镜向上平移，则可观察到牛顿环逐渐缩小并在中心处消失；若透镜向下平移，牛顿环将自中心处冒出并扩大。注意到每移过一个条纹对应于厚度 $\lambda/2$ 的变化，只要数出从中心处冒出或消失的条纹数 N，就可计算出透镜移动的距离 $d = N\lambda/2$。

例 13-8 在牛顿环的干涉实验中，用紫色光垂直照射，测得某 k 级暗环的半径为 $r_k = 4.0$ mm，第 $k+5$ 级暗环半径 $r_{k+5} = 6.0$ mm，已知平凸透镜的曲率半径 $R = 10.0$ m，空气的折射率为 $n_0 = 1$，求紫光的波长 λ 和暗环对应的 k 值。

解 根据牛顿环暗环半径公式 $r_{暗} = \sqrt{kR\lambda}$ 可得

$$r_k = \sqrt{kR\lambda},$$

$$r_{k+5} = \sqrt{(k+5)R\lambda},$$

两式平方后相减可得

$$r_{k+5}^2 - r_k^2 = 5R\lambda,$$

所以紫光波长

$$\lambda=\frac{r_{k+5}^2-r_k^2}{5R}=\frac{(6.0\times10^{-3})^2-(4.0\times10^{-3})^2}{5\times10.0}\ \text{m}$$
$$=4.0\times10^{-7}\ \text{m}=400\ \text{nm},$$

暗环对应的 k 值

$$k=\frac{r_k^2}{R\lambda}=\frac{(4.0\times10^{-3})^2}{10.0\times4.0\times10^{-7}}=4。$$

如果使用已知波长的光，牛顿环实验也可用来测定透镜的曲率半径。

13.5　迈克尔逊干涉仪

迈克尔逊干涉仪是由美国物理学家迈克尔逊(Michelson) 与莫雷(Morley) 合作，为研究“以太” 漂移实验而设计出来的精密光学仪器。仪器用分振幅法产生双光束干涉，用于精密测量，是科学研究和生产技术中广泛应用的精密仪器。

13.5.1　迈克尔逊干涉仪的结构

迈克尔逊干涉仪的基本结构及干涉条纹如图 13-18 所示，图中 M_1 和 M_2 为两片精密磨光且相互垂直放置的平面反射镜，其中 M_2 是固定的，称为**定镜**；M_1 由螺丝杆控制，可在支架轨道上做微小移动，称为**动镜**。G_1 和 G_2 是两块材料和厚度完全相同且表面为光学平面的均匀平行玻璃片，与光路的夹角精确地等于 45°。G_1 的下表面镀有一层半透明的金属膜，其作用是使入射光分成振幅基本相同的反射光和透射光，使两束光的强度大致相等，此膜称为半透半反膜，G_1 称为**分束镜**；G_2 称为**补偿镜**，是为了使光路中计算用到的两束光通过玻璃的次数相等，以补偿两束光的光程差，使得两束光在玻璃介质中的光程相等。图 13-18 中 P 是用来观察干涉条纹的圆形毛玻璃片，与动镜 M_1 相对且分居仪器两端。

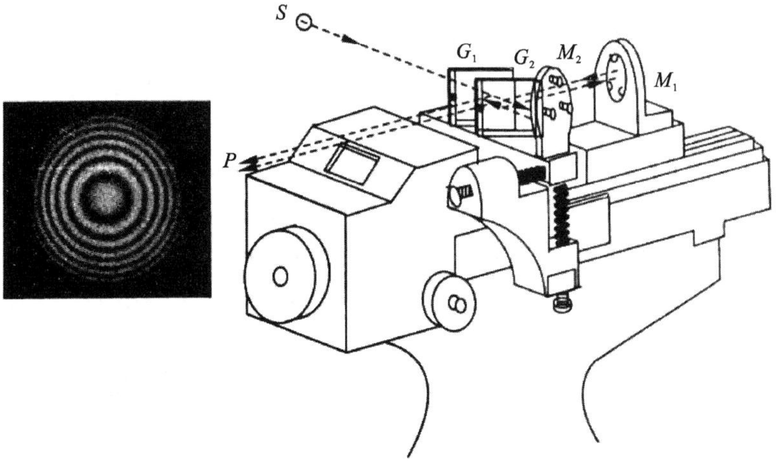

图 13-18　迈克尔逊干涉仪的基本结构

13.5.2　光路分析与光程差的计算

迈克尔逊干涉仪的等效光路图如图 13-19 所示。来自激光器光源 S 的单束光线，波长记为 λ。光束照射到分束镜 G_1 后分为两部分，一部分在半透膜上反射，向平面镜 M_1 传播，图中为光线①，经 M_1 反射后，再穿过 G_1 向观察屏 P 处传播。另一部分是经半透膜透射的光线②，穿过补偿镜 G_2 向平面镜 M_2 传播，经反射后再穿过 G_2 并由半透膜反射后向 P 处传播。事实上严格控制 M_1 和 M_2 的垂直并与 G_1 的夹角精确地等于 45°，保证光源光束严格垂直 M_2 入射，则两束光在经 M_1 和 M_2 反射时都是垂直入射后原路返回，并会到达观察屏上的同一点相遇发生干涉现象。为了便于读者分清楚入射光和反射光，在光路图中才稍微分开画图示意的。

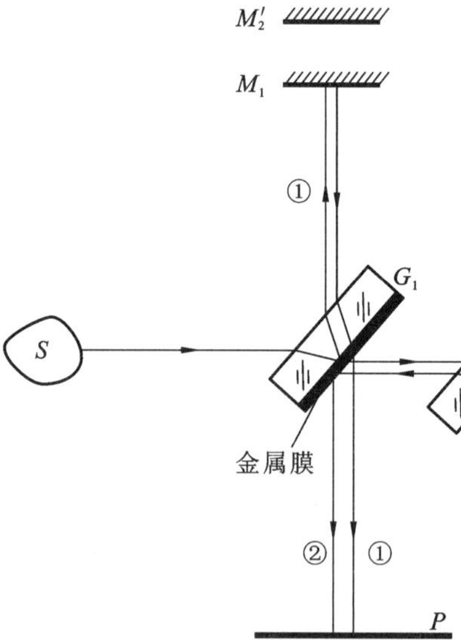

图 13-19　迈克尔逊干涉仪的等效光路

设光线①从半透半反膜到平面镜 M_1 的路途中在空气中的距离为 l_1，光线②从半透半反膜到平面镜 M_2 的路途中在空气中的距离为 l_2，则两束光在观察屏上同一点相遇时的光程差可以认为是

$$\delta = 2l_2 - 2l_1 = 2(l_2 - l_1)。\tag{13-32}$$

若转动螺丝杆使动镜 M_1 在轨道上移动改变 l_1，则光线①的光程会发生变化，从而引起光程差有微小的变化，干涉条纹就会发生明显可辨的移动。每当 M_1 移动一个 $\lambda/2$，光程差就会改变一个 λ，相当于条纹的级数都改变 1，视场中可观察到条纹整体移过一条。连续缓慢移动 M_1，屏上同心圆就会从圆心吞入或吐出一个个圆环。

若已知入射光波长，则只要数出条纹的移动数 N，就可算出平面镜 M_1 平移的距离

$$\Delta d = N\frac{\lambda}{2}。\tag{13-33}$$

若测量出条纹移动 N 条时对应的M_1 移动的距离 Δd，可以求出入射光的波长为

$$\lambda = \frac{2\Delta d}{N}。 \tag{13-34}$$

迈克尔逊干涉仪的测量结果可以精确到纳米级，精确度高是它的主要优点。因为这个优点，使得迈克尔逊干涉仪在生产和生活中得到广泛应用，如用来演示和观察干涉现象、测定单色光波长和微小长度，也用于研究一些物理量因素（如温度、电场、压强等）对光传播的影响。

习 题 13

13-1　如图 13-20 所示，从单色光源 S 发出球面波，在同一波阵面上有 A、B 两点，现在光线 SA 中插入一厚度为d、折射率为 n 的透明媒质，求 SA 光线与 SB 光线之间的光程差和相位差。

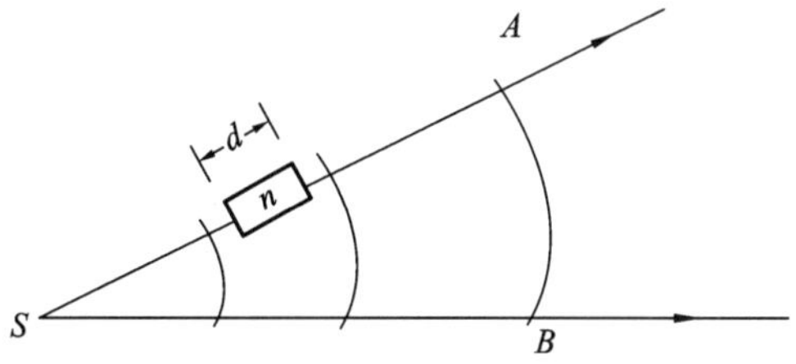

图 13-20

13-2　在杨氏双缝干涉实验中，双缝间距为 d，双缝与观察屏之间的距离为 $D(D \gg d)$，波长为 λ 的单色平行光垂直照射到双缝上，求屏幕上干涉条纹中零级明纹的宽度。

13-3　在杨氏双缝干涉实验中，为使干涉条纹的间距变大，可以采用哪些常见的方法？

13-4　在杨氏双缝干涉装置中，双缝距离为 0.40 mm，以单色平行光垂直入射，在 2 m 远的屏上测得第四级明纹中心与零级明纹中心相距 11.0 mm。

（1）求所用的光波波长；

（2）若用折射率为 1.58 的云母薄片盖住双缝中的一条狭缝，发现原来屏上的第七级明纹位置现在变为零级明纹位置，求此云母片的厚度。

13-5　一束白光垂直入射到空气中的肥皂膜上，设入射点处肥皂膜的厚度为 0.32 μm，折射率为 1.33，其透射光干涉中可获得光强极大的可见光波的波长是多少？

13-6　在透镜（$n_1 = 1.52$）表面涂上一层增透膜（$n_2 = 1.30$），为使此增透膜适用于 5 500 Å 波长的光，膜的最小厚度应取何值？

13-7　有一折射率为 $n = 1.2$，厚度为 $e = 0.45$ μm 的煤油油膜平浮在水面上

(水的折射率为 1.33),设阳光对油膜的入射角为30°,问从油膜反射的可见光中哪种波长的光波因干涉而获得最大光强?

13-8 有一劈尖,其折射率 $n=1.4$,尖角 $\theta=10^{-4}$ rad,在某一单色光的垂直照射下,可测得两相邻条纹的距离为 0.25 cm。

(1) 求此单色光在真空中的波长;

(2) 如果劈尖长为 3.5 cm,那么总共可出现多少明条纹?

13-9 在硅片的表面上有一层 SiO_2 薄膜,为了测量该薄膜的厚度,将它的一部分磨成劈形,如图 13-21 中的 AB 段,现用波长 $\lambda=600$ nm 的光垂直照射,观察反射光形成的等厚干涉条纹,在 AB 段共有 5 条暗纹,且 A 及 B 处恰好是一条明纹的中心,求薄膜的厚度(Si 的折射率为 3.42,SiO_2 的折射率为 1.50)。

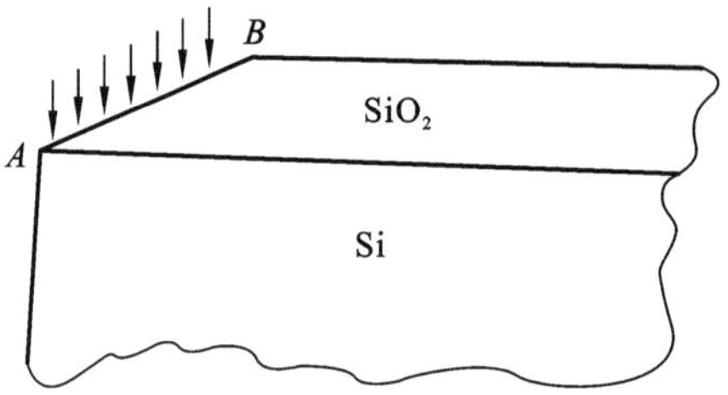

图 13-21

13-10 若用波长不同的光观察牛顿环,$\lambda_1=6\ 000$ Å,$\lambda_2=4\ 500$ Å,观察到用 λ_1 时的第 k 级暗环与用 λ_2 时的第 $k+1$ 级暗环重合,已知透镜的曲率半径是 190 cm,求用 λ_1 时第 k 级暗环的半径。

13-11 在牛顿环装置中,透镜与玻璃平板间充以液体时,第 10 个暗环的直径由 1.40 cm 变为 1.27 cm,求该液体的折射率。

第 14 章　光 的 衍 射

光的衍射是光具有波动性的另一基本特征，是指光在传播过程中遇到障碍物发生偏离直线而绕过障碍物传播的现象。在机械波中简单介绍了水波、声波的衍射现象，本章从认识光的衍射现象开始，深入理解和学习衍射的基本理论及几种常见的光衍射。

14.1　光的衍射基础知识

14.1.1　光的衍射现象

在日常生活中，光的衍射现象是时常可见的，例如，在树林中透过树叶的缝隙看太阳光是彩色的，光透过门缝照射到黑暗的墙幕上时光斑的边缘是模糊条纹状的。

图 14-1 所示是生活中两种光的衍射现象的图片。很明显，指缝和刀片边缘出现了明暗相间的条纹，说明光不是简单地被手指和刀片挡住了，而是绕过障碍物后出现了衍射现象。

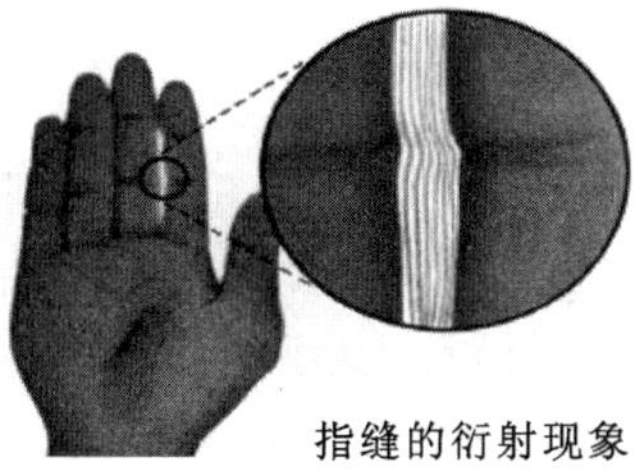

指缝的衍射现象

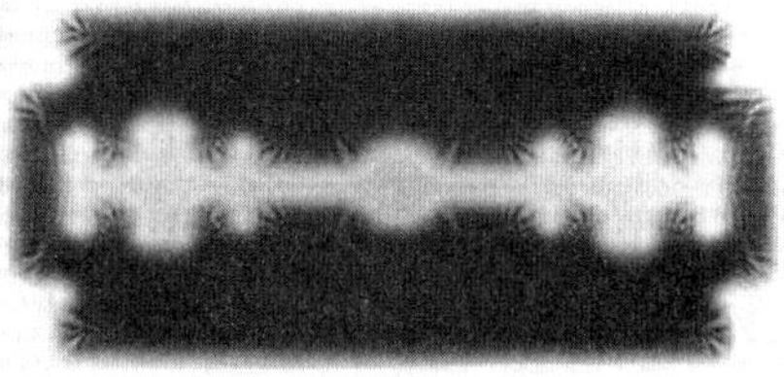

剃须刀片的衍射现象

图 14-1　光的衍射现象

其实，生产生活中到处都存在光的衍射现象，只是它很多时候不明显且往往和光的其他现象一起存在，结果导致衍射现象不容易区分开来而被忽视。上述现象只是把光的衍射现象凸显出来而容易被看见。衍射现象明显与否，是和障碍物的尺寸相关的，后文再分析。

14.1.2　惠更斯-菲涅耳(Huygens-Fresnel) 原理

在学习机械波时介绍了**惠更斯原理**，将波的传播看成波阵面的传播，认为波行进时波前上的任意点都可以作为新的点波源，并以其为中心发出球面波。它能够解释机械波的折射、反射以及绕射规律。利用惠更斯原理可以定性地解释光的衍射，但不能定量说明光衍射的光强分布。

菲涅耳在研究了光的干涉现象后,考虑到衍射中的光的子波来自同一波阵面,属于相干光,因而假定从同一波阵面上各点发出的符合相干条件的子波,也可以相互叠加产生干涉现象,即子波干涉理论。子波干涉理论大大充实和发展了惠更斯理论,称为**惠更斯-菲涅耳原理**,它为光的衍射奠定了理论基础。

惠更斯-菲涅耳原理的核心思想是:子波之间要发生干涉,衍射是由于无限多个子波干涉的结果。

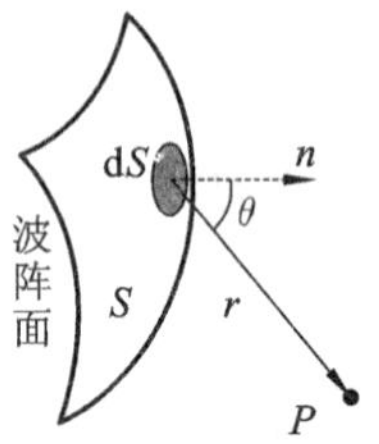

图 14-2　惠更斯-菲涅耳原理简图

根据惠更斯-菲涅耳原理,如果已知某光源在某时刻的波阵面为 S,则波阵面上每一微小面元 $\mathrm{d}S$ 都可视为点波源而发出子波,这些子波在前方某点 P 引起的光振动的相干叠加,形成该点衍射光的振动,如图 14-2 所示。菲涅耳认为,一个面元 $\mathrm{d}S$ 在 P 点引起的光振动的振幅应该与面元的面积大小成正比,与面元到 P 点的距离 r 成反比,同时还和面元法向单位矢量 $\boldsymbol{n}$ 与位矢 $\boldsymbol{r}$ 间的夹角 θ 有关,P 点振幅随着 θ 的增大而减小。

14.1.3　光的衍射分类

观察光的衍射现象的装置,通常由三个部分组成:光源、障碍物(缝或孔等物)、观察屏。按照三个部分相对位置的不同,衍射会具有不同的特点,常常可以简单地把衍射分为两大类:菲涅耳(Fresnel)衍射和夫琅禾费(Fraunhofer)衍射,如图 14-3 所示。

(a) 菲涅耳衍射　　(b) 夫琅禾费衍射

图 14-3　衍射分类示意图

在菲涅耳衍射中,光源和观察屏(或其中之一)离障碍物的距离为有限远,也称为近场衍射,如图 14-3(a) 所示,这类衍射的数学处理比较复杂;在夫琅禾费衍射中,光源到障碍物,以及障碍物到观察屏的距离都是无限远,也称为远场衍射,如图 14-3(b) 所示,这时入射光和衍射光均可视为平行光。本章中只分析夫琅禾费衍射,在实验室中常需用凸透镜来实现夫琅禾费衍射。

14.2　单缝夫琅禾费衍射

单缝夫琅禾费衍射指的是平行光垂直通过单缝(障碍物)后所产生的夫琅禾费衍射。在实验室中,通过在单缝前后都放置一个凸透镜来实现。

14.2.1　单缝夫琅禾费衍射实验光路

单缝夫琅禾费衍射实验光路如图 14-4 所示。放在凸透镜焦点上的点光源 S 发出的单色光波长记为 λ,经凸透镜 L_1 变成平行光,垂直照射到单缝上,经过单缝出来的衍射光由凸透镜 L_2 会聚在位于其焦平面上的观察屏 P 点上,以观察衍射现象。f_1 和 f_2 是两个凸透镜的焦距。

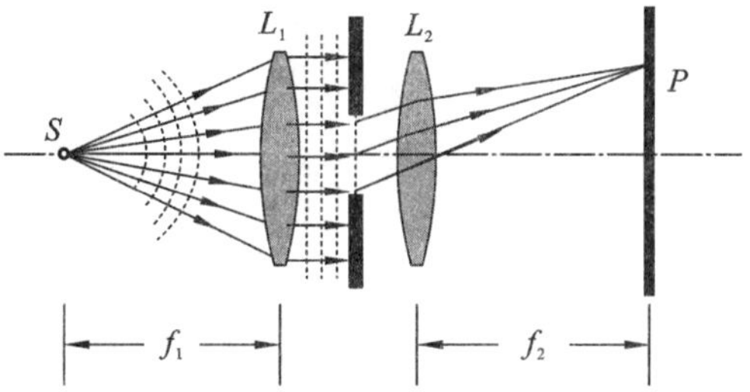

图 14-4　单缝夫琅禾费衍射实验光路

根据惠更斯-菲涅耳原理,经凸透镜 L_1 后的平行入射光垂直到达单缝,单缝上各点位于同一波阵平面上且成为新的子波源,每个子波源同时发射初相相同的子波球面波,光的传播方向立即发生了偏转。这些子波沿某一相同方向平行传播并由凸透镜 L_2 会聚于观察屏上,如图 14-4 中沿 θ 方向传播的子波将会聚在屏上 P 点。θ 角称为**衍射角**,也用它记录 P 点对于凸透镜 L_2 中心的角位置。沿 θ 角传播的各个子波到 P 点的光程并不相等,而是存在光程差,这些光程差最终决定 P 点叠加后的衍射结果。

14.2.2　单缝夫琅禾费衍射条纹图样和光强分布

图 14-5 所示为在观察屏上观察到的衍射图样及光强分布情况,从图中可以发现,衍射条纹是明暗相间分布的,而且明条纹比暗条纹宽一些,中央明纹最宽也最亮,其他明条纹对称分布在中央明纹两边,宽度减小,亮度(光强)也明显减弱。

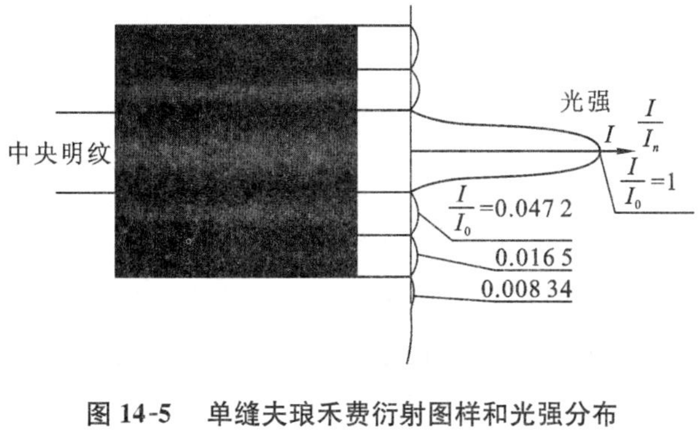

图 14-5　单缝夫琅禾费衍射图样和光强分布

14.2.3　半波带分析法

若想严格分析图 14-5 中衍射图样形成的原因,其数学式比较复杂。这里基于惠更斯-菲涅耳原理中的子波干涉理论,介绍一种既简单又形象的分析方法 —— **半波带法**。

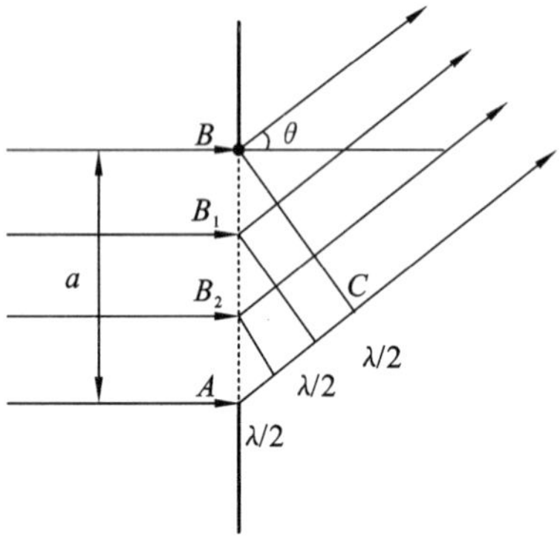

图 14-6　半波带分析法简图

菲涅耳采用了一个非常直观而简洁的方法来决定屏上光强分布的规律,这个方法被称为菲涅耳半波带法,如图 14-6 所示,$AB = a$ 为单缝的宽度。从图中容易看出,在衍射角 θ 方向,单缝的两边缘 A 点和 B 点发出的子波到 P 点的光程差最大,我们称它为缝端光程差 δ(或最大光程差),图 14-6 中 BC 垂直 AC,所以,δ 对应线段 AC 的长度表示为

$$\delta = AC = a\sin\theta。\qquad (14\text{-}1)$$

把缝端光程差 δ 分成若干份,每份的大小为半个波长 $\lambda/2$,图 14-6 中示意的 δ 正好分成三份 $\lambda/2$,相当于把 AC 三等分,过每个等分点作 AC 的垂线并与 AB 相交,然后把单缝 AB 所在的波阵平面也对应划分为三份。一般情况下分得的份数是任意的,用 N 表示,则

$$N = \frac{\delta}{\lambda/2},$$

所以缝端光程差可表示为

$$\delta = a\sin\theta = N\frac{\lambda}{2},\quad (N = 1, 2, \cdots)。\qquad (14\text{-}2)$$

单缝所在的波阵平面被分成了 N 份,因为是按半波长划分的,称为**半波带(或波带)**,图 14-6 中有三个波带:BB_1 波带、B_1B_2 波带和 B_2A 波带。

相邻的两个半波带的位置相同的对应点,如 B_1B_2 波带的下边缘点 B_2 和 B_2A 波带的下边缘点 A,这两点所在同样大小的面元发出的子波会聚到观察屏上点 P 的光程差正好是 $\lambda/2$,将发生相消干涉。又由于两个面元的大小相同,振幅相等,对 P 点的倾斜角 θ 也相同,干涉时将完全抵消。由于相邻两个半波带等宽,其对应点面元发出的子波刚好都两两相互抵消，所以得到结论：两个相邻半波带的子波在观察点 P 的光振动叠加将完全抵消。

用半波带法分析问题时，如果 N 为偶数，则所有半波带刚好相邻两个一组后完全相消，P 点出现暗纹，可表示为

$$\delta = a\sin\theta = 2k\frac{\lambda}{2}, \quad (k = 1, 2, \cdots); \tag{14-3}$$

如果 N 为奇数，则所有半波带刚好相邻两个一组相消后，还有一个剩下的未被抵消的波带，则 P 点出现明纹，可表示为

$$\delta = a\sin\theta = (2k-1)\frac{\lambda}{2}, \quad (k = 1, 2, \cdots)。 \tag{14-4}$$

14.2.4　单缝夫琅禾费衍射条纹条件

事实上，在实验中，衍射角 θ 相对的衍射方向既可以向上偏移，也可以向下偏移，也就是说衍射条纹是关于透镜中心轴上下对称分布的。结合半波带法的讨论式(14-3) 和式(14-4)，可以得出单缝夫琅禾费衍射结果的明暗条纹中心的表达式

$$\delta = a\sin\theta = \begin{cases} \pm 2k\dfrac{\lambda}{2}, & k = 1, 2, \cdots \quad \text{暗纹}, \\ \pm(2k+1)\dfrac{\lambda}{2}, & k = 1, 2, \cdots \quad \text{明纹}, \end{cases} \tag{14-5}$$

其中，k 值表示各**条纹的级数**，正、负号表示条纹对称分布中央(单缝宽的中垂线)两侧。

由于衍射条纹(尤其是明条纹) 都有一定的宽度，也因为缝端光程差 δ 不可能总是半波长的整数倍，所以式(14-5) 所计算出来的各级条纹衍射角 θ 实际上都只是各级条纹中心的衍射角。

另外，式(14-5) 的暗纹条件中排除了 $k = 0$ 的情况，因为衍射角 $\theta = 0$ 方向上的所有光束光程都相等，光程差 $\delta = 0$ 满足的是干涉加强条件，所以中央点(单缝宽的中垂线与观察屏交点) 只能是明纹。式(14-5) 的明纹条件中也排除了 $k = 0$ 的情况，因为光程差 $\delta = \lambda/2$ 的明纹紧靠着光程差 $\delta = 0$ 的明纹两侧而连成一体，是区分不开的，合起来称为**中央明纹**。

14.2.5　单缝夫琅禾费衍射条纹特征

1. 光强分布

实验图像显示中央明纹最亮，各级明纹的亮度随着级数的增大而明显减弱。可以从两个方面分析得出这种现象：一是由惠更斯-菲涅耳原理知道衍射角 θ 越大，振幅会越小，光强变弱；二是因为衍射角 θ 越大，分成的波带数就越多，每个波带提供光能的面积就越小，其合成振幅肯定会低于中央明纹。由于明条纹的亮度随级数 k 增大而减弱，使得条纹的边界也越来越模糊，以致实际上只能看清中央明纹附近的几级明条纹。

2. 条纹位置和宽度

图 14-7 是常用的单缝夫琅禾费衍射实验示意图,D 表示缝屏间距,单缝后的凸透镜焦距记为 f,中心轴线是单缝宽的中垂线,第 k 级暗纹中心衍射角记为 θ_k,离开中心轴线的垂直距离记为位置坐标 x_k。

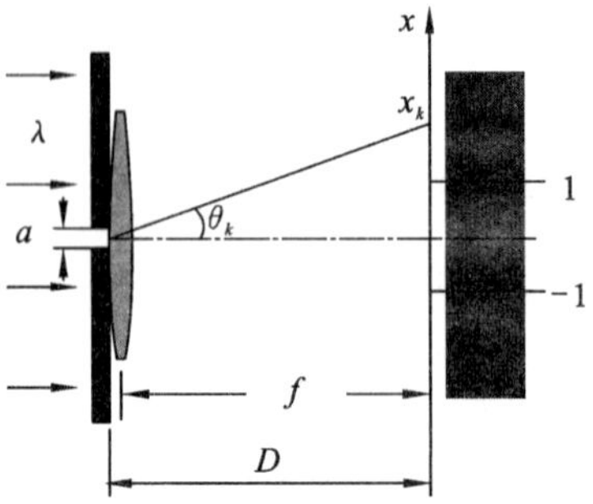

图 14-7 单缝夫琅禾费衍射实验示意图

由暗纹中心 $\delta = a\sin\theta_k = \pm k\lambda$ 可得

$$\sin\theta_k = \pm k\frac{\lambda}{a}。\tag{14-6}$$

由图 14-7 可知 $\tan\theta_k = x_k/f$,且实际上 θ_k 极小,$\sin\theta_k = \tan\theta_k$,结合式(14-6) 可得

$$x_k = \pm kf\frac{\lambda}{a}。\tag{14-7}$$

一般把相邻暗纹中心之间的距离定义为**明纹宽度**,记为 Δx;第一级正、负暗纹之间的距离为**中央明纹的宽度**,记为 Δx_0。则由式(14-7) 可知

$$\Delta x = x_{k+1} - x_k = f\frac{\lambda}{a},\tag{14-8}$$

$$\Delta x_0 = x_1 - x_{-1} = 2f\frac{\lambda}{a}。\tag{14-9}$$

由以上分析可知,单缝衍射各级条纹的位置和宽度都与缝宽 a 成反比,与入射波波长 λ 成正比,下面可分开讨论缝宽 a 和波长 λ 对衍射效果的影响。

由式(14-7) 可知,对于给定宽度的单缝来说,衍射条纹的位置与波长成正比。因此,不同波长的单色光的同一级衍射条纹的位置是不同的,波长越长越远离中央。若用白光入射,由于各色衍射明纹按波长逐级分开,除中央明纹中心仍为白色外,其他各级明纹由紫到红的顺序向两侧对称排列成彩色条纹,称为单缝衍射光谱。在较高的衍射级内,还可能出现前一级光谱区与后一级光谱区重叠的现象。

由式(14-7) 和式(14-8) 可知,对于给定波长的入射光,单缝宽度 a 越小,条纹位置离中心越远,条纹间距越大,观察和测量会更清楚、准确,即衍射现象明显。相反,a 越大,条纹位置离中心越近,条纹间距也越小,观察和测量会比较困难,即衍射现象不明显。当缝宽大到一定的程度，较高级次的条纹因亮度很小，明暗模糊不清，形成很暗的背景，其他级次较低的条纹又因为间距过小而集中，完全并入衍射角很小的中央明纹附近，可视的就只有单一的明纹，这就是几何光学中直线传播单缝的像。这时衍射现象被忽视，变成直线传播的几何光学，这就把几何光学和波动光学关联起来了，几何光学是波动光学的极限情况。

例 14-1　波长为 $\lambda = 600$ nm 的单色平行光，垂直入射到缝宽为 $a = 0.6$ mm 的单缝上，缝后有一焦距 $f = 60$ cm 的透镜，在透镜焦平面上观察夫琅禾费衍射图样。求中央明纹的宽度和第三级暗纹的位置。

解　由式(14-9) 可知中央明纹的宽度为

$$\Delta x_0 = 2f\frac{\lambda}{a} = 2\times 60\times 10^{-2}\times\frac{600\times 10^{-9}}{0.60\times 10^{-3}}\ \mathrm{m} = 1.2\times 10^{-3}\ \mathrm{m} = 1.2\ \mathrm{mm}。$$

由式(14-7) 可知第三级暗纹的位置为

$$x_3 = \pm 3f\frac{\lambda}{a} = \pm\frac{3}{2}\Delta x_0 = \pm\frac{3}{2}\times 1.2\ \mathrm{mm} = \pm 1.8\ \mathrm{mm}。$$

例 14-2　在单缝夫琅禾费衍射实验中，用单色平行光垂直入射单缝平面，若已知入射光的波长 $\lambda = 500$ nm，第一级暗纹对应的衍射角 $\theta_1 = 30°$，求缝宽 a。

解　由式(14-6) 可知缝宽

$$a = \frac{\lambda}{\sin\theta_1} = \frac{500\times 10^{-9}}{\sin 30°}\ \mathrm{m} = 1\times 10^{-6}\ \mathrm{m} = 1\ \mu\mathrm{m}。$$

14.3　圆孔衍射与光学仪器的分辨率

在单缝夫琅禾费衍射实验中，用小圆孔代替单缝也能产生衍射现象，称为圆孔衍射。光学仪器一般都是由多个透镜或光阑组合而成，一个透镜相当于一个圆孔，自然光通过透镜就相当于入射光通过光学系统的光阑或圆孔，也会产生衍射现象，所以圆孔衍射的研究在生产生活中有很重要的实际意义。

14.3.1　圆孔的夫琅禾费衍射

如图 14-8 所示，在单缝夫琅禾费衍射的实验中，用小圆孔代替单缝，当单色平行光垂直照射到小圆孔后，被凸透镜汇聚在位于透镜焦平面的观察屏上，屏上出现同心环状的衍射图像。

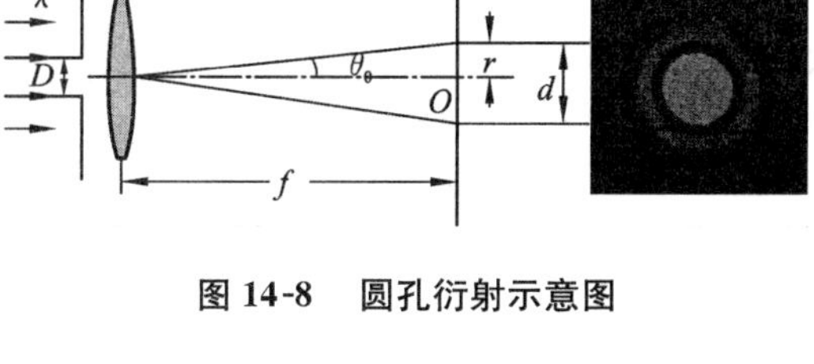

图 14-8　圆孔衍射示意图

图像中央是一个比较亮的圆斑,称为中央亮斑或爱里斑,外围是一组同心的暗环和明环。因为中央亮斑几乎集中了全部衍射光强的 84%,且明环的亮度随级次增大而迅速减弱,所以观察屏上的图案远看只是一个形似圆孔的亮斑,但实际上是明暗相间的衍射环。图 14-8 中 D 表示小圆孔的直径,d 表示爱里斑的直径,r 表示爱里斑的半径,f 表示凸透镜的焦距。

根据惠更斯-菲涅耳原理,同样可以用半波带法计算出各级衍射条纹的分布。由于几何形状不同,圆孔衍射条纹分布的讨论与单缝衍射有差异。通过计算(比较复杂,从略)可以得到第一级暗环所对应的衍射角 θ_1 满足关系式

$$\sin\theta_1 = 1.22\frac{\lambda}{D}。\tag{14-10}$$

一般情况下,衍射角 θ_1 也称为中央爱里斑的角半径,习惯记为 θ_0。在透镜焦距 f 较大时,此衍射角很小,根据极限近似可得

$$d = 2r = 2f\tan\theta_0 \approx 2f\sin\theta_0 = 2.44\frac{f\lambda}{D}。\tag{14-11}$$

从式(14-11)可以看出,衍射圆孔 D 愈大,爱里斑愈小;入射光波长 λ 愈短,爱里斑也愈小;还可以通过改变透镜焦距来改变爱里斑的尺寸。

14.3.2 光学仪器的分辨率

之前提到光学仪器一般是由多个透镜或光阑组合而成,透镜相当于透过小孔,人眼视物也相当于小孔成像。用光学仪器观察微小物体时,不仅需要有一定的放大能力,还需要有一定的分辨本领,才能把微小物体放大到清晰可见的程度。根据几何光学的成像原理,物点和像点一一对应,适当选择透镜的焦距和物距,总可以得到足够大的放大倍数。然而,由于光的衍射作用,物点的像并不是简单的一个几何点,而是有一定大小的爱里斑,周围还有一些模糊斑纹的衍射图样。幸运的是,因为爱里斑集中了衍射图样的绝大部分能量,所以人们基本上可以依据爱里斑来分辨物点或判断物体细节。但是,如果两个物点距离太近,它们的斑会相互重叠以至于不能分辨出究竟是一个物点还是两个物点,如图 14-9 所示,图中 θ 是两物点所产生的两个爱里斑中心对透镜中心的张角。可见,光的衍射限制了光学仪器的分辨本领,也就是说光学仪器存在一个分辨极限。

那么,如何才能从两个爱里斑中判断出两个物点呢?科学家瑞利对此提出一个标准:当一个爱里斑的中心与另一个爱里斑的第一级暗环重合,也即**一个斑的中心正好是另一个斑的边缘,对于大多数人来说,恰好能辨别出是两个光点**,这个标准称为**瑞利准则**。或者表述为:如果两个直径为 d 的爱里斑中心之间的距离为 $d/2$,则两物点恰能分辨。

瑞利准则如图 14-10 所示,当 $\theta = \theta_0$ 时,张角 θ 称为光学仪器的最小分辨角,即两个相邻物点的最小分辨角 θ 应等于爱里斑的角半径 θ_0

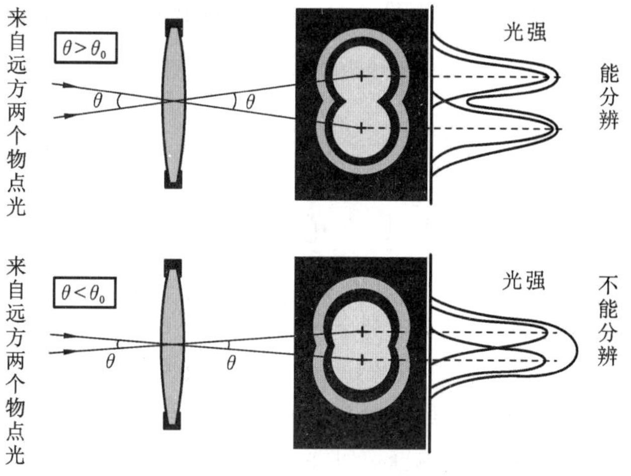

图 14-9　两个相近物点爱里斑的分辨

$$\theta=\theta_0\approx\sin\theta_0=1.22\,\frac{\lambda}{D}。\tag{14-12}$$

对于光学仪器来说，最小分辨角越小，说明仪器的分辨率越高，仪器精度越好。定义光学仪器的分辨率为

$$\gamma=\frac{1}{\theta_0}=\frac{D}{1.22\lambda}。\tag{14-13}$$

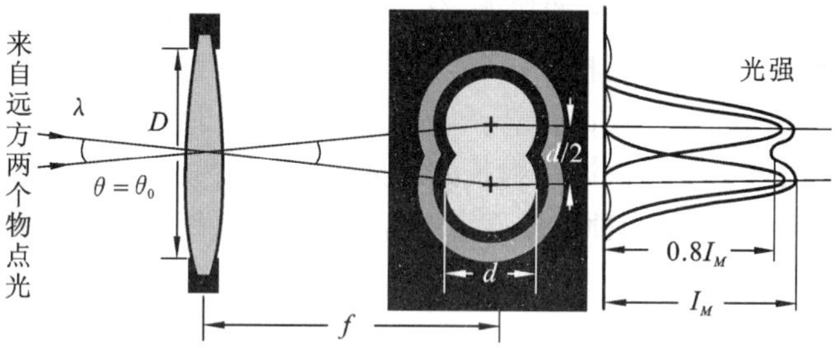

图 14-10　瑞利准则示意图

显然，光学仪器的分辨率越大越好。式(14-13) 表明，分辨率的大小与仪器的孔径 D 成正比，与入射光波长成反比。瑞利准则为设计光学仪器提出了理论指导，为提高光学仪器的分辨本领提供了两条途径：一条途径是加大透镜的透光孔径 D，如光学天文望远镜可用大口径的物镜来提高分辨率，目前已达到 5 m，正在设计凹面物镜直径为 8 m 的太空望远镜；另一条途径是减小观测光波的波长，例如用紫外线照射，而对于电子显微镜则用波长短的射线来提高分辨率，目前用几十万伏高压产生的电子波，波长约为 10^{-3} nm，做成的电子显微镜可以对分子、原子的结构进行观察。

例 14-3　照相机物镜的分辨本领以处于透镜焦平面的底片上每毫米能分辨的线条数 N 来表示。若有一架照相机，其物镜直径 D 为 5.0 cm，物镜焦距 f 为 17.5 cm，用波长为 500 nm 的光入射，则这架照相机的分辨本领是多大？

解 底片上相邻两线条的间距 $1/N$ 应等于爱里斑半径,则由式(14-11)得

$$\frac{1}{N}=r=f\tan\theta_0\approx f\theta_0=1.22\frac{f\lambda}{D},$$

所以照相机的分辨本领 N 为 $N=\dfrac{D}{1.22f\lambda}\approx 468$ 条/mm。

14.4 光栅衍射

前文介绍的单缝衍射条纹中,明条纹中只有中央明纹比较亮,两边其他明纹亮度明显减弱且明暗界限不明显。另外,若单缝较宽,明纹亮度虽然较强,但是,相邻明条纹的间隔很窄而不容易分辨;若单缝较窄,间隔虽然可加宽,但是,亮纹亮度显著减弱。在这些情况下,都很难精确地测定条纹的宽度,也很难依据这些条纹观测衍射特性或进行波长等测量。所以,用单缝衍射并不能精确地测定光波的波长。其实,无论是单缝衍射还是双缝干涉都不适用于高精度的测量,因为条纹间距很小和亮度很暗的影响而不便观测。那么,我们有没有什么方法使获得的亮纹本身既明亮而又较窄,且相邻的亮纹分得很开呢?下面介绍的光栅衍射可以实现这个需求。

14.4.1 光栅

在玻璃片上刻出许多等距离、等宽度的平行直线,刻痕处相当于毛玻璃,是不透光部分,而两刻痕间的无刻痕处是可以透光的,相当于一个单缝。这样平行排列的许多等距、等宽的单狭缝就构成了**透射式**的**平面衍射光栅**。若在不透光的材料(比如金属铝片)上,刻一系列平行排列的等距、等宽的槽纹而形成的光栅,称为**反射式**的**平面衍射光栅**。现在所用的光栅种类很多,按透光性质分有透射光栅和反射光栅;按形状分有平面光栅、凹面光栅、阶梯光栅等;按用途分有衍射光栅、全息光栅、正交光栅、立体成像光栅等。这里主要讨论透射式的衍射光栅。

透射式的衍射光栅是一种做成许多等宽、等距的狭缝排列起来形成的栅栏式的光学元件,利用光栅衍射就能获得间距较大的、极细、极亮的衍射条纹,便于清晰地观测衍射现象或进行精密测量。

一般情况下,对于透射光栅中透光部分的宽度用 a 表示,不透光部分的宽度用 b 表示。将两个相邻的透光和不透光部分的和$(a+b)$,也可以说是相邻的两个透光缝的中心之间的距离叫**光栅常数**,用 d 表示,如图 14-11 所示。实际应用中使用的光栅,每毫米内有几十条甚至上千条刻痕,d 可达微米的数量级,与可见光的波长相当。

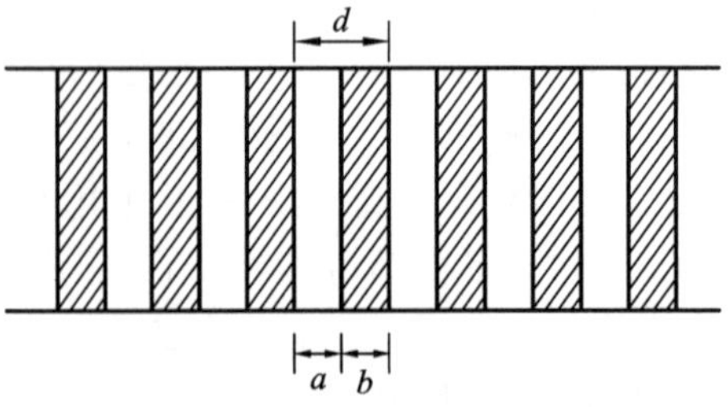

图 14-11 透射光栅示意图

14.4.2　光栅(衍射)方程

图 14-12 所示为光栅衍射的光路示意图。当一束单色平行光垂直照射到光栅 G 上时，通过每一条透光缝的光都会产生单缝衍射，不同缝发出的光又会发生干涉。偏离主光轴 θ 方向的衍射光通过透镜 L 会聚到位于焦平面的观察屏上的同一点 P，θ 称为衍射角，也是 P 点对透镜中心的角位置。这些衍射光在 P 点实现多光束干涉(每个缝都在此处有衍射光)。所以光栅衍射的结果应该是单缝衍射和多缝干涉的总效果。

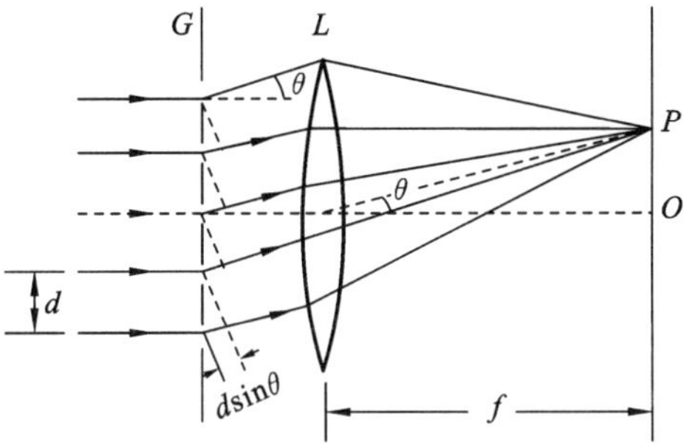

图 14-12　光栅衍射光路示意图

下面先来讨论多缝干涉的情况。从图 14-12 中容易看出，相邻两缝的相同位置的对应点发出的衍射光在 P 点光程差为 $\delta = d\sin\theta$。显然，当相邻两缝的光程差满足 $\delta = \pm k\lambda$ 时，相邻两缝发出的衍射光在 P 点同相，发生双缝干涉加强的现象。由于所有的缝都彼此平行、等间距排列，其他任意相邻两缝的衍射光在 P 点也都彼此同相，实现相长干涉，即发生多缝干涉，观察屏上出现明纹，称为**光栅衍射主极大**，对应的明纹称为光栅衍射主极大明纹。出现光栅主极大明纹的衍射角所满足的公式为

$$d\sin\theta = \pm k\lambda, \quad (k = 0,1,2,\cdots), \tag{14-14}$$

式(14-14) 通常称为**光栅方程**。其中，对应 $k = 0$ 的明纹称为**中央明纹**，对应 $k = 1,2,\cdots$ 的明纹依次称为第一级明纹、第二级明纹 …… 正、负号表明各级明纹对称分布在中央明纹的两侧。

从光栅方程可知，第 k 级主极大的角位置满足

$$\sin\theta_k = \pm k\frac{\lambda}{d}, \quad (k = 0,1,2,\cdots)。 \tag{14-15}$$

光栅常数 d 通常很小，例如，稍微好一些的光栅的 d 可达到微米数量级，而光波波长的数量级也是微米，所以 $\sin\theta_k$ 不一定很小，θ_k 有时可达到30°、60°，甚至更大的角度，这说明光栅可实现大角度衍射。由于衍射角较大，光栅衍射条纹的间距也比较大，易于实现精密测量，这是光栅衍射的一个特点。当然，也是因为衍射角较大，光栅衍射条纹的级次往往有限。因为正弦函数最大值为 1，所以由式(14-15) 可知级次 $k \leqslant \frac{d}{\lambda}$。

14.4.3 光栅衍射缺级现象

上述光栅方程只讨论了多缝干涉的结果,还没有考虑单缝衍射的问题。对于单一的一条透光缝的衍射角 θ 满足单缝衍射的暗条纹条件,即

$$a\sin\theta = \pm 2k'\frac{\lambda}{2}, \quad (k' = 1,2,\cdots)。 \tag{14-16}$$

因为光栅所有透光缝的单缝衍射暗纹条件是一致的,所以当衍射角 θ 满足式(14-16)时,每一条透光缝该方向的衍射光传到观察屏时都是暗纹,结果使得该处主极大强度为零而消失,即发生主极大因单缝衍射而缺级的现象。结合式(14-14)和式(14-16)可以知道**光栅衍射主极大缺级的条件**是

$$\frac{d}{a} = \frac{k}{k'} \text{ 或 } k = \frac{d}{a}k', \quad (k' = 1,2,\cdots), \tag{14-17}$$

即若$\frac{d}{a} = \frac{k}{k'}$,光栅多缝干涉的 k 级主极大的位置恰为单缝衍射 k' 级暗纹的位置,k 级主极大将不再出现,发生缺级,同时 $k,2k,\cdots$ 这些级次的主极大都将缺级。例如,$\frac{d}{a} = \frac{2}{1}$ 时,2,4,6,8,… 级次的主极大因缺级不再出现;$\frac{d}{a} = \frac{3}{1}$ 时,3,6,9,12,… 级次的主极大出现缺级。

14.4.4 光栅光谱

一般情况下,光谱是指用复色光(如白光)经各种光学元件分开之后将各色光按波长顺序分布排列起来的一种谱线。由式(14-15)很容易知道,当用白光垂直光栅照射时,光栅发生衍射后,同一级次不同波长的主极大在观察屏上不同的角位置出现而形成彩色光谱,称为**光栅光谱**。

对于零级中央明纹来说,所有波长的中央明纹衍射角都是零,各种颜色重叠在衍射角为零的角位置,因此,叠加后的中央明纹还是白光。对于其他级别的主极大明纹位置,同级次明纹对应的波长小的衍射角小,波长大的衍射角也大,导致离中央明纹的距离远近不同而依次排列开来形成彩色谱带。同一角位置还可能出现不同波长的不同级次重叠,一般低级次的不易重叠,高级次的重叠比较容易。

例 14-4 在光栅衍射实验中,已知单色平行光波长 $\lambda = 600$ nm,透光缝宽度 $a = 2\ \mu$m,光栅常数 $d = 3\ \mu$m,问:

(1) 衍射图像中哪些主极大缺级?

(2) 整个衍射场中能看见几条衍射明纹?

解 (1) 缺级条件 $\frac{k}{k'} = \frac{d}{a} = \frac{3\ \mu\text{m}}{2\ \mu\text{m}} = \frac{3}{2}$。

因为 k 和 k' 都必须是整数,当 $k' = 2,4,6,\cdots$ 时,$k = 3,6,9,\cdots$ 所以衍射图像中,

$\pm 3, \pm 6, \pm 9, \cdots$ 级主极大缺级。

(2) 因为 $\theta_{\max} = \pi/2$，所以由光栅方程可得

$$k \leqslant \frac{d}{\lambda} = \frac{3 \times 10^{-6}}{600 \times 10^{-9}} = 5。$$

因为 $\theta_{\max} = \pi/2$ 时，$k = 5$ 出现在无穷远处是看不见的，而 ± 3 级主极大缺级，所以实际能看见 0、± 1、± 2、± 4 共 7 条明纹。

例 14-5　已知实验时在光栅光谱中，某波长的第 3 级谱线与波长 $\lambda = 486$ nm 的第 4 级谱线重合，求未知光波的波长。

解　未知波长记为 λ'，其第 3 级谱线对应衍射角记为 θ，由光栅方程可得

$$d\sin\theta = 3\lambda',$$

$$d\sin\theta = 4\lambda,$$

由上可得未知波长

$$\lambda' = \frac{4}{3}\lambda = \frac{4}{3} \times 486 \text{ nm} = 648 \text{ nm}。$$

习 题 14

14-1　在单缝衍射中，若单缝边缘两点发出的单色平行光到空间 P 点的光程差为 $a\sin\theta = \frac{3}{2}\lambda$，则缝两端间可分为几个半波带？若光程差为 $a\sin\theta = 3\lambda$，则缝两端间可分为几个半波带？

14-2　已知单缝宽度为 a，在衍射角为 θ 的方向得第 3 级暗纹；若将缝宽遮去一半，则在同一方向上得明纹还是暗纹？

14-3　包含波长为 550 nm 和 650 nm 的复合光平行地垂直照射在 $a = 0.01$ mm 的单狭缝上，缝后凸透镜的焦距为 1 m，求：(1) 这两种波长的光零级明纹中心的距离 Δx_0；(2) 一级明纹中心的距离 Δx_1。

14-4　若单缝衍射的第一级暗纹发生在衍射角 $\theta = 30°$ 的方向上，所用单色光的波长 $\lambda = 560$ nm，试求单缝的宽度。

14-5　一单缝缝宽 $a = 0.1$ mm，在缝后放一焦距 $f = 50$ cm 的凸透镜，用平行绿光($\lambda = 546$ nm) 垂直照射单缝，求屏幕上中央明纹的宽度。若将此装置浸入水中，中央明纹宽度变为多少？(水的折射率为 1.33)

14-6　用波长为 490 nm 的单色平行光垂直照射到衍射光栅上，测得第 3 级主极大的衍射角为25°，则光栅的光栅常数是多少？

14-7　一束单色光垂直入射在光栅上，衍射光谱中共出现 5 条明纹。若已知此光栅每条透光缝的宽度与不透光部分的宽度相等，求这 5 条明纹的级次。

14-8　将波长为 $\lambda = 600$ nm 的单色平行光垂直入射到一衍射光栅上，两个相邻

的明纹分别出现在 $\sin\theta_1 = 0.2$ 和 $\sin\theta_2 = 0.3$ 处,第 4 级缺级,求:

(1) 光栅常数;

(2) 光栅上透光缝的最小宽度;

(3) 屏上出现的条纹全部级次。

第 15 章　光 的 偏 振

可见光是一定波长范围内的电磁波，而电磁波是一种横波，对横波的讨论包含对振动方向和传播方向的讨论。光振动中的电场强度矢量 $\boldsymbol{E}$ 和磁场强度矢量 $\boldsymbol{H}$ 的振动方向都是与传播方向垂直的，准确地说，$\boldsymbol{E}$、$\boldsymbol{H}$ 与传播方向三者互相垂直。而在电磁波信号中，能引起感光作用和生理作用的是电场强度矢量 $\boldsymbol{E}$，所以 $\boldsymbol{E}$ 被称为**光矢量**。

在某一个垂直于光传播方向的振动平面内观察，光振动的方向不一定是各向同性的，可能在某一个方向振动比较强，在另一个方向比较弱，甚至可能有的方向没有振动，该现象称为**光的偏振现象**。偏振是横波区别于纵波的一个最明显的特点，光的偏振现象也是表明光是横波的直接证明。

15.1　自然光与偏振光

15.1.1　自然光与偏振光的定义

如果一束光向各个方向振动强度相同，即光矢量 $\boldsymbol{E}$ 相对传播方向是轴对称分布的，这样的光称为**自然光**，如太阳光就是常见的自然光。如果一束光在某方向振动比较强，某些方向振动比较弱，这样的光称为**部分偏振光**。如果一束光的光矢量 $\boldsymbol{E}$ 只沿一个固定的方向振动，这样的光称为**线偏振光**(简称**偏振光**)。

由原子(或分子) 辐射发出的每一个光波列，都有其自身的振动方向，故都是偏振光。不过我们通常所说的偏振光，不是指某个波列，而是指一束光是偏振光，意即光束中所有的波列都有相同的振动方向。而实际光源是由大量的分子、原子组成的，普通光源自发辐射随机发出的光，是大量的不同振动方向的光波列的集合，因此，在任意一个垂直光传播方向的平面内统计，光矢量沿各方向的概率相同，没有哪一个方向的光振动较其他方向占优势，这种光归为自然光，自然光是非偏振的。

较为定量的描述是：自然光中的每一波列的光矢量，都可以在任意给定的两个互相垂直的方向上分解成两束光强相等、振动方向互相垂直的偏振光，图 15-1 分别表示光矢量轴对称分布和垂直分解的自然光。

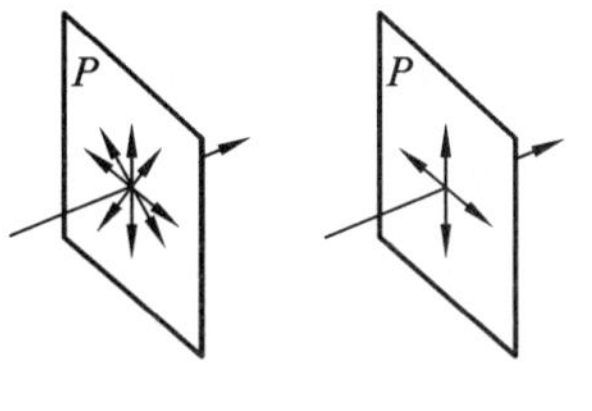

图 15-1　自然光的光矢量分布

部分偏振光是介于偏振光与自然光之间的一种光,例如,把一束偏振光与一束自然光混合,得到的光就属于部分偏振光。在垂直于光传播方向的平面内,光矢量的振动方向沿各个方向分布,但沿某一方向的振动最强,沿其他的垂直方向振动最弱。相对于部分偏振光,线偏振光又叫完全偏振光或平面偏振光。

实验表明,自然光经过某些物质的反射、折射或吸收后会变成偏振光,原来各向同性的光矢量可能只保留了某一方向的振动。

15.1.2　自然光与偏振光的表示

光矢量 $\boldsymbol{E}$ 与光传播方向所组成的平面称为光振动面。为简明表示光振动的偏向性,常用一些和传播方向垂直的等距分布的线或点代表振动方向。如图 15-2 是一些常用的简单的光振动面所表示的自然光和偏振光。

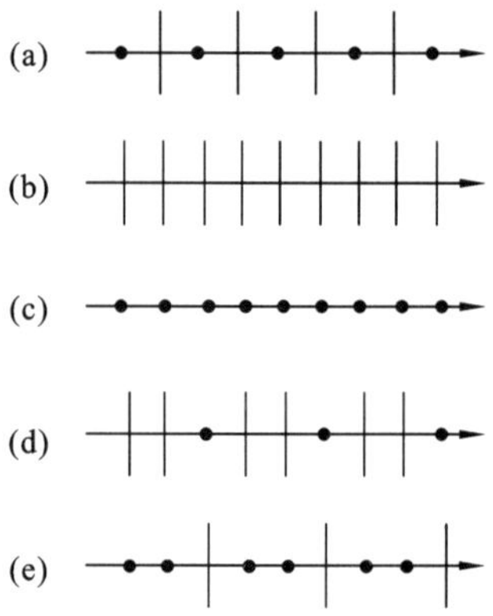

图 15-2　自然光、线偏振光与部分偏振光的表示

图 15-2 中带箭头的横线表示光的传播方向,竖线表示光矢量在纸面振动,黑点表示光矢量垂直纸面振动。其中,(a) 表示自然光,两个振动方向是平均分布的;(b) 表示光振动面平行纸面的线偏振光;(c) 表示光振动面垂直纸面的线偏振光;(d) 表示光振动平行纸面方向比垂直纸面方向占优势的部分偏振光;(e) 表示光振动平行纸面方向比垂直纸面方向占劣势的部分偏振光。需要说明的是,以上表示法仅仅是光强定性示意,而非定量化表示。

15.2　起偏与检偏　马吕斯定律

光是横波,在自然光中,由于一切可能的方向都有光振动,因此产生了以传播方向为轴的对称性。因为自然光的光振动具有轴对称性,而经过物体的反射、折射或吸收后一般会变成偏振光。为了考虑光振动的本性,设计一些方法从自然光中分离出某一方向的偏振光,也就是把自然光变成偏振光。光的偏振现象在技术中有很多应用,例如,在照相机镜头上加装合适的偏振片,可以滤掉反射光而清晰拍摄玻璃柜中的物品或者水下景物。

15.2.1　偏振片

为了充分利用光的偏振现象，现今工业生产中广泛使用人造偏振片以达到目的。

某些透明晶体类的物质具有光的各向异性，如硫酸碘奎宁、电气石等，这些晶体具有选择吸收性能，它能强烈吸收某一方向的光振动，而对与该方向垂直的光振动却吸收很少，因而只有沿吸收少的这个方向的光振动能够通过晶体。具有这种光学特性的晶体称为“二向色性”物质。若将这种具有“二向色性”的晶体物质做成涂料定向涂敷于透明复合材料上，就制成了**人造偏振片**。为了便于使用，在所用偏振片上标记“↕”表明该偏振片允许通过的光的振动方向，这个方向称为**偏振化方向**，也称透光轴方向。只有沿着该偏振化方向光振动才能通过偏振片，而与其垂直方向的光振动因被吸收而无法通过。如图 15-3 所示，自然光经过偏振片 P 后变成了线偏振光。

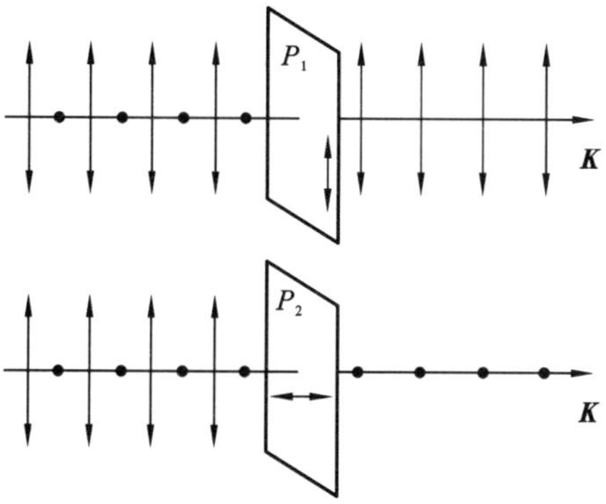

图 15-3　偏振片

15.2.2　起偏与检偏

能够使自然光变成线偏振光的装置通常称为**起偏振器**。如图 15-3 中的偏振片 P 就属于起偏振器。

用来检验一束光是否为线偏振光的装置通常称为**检偏振器**。如图 15-3 中的偏振片 P 也可做检偏振器。如图 15-4 所示，让一束线偏振光入射到偏振片 P_2 上，当 P_2 的偏振化方向与入射线偏振光的光振动方向相同时，则该线偏振光仍可继续经过 P_2 而射出，此时视场观察到最明情况；使 P_2 沿入射光线为轴转动 α 角且 $0<\alpha<\pi/2$ 时，线偏振光的光矢量在 P_2 的偏振化方向有一分量能通过 P_2，可观测到视场为明的情况（非最明）；当 P_2 转动到 $\alpha=\pi/2$ 时，则入射到 P_2 上的线偏振光振动方向与 P_2 偏振化方向垂直，光无法通过 P_2，此时可观测到视场最暗（消光）。在 P_2 转动一周的过程中，可发现视场变化：最明 → 最暗（消光）→ 最明 → 最暗（消光）。

显然，不同光经过偏振片检偏后的结论：(1) 线偏振光入射到偏振片上后，偏振片旋转一周（以入射光线为轴）的过程中，发现透射光两次最明和两次最暗（消光）。(2) 若自然光入射到偏振片上，则偏振片以入射光线为轴转动一周，其透射光光强不

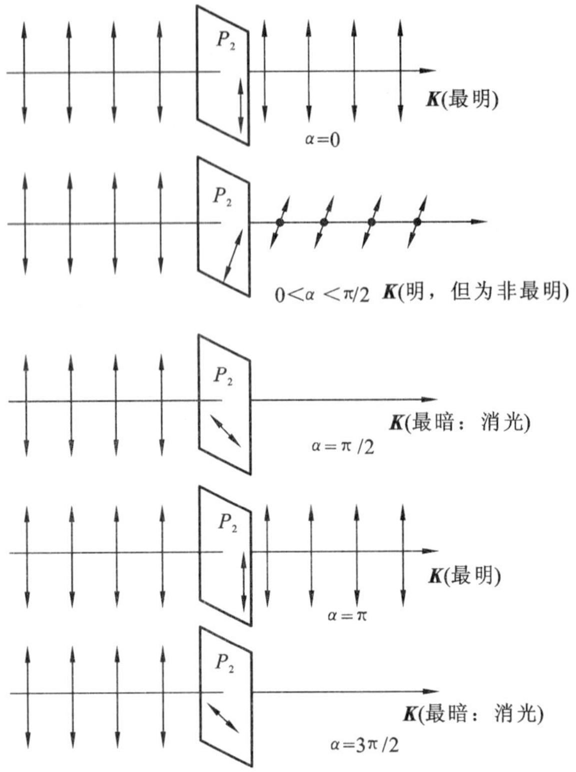

图 15-4　偏振片的检偏

变。(3) 若部分偏振光入射到偏振片上，则偏振片以入射光线为轴转动一周，其透射光有两次最明和两次最暗(但不消光)。

15.2.3　马吕斯定律

如图 15-5 所示，自然光入射到偏振片 P_1 上，经 P_1 透射后又入射到偏振片 P_2 上，这里 P_1 为起偏振器，P_2 相当于检偏振器。则透过 P_2 的线偏振光的光强变化规律又如何?这就是马吕斯(Malus) 定律所要阐述的内容。

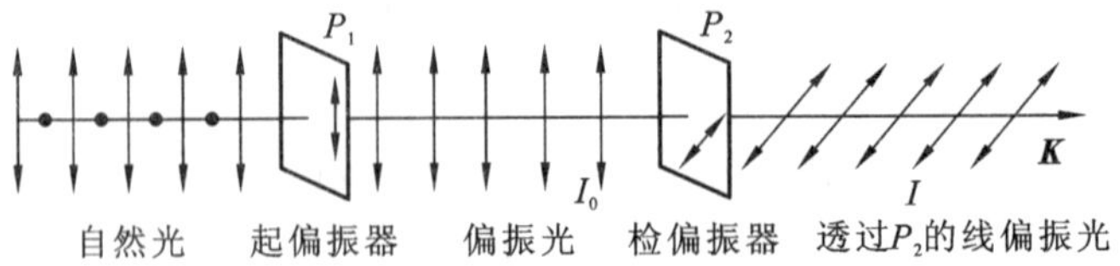

图 15-5　马吕斯定律

设 P_1、P_2 的偏振化方向分别为 P_1P_1'、P_2P_2'，其间夹角为 α，自然光经 P_1 后变成线偏振光，光强为 I_0，光矢量振幅为 A_0。光振动 $\mathbf{A}_0$ 分解成与 P_2 平行和垂直的两个分矢量，如图 15-6 所示，其标量形式的分量为

$$\begin{cases} A_{/\!/} = A_0 \cos\alpha, \\ A_{\perp} = A_0 \sin\alpha。 \end{cases}$$

因为只有$A_{/\!/}$能透过 P_2，所以透过光的光振动振幅为 $A = A_{/\!/} = A_0\cos\alpha$(不考虑吸收)。由于光强与光振动振幅的平方成正比，所以透射光与入射光的光强之比为

$$\frac{I}{I_0} = \frac{A^2}{A_0^2} = \frac{(A_0\cos\alpha)^2}{A_0^2} = \cos^2\alpha,$$

$$I = I_0 \cos^2\alpha。 \tag{15-1}$$

式(15-1)是马吕斯于1809年由实验发现的，称为**马吕斯定律**。它表明：**线偏振光透过偏振片后还是线偏振光，透过偏振片后的光强等于入射线偏振光的光强乘以入射偏振光的光振动方向与偏振片偏振化方向间夹角余弦平方的积**。由马吕斯定律讨论可知：(1)$\alpha = 0$，$I = I_{\max} = I_0$(最亮)，透过偏振片后的光最强。(2)$\alpha = \frac{\pi}{2}$ 或 $\frac{3}{2}\pi$，$I = 0$(消光)，即偏振片起到消光作用。(3)$\alpha \neq 0$，$\alpha \neq \frac{\pi}{2}$，$\alpha \neq \frac{3}{2}\pi$，$0 < I < I_0$，即其他情况下，透过偏振片后的光既不是最亮，也不是最暗。

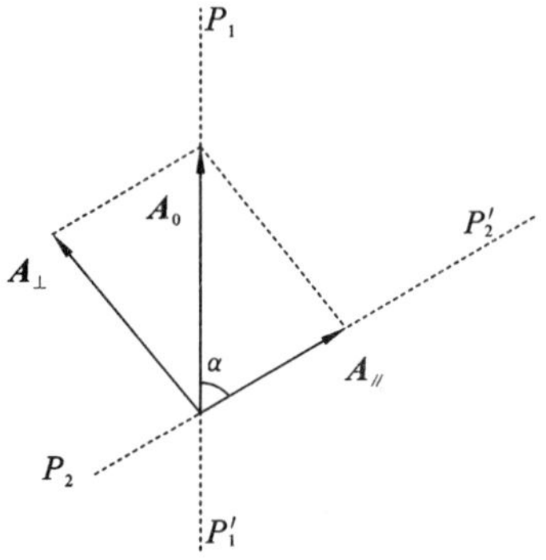

图 15-6　马吕斯定律推导

例 15-1　偏振片 P_1、P_2 放在一起，一束自然光垂直入射到 P_1上，下面情况下试求 P_1与 P_2 偏振化方向间的夹角。

(1) 透过 P_2 光强为最大入射光强的$\frac{1}{3}$；

(2) 透过 P_2 的光强为入射到 P_1上的光强的$\frac{1}{3}$。

解　设自然光光强为 I_0，透过 P_1 的光强为 $I_1 = \frac{1}{2}I$。则透过 P_2 的光强为 $I_2 = I_1 \cos^2\alpha$(马吕斯定律)，即 $I_{2\max} = I_1$。

(1) 当 $I_2 = \frac{1}{3}I_{2\max} = \frac{1}{3}I_1$ 时，

$$\frac{1}{3}=\cos^2\alpha \Rightarrow \alpha=\arccos\left(\pm\frac{\sqrt{3}}{3}\right)。$$

(2) $I_2=I_1\cos^2\alpha=\frac{1}{2}I_0\cos^2\alpha$。

当 $I_2=\frac{1}{3}I_0$ 时，$\frac{1}{3}=\frac{1}{2}\cos^2\alpha \Rightarrow \alpha=\arccos\left(\pm\frac{\sqrt{6}}{3}\right)$。

15.3 反射光和折射光的偏振

实验发现，自然光在两种各向同性介质的分界面上反射和折射时也会发生偏振现象，即反射光和折射光都是部分偏振光，在一定条件下，反射光甚至为偏振光，这一现象是马吕斯于1808年发现的。

15.3.1 布儒斯特定律

如图15-7，图中 MM' 是两种介质分界面(例如，空气与玻璃)，SI 是一束自然光的入射光线，IR、IR' 分别是反射光线和折射光线，i、γ 分别为入射角和折射角。本章第一节已讲过，自然光可分解为两个振幅相等的垂直分振动，在此，设分解的两个分振动分别在图面内及垂直图面方向，前者称为平行振动分量，图中用短线表示，后者称为垂直振动分量，图中用点表示。图15-7中，在入射光线中，短线与点均等分布。

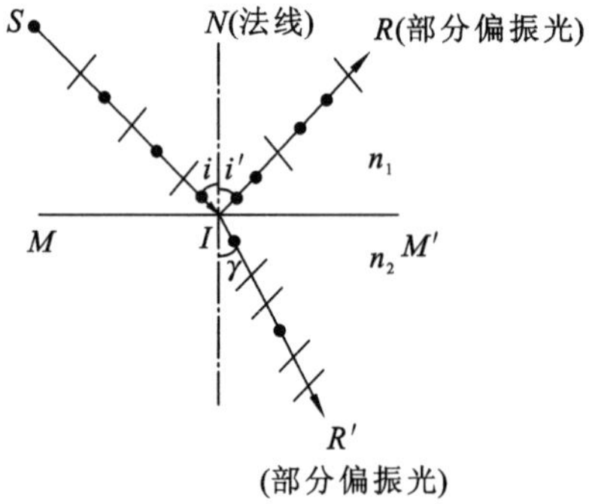

图 15-7 自然光的反射与折射

实验表明：反射光线中垂直成分较多，折射光线中平行成分较多。可见，反射光和折射光均为部分偏振光。

反射光和折射光的偏振化程度与入射角 i 有关，如图15-8所示。

设 n_1、n_2 是入射光和折射光所在空间介质的折射率，用 $n_{21}=\frac{n_2}{n_1}$ 表示折射介质相对入射介质的相对折射率。实验表明：当 i 等于某一特殊值 i_b 时，反射光与折射光垂直，反射光为垂直图面振动的线偏振光，折射光仍为部分偏振光。此时，入射角 i_b 满足

$$\frac{\sin i_b}{\sin\gamma_0}=\frac{n_2}{n_1}, \quad (折射定律)$$

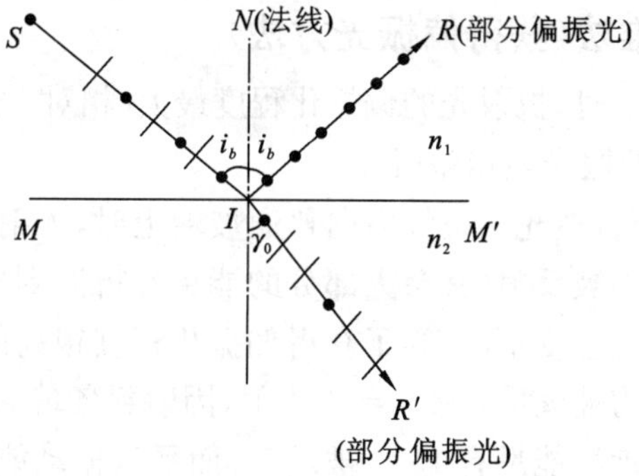

图 15-8　布儒斯特定律

由于

$$i_b + \gamma_0 = \frac{\pi}{2},$$

所以

$$\sin\gamma_0 = \sin\left(\frac{\pi}{2} - i_b\right) = \cos i_b,$$

故

$$\tan i_b = \frac{n_2}{n_1} = n_{21}, \tag{15-2}$$

即入射角 i_b 满足式(15-2)时，反射光为垂直图面振动的偏振光，这一规律称为**布儒斯特定律**，式(15-2)为布儒斯特定律的数学表达式。该定律是布儒斯特1815年从实验中研究得出的。i_b 称为**布儒斯特角**或**起偏角**。

结论：(1) 当入射角为布儒斯特角时，反射光为垂直图面的线偏振光，并且该线偏振光与折射光线垂直。(2) 折射光为部分偏振光，平行图面振动占优势，此时偏振化程度最高。

例 15-2　某一物质对空气的全反射临界角为45°，求光从空气射向该物质时的起偏角 i_b。

解　设 n_1 为空气折射率，n_2 为该物质折射率，由全反射定律可知

$$\frac{\sin 90^\circ}{\sin 45^\circ} = \frac{n_2}{n_1},$$

根据布儒斯特定律可知

$$\tan i_b = \frac{n_2}{n_1} = \sqrt{2},$$

则起偏角

$$i_b = \arctan\sqrt{2}。$$

15.3.2　玻璃堆法(获得偏振光方法)

前面讲过,当 $i = i_b$ 时,折射光的偏振化程度最大(相对 $i \neq i_b$ 而言)。实际上,当 $i = i_b$ 时,折射光与线偏振光还相差很远。

如图 15-9 所示,当自然光从空气射向普通玻璃上时,入射光中垂直振动的能量仅有一小部分(约 15%) 被反射,其余大部分的能量都折射到玻璃中,可见通过单个玻璃的折射光,其偏振化程度不高。为了获得偏振化程度很高的折射光,可令自然光通过多块平行玻璃(称为玻璃堆),使 $i = i_b$入射,因射到各玻璃表面的入射角均为起偏角,入射光中垂直振动的能量有 15% 被反射,而平行振动能量全部通过,所以,每通过一个面,折射光的偏振化程度就增加一次,如果玻璃片数目足够多,则最后折射光就接近于线偏振光。

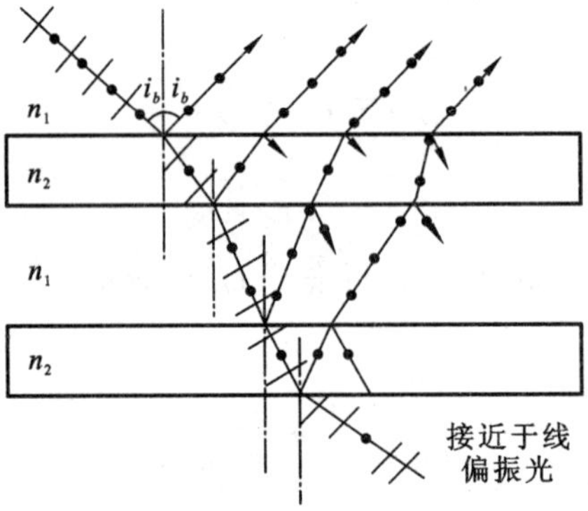

图 15-9　玻璃堆法获得偏振光

例 15-3　如图 15-10 所示,用自然光或偏振光分别以起偏角 i_b 或其他角($i \neq i_b$)射到某一玻璃表面上,试用点或短线表明反射光和折射光光矢量的振动方向。

解　结果如下:

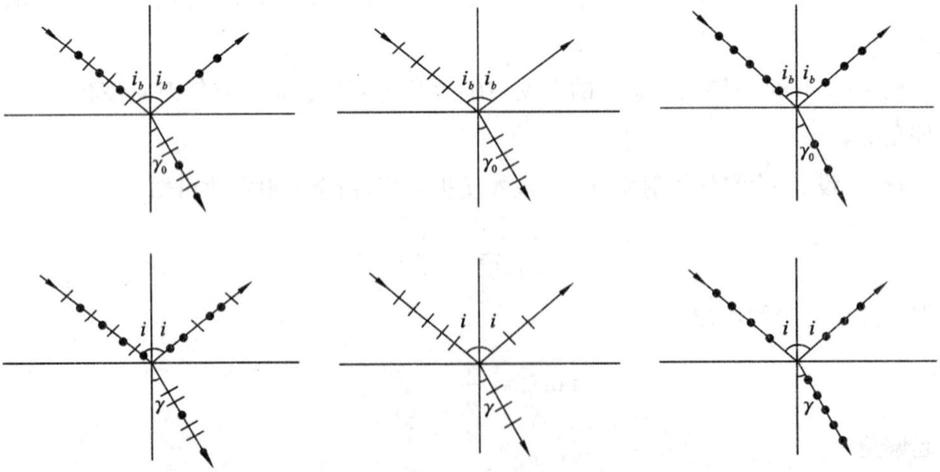

图 15-10　自然光和偏振光的折射和反射

15.4　光的双折射现象

15.4.1　光的双折射现象

1. 双折射现象

当一束光入射到各向同性介质(如玻璃、水等)的两种介质分界面上发生折射时,折射光只有一束,这是为人们所熟知的光的折射现象,并且满足光的折射定律。当一束光射入各向异性的介质(如化学成分为碳酸钙的方解石晶体)中,其折射光为两束,此现象称为**光的双折射现象**。如图 15-11 所示,如果入射光束足够细,晶体足够厚,折射光束完全可以分开。

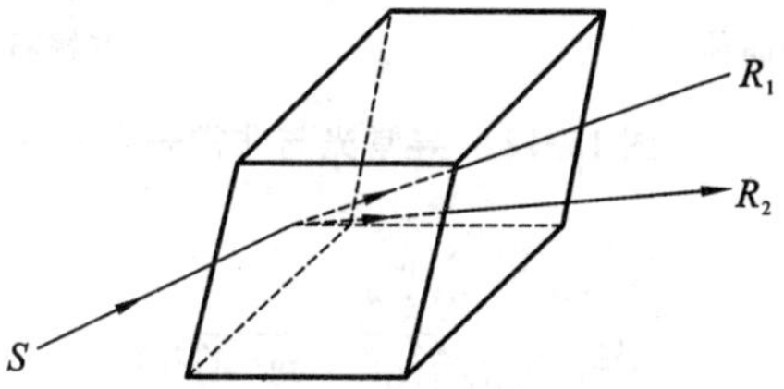

图 15-11　双折射现象

许多其他透明晶体(如石英)也会产生双折射现象,只有属于立方系的晶体(如 NaCl 晶体)是各向同性的,不可能产生双折射。

2. 寻常光和非常光

实验表明,当改变入射角 i 时,两束折射光之一恒满足折射定律,这束光称为**寻常光**,通常用 o 表示,简称 o 光。另一束光不遵从折射定律,它不一定在入射面内,且入射角 i 改变时,$\frac{\sin i}{\sin \gamma}$ 也不是一个常数,这束光称为**非常光**,用 e 表示,简称 e 光。如图 15-12 所示,即使 $i=0$ 时,e 光一般也不沿入射光方向。

产生双折射的原因是 o 光和 e 光在晶体中的传播速度不同。o 光在晶体中各个方向的传播速度相等,而 e 光传播速度却随方向而变化,即在各向异性晶体中每一方向都有两个光速,一个是 o 光的速度,另一个是 e 光的速度。

在一般情况下,o 光和 e 光的速度不相等。但是,晶体中有这样一些方向,沿着这些方向,o 光、e 光传播速度及传播方向都一样,因此,并不发生双折射现象,该方向称为**晶体的光轴**。如图 15-13 所示,方解石按解理面劈裂的方解石平行六面体,它的每个面上的锐角都是78°,每个面上的钝角为102°(更精确的是78°7′ 和101° 53′)。当各棱边长度相等时,则 A、B 二顶点的直线方向就是光轴方向。

注意:光轴不是唯一的一条直线,是代表一个方向,与 A、B 连线平行的所有直线都可代表光轴方向。只有一个光轴的晶体(如方解石、石英)称为**单轴晶体**。有些晶体(如云母、硫磺等)具有两个光轴,称为**双轴晶体**。为简单起见,在此仅讨论单轴晶体。

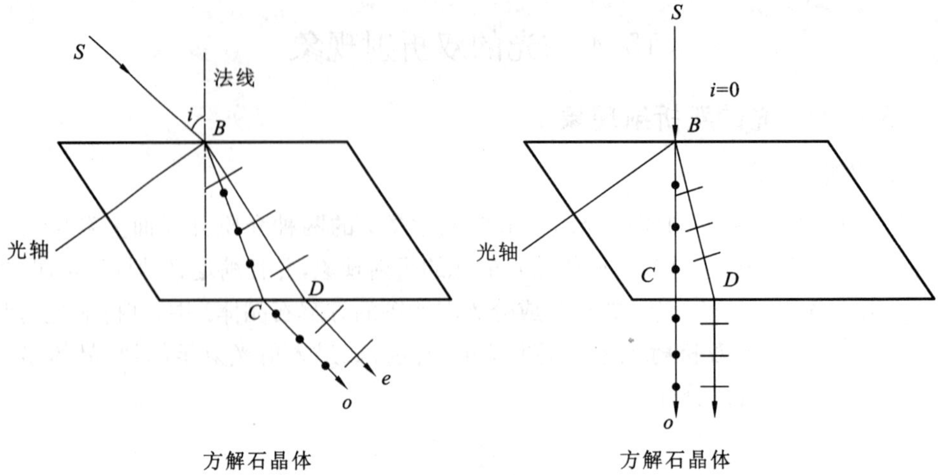

图 15-12　寻常光与非常光

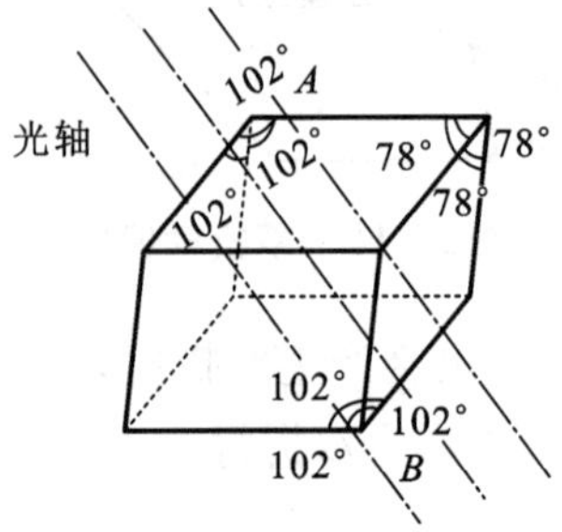

图 15-13　方解石光轴

3. 主截面、主平面

主截面:包含光轴和任一天然晶面法线的平面。

主平面:包含光轴和晶体中任一光线(o 光或 e 光)的平面。

寻常光和非常光都是偏振光,这可用检偏振器来验证。检验结果发现,o 光振动平面垂直于自己的主平面,e 光振动平面平行于自己的主平面。如图 15-12 所示,当光轴在纸面内时,纸面为主截面(上晶面与纸面垂直),此时入射面与主截面重合,此时 o 光和 e 光的主平面都在主截面内,o 光和 e 光振动互相垂直。注意:在一般情况下,o 光和 e 光的主截面间有一个不大的夹角,因此,o 光和 e 光的振动不完全垂直。

15.4.2　惠更斯原理在双折射中的应用

o 光在单轴晶体中传播速度相同,所以从晶体中一个点光源发出的 o 光的波阵面是球面。e 光传播速度随方向而变,所以它的波阵面不是球面,可以证明它是旋转椭球面,如图 15-14 所示。因为在光轴上 o 光和 e 光的传播速度相同,所以球面与椭球面相切于光轴 A、B 两点,AB 就是旋转椭球面的旋转轴。

假设图 15-14 中球面和椭球面是从 o 点发出的光传播 1 s 后的波阵面。从图 15-14 中可知,在垂直光轴的方向,o 光与 e 光速度差最大。对有些晶体,$v_o > v_e$,称其为**正轴晶体**(如石英);对另一些晶体,$v_o < v_e$,称其为**负轴晶体**(如方解石)。

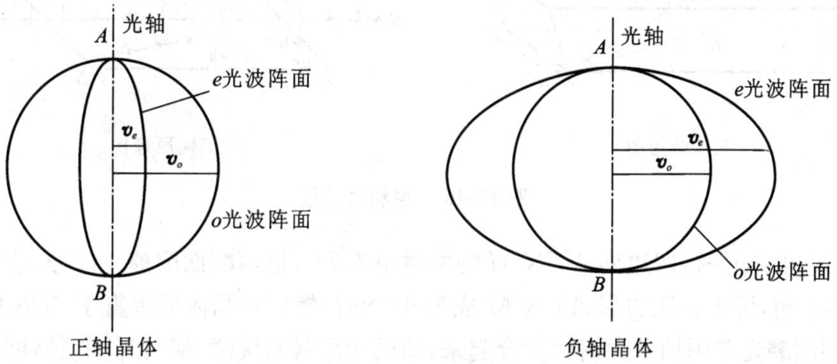

图 15-14　晶体波阵面

设 c 为光速(真空中),定义晶体主折射率 n_o 和 n_e:

$$\begin{cases} n_o = \dfrac{c}{v_o}:\text{晶体对 } o \text{ 光折射率}, \\ n_e = \dfrac{c}{v_e}:\text{晶体对垂直光轴方向的 } e \text{ 光折射率}, \end{cases}$$

则

$$\begin{cases} \text{正轴晶体}:n_o < n_e, \quad v_o > v_e(\text{如石英}), \\ \text{负轴晶体}:n_o > n_e, \quad v_o < v_e(\text{如方解石})。 \end{cases}$$

当入射角 $i = 0$ 时,即光垂直光轴入射时,o 光与 e 光重合,但其速度不同,如图 15-15 所示。

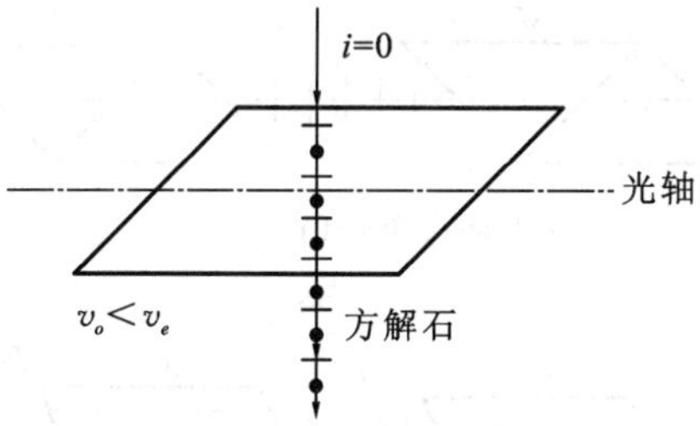

图 15-15　光轴平行晶体表面并垂直入射

15.4.3　尼科耳棱镜

1. 原理

尼科耳棱镜和偏振片一样,用来起偏和检偏,是一种光学仪器,其主体结构图和正视原理图如图 15-16 所示。

取一块方解石晶体,它的长度约等于其厚度的 3 倍,天然方解石的两个端面与底

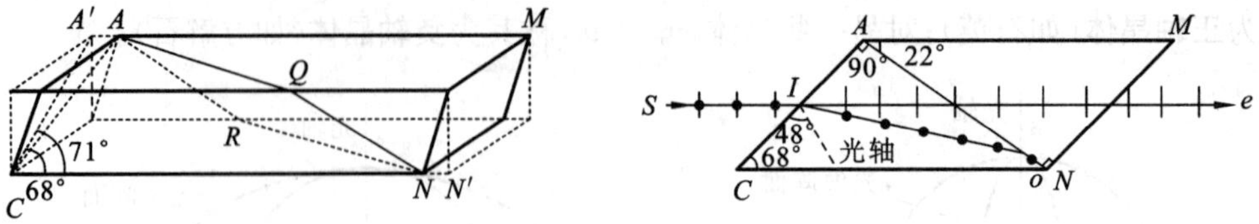

主体结构图　　　　正视原理图

图 15-16　尼科耳棱镜

面成 73° 角，即平行四边形 $A'CN'M$ 的两对角为 71°，把两断面磨掉一部分，使之与底边成 68° 角，即平行四边形 $A'CN'M$ 成为 $ACNM$，然后将晶体沿垂直于 $ACNM$ 及两端面剖面磨光并用加拿大树胶粘合起来，即成为**尼科耳棱镜**。尼科耳棱镜简称为尼科耳。光轴在 $ACNM$ 平面内，与 AC 成 48° 角。入射光线 SI 平行于棱镜的边长 CN，入射面为 $ACNM$，入射光进入棱镜后分解为 o 光和 e 光，因为入射面和主截面重合，所以 o 光和 e 光的主平面都在主截面内。

o 光情况：它在加拿大树胶上入射角为76°，因为加拿大树胶折射率 $n=1.550$，方解石对 o 光的折射率 $n_o=1.658$，且 o 光是从光密到光疏入射，而入射角76° 又大于临界角69.15°，所以 o 光在加拿大树胶层上全反射，反射到 CN 面上，此面涂墨，可以把它全部吸收掉。

e 光情况：因为方解石对 e 光的折射率为 1.486 4，小于加拿大树胶的折射率 $n=1.550$，所以 e 光在加拿大树胶层上不能全反射，故它通过树胶从棱镜射出，所以从尼科耳射出的光是偏振光，其振动面就是主截面。

2. 尼科耳起偏和检偏

尼科耳和偏振片一样，不仅可以作为起偏振器，也可作为检偏振器，如图 15-17 所示。

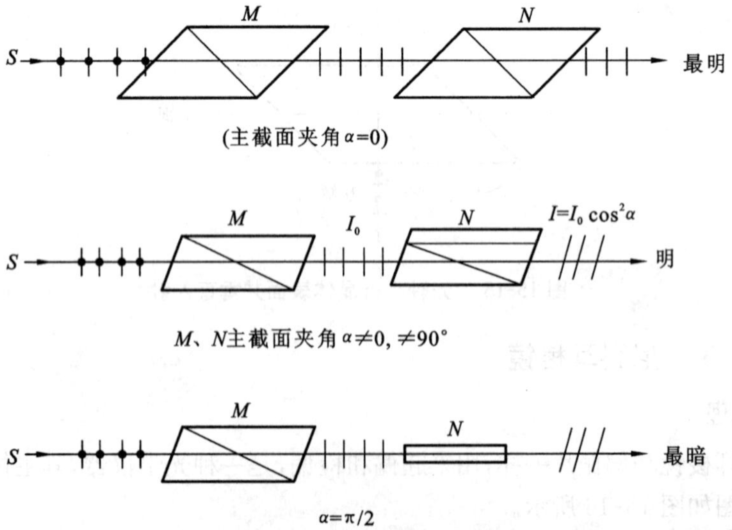

图 15-17　尼科耳起偏与检偏

15.5　偏振光的干涉及应用

15.5.1　偏振光的干涉

1. 干涉条件分析

实现偏振光的干涉的实验装置如图 15-18 所示，M、N 为两块偏振片（或尼科耳棱镜），分别为起偏振器和检偏振器作用，其偏振化方向是互相垂直的。

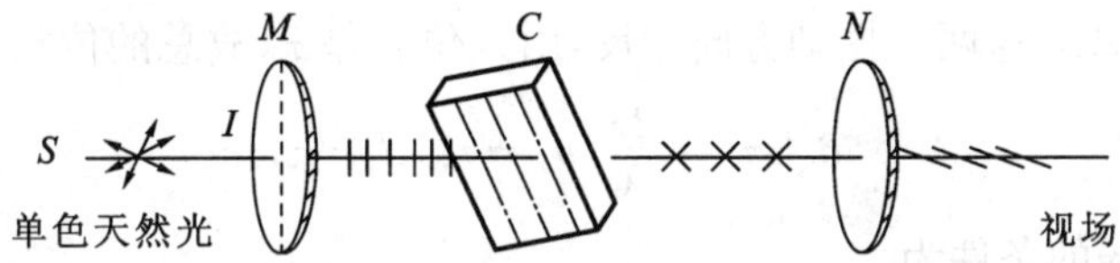

图 15-18　偏振光的干涉实验装置

C 为一双折射晶片，它的光轴和晶面平行，一束自然单色光垂直入射在偏振片 M 上，如果取出晶片 C，视场是黑暗的，放入晶片 C 且当晶片 C 的光轴与偏振片 M 的偏振化方向成一适当角度时，视场便由黑暗变为明亮，这是两束偏振光干涉的结果。自然光通过偏振片 M 后变为偏振光，它的振动方向即偏振片 M 的偏振化方向，这束偏振光垂直入射在晶片上，因而也垂直于晶片的光轴，这束光进入晶片后分解为振动方向互相垂直的 o 光和 e 光。因光轴与晶面平行，o 光和 e 光沿同一方向进行不分开，o 光的振动方向垂直于光轴方向，而 e 光的振动方向平行于光轴方向。在进入晶片之前这两束光没有位相差，但由于这两束光在晶片中的传播速度不同，从晶片射出时产生一定位相差。设 n_o 为晶片对 o 光的主折射率，n_e 为晶片对 e 光的主折射率，d 为晶片的厚度，则这两束光的光程差为 $(n_o - n_e)d$，因而它们的位相差为

$$\delta = \frac{2\pi}{\lambda}(n_o - n_e)d,$$

式中，λ 为光在真空中的波长。这两束光中每一束的光振动可分解为平行和垂直于偏振片 N 的偏振化方向的分振动，而只有平行于 N 的偏振化方向的分振动才能通过 N 射出，所以，从偏振片 N 射出的两束光振动方向相同、频率相同，又有恒定的位相差，它们满足发生干涉的一切必要条件，因而从偏振片 N 射出时发生干涉。

2. 干涉加强和减弱的条件

如图 15-19(a) 所示，设晶片的光轴方向 CC 与偏振片 M 的偏振化方向 MM 间的夹角为 θ，A 为从 M 射出的偏振光的振幅，则从晶片 C 射出的 o 光和 e 光的振幅分别为

$$A_o = A\sin\theta, \tag{15-3}$$

$$A_e = A\cos\theta。 \tag{15-4}$$

如图 15-19(b) 所示，NN 为偏振片 N 的偏振化方向，它与偏振片 M 的偏振化方向 MM 垂直，因为只有平行于 NN 方向的分振动才能通过偏振片 N 射出，所以，从偏

振片 N 射出的两束光的振幅分别为

$$A_{oN} = A_o\cos\theta, \tag{15-5}$$

$$A_{eN} = A_e\sin\theta。 \tag{15-6}$$

将式(15-3)、式(15-4) 分别代入式(15-5)、式(15-6) 得

$$A_{oN} = A\sin\theta\cos\theta,$$

$$A_{eN} = A\sin\theta\cos\theta,$$

可见这两束光线的振幅相等,但振动方向相反。o 光和 e 光从晶片 C 射出时有一位相差 δ。因 A_{oN} 与 A_{eN} 这两个振动方向相反,引入位相差 π,故总的位相差为

$$\delta+\pi=\frac{2\pi}{\lambda}(n_o-n_e)d+\pi,$$

干涉加强和减弱的条件为

当

$$\frac{2\pi}{\lambda}(n_o-n_e)d+\pi=2k\pi,\quad (k=1,2,\cdots),$$

即 $\delta=\frac{2\pi}{\lambda}(n_o-n_e)d=(2k-1)\pi(k=1,2,\cdots)$ 时干涉加强,视场最亮;

当

$$\frac{2\pi}{\lambda}(n_o-n_e)d+\pi=(2k+1)\pi,$$

即 $\delta=\frac{2\pi}{\lambda}(n_o-n_e)d=2k\pi\ (k=1,2,\cdots)$ 时干涉减弱,视场最暗。

图 15-19 振幅的分解

15.5.2 偏振光干涉的应用

1. 光弹性效应

塑料、玻璃、环氧树脂等非晶体在通常情况下是各向同性而不产生双折射现象的,但当它们受到应力时,就会变成各向异性显示出双折射性质,这种现象称为**光弹性效应**。

例如，把塑料膜拉紧后夹在两块偏振片之间，通过白光观察可以看到彩色图样，拉力改变，彩色图样也发生变化，显示出双折射性质随应力变化。又如，玻璃在制造过程中，由于冷却不均匀，使内部受到不同程度的应力，常常会自行破裂。把玻璃放在两块偏振片之间观察应力引起的双折射现象，就可以检查出内部应力的分布情况，在单色光照射下可以看到明暗交替的花样；在白光照射下，则显示出彩色花样，为了消除光学玻璃的内部应力，在磨制光学元件（例如，天文望远镜的镜头等）之前，必须进行缓冷处理和偏振光检查。

2. 克尔效应

放在电场中的物质，由于其分子受到电场力的作用而发生取向（偏转），呈现各向异性，结果产生双折射，即沿两个不同方向物质对光的折射能力有所不同。这一现象是 1875 年 J. 克尔发现的，后人称它为克尔电光效应，或简称**克尔效应**。

3. 泡克耳斯效应

泡克耳斯（Pockels）效应：平面偏振光沿着处在外电场内的压电晶体的光轴传播时发生双折射现象，且两个主折射率之差与外电场强度成正比，这种电光效应即为泡克耳斯效应，1893 年由德国物理学家 F. C. A. 泡克耳斯发现。

一些晶体在纵向电场（电场方向与光的传播方向一致）作用下会改变其各向异性性质，产生附加的双折射效应。例如，把磷酸二氢钾晶体放置在两块平行的导电玻璃板之间，导电玻璃板构成能产生电场的电容器，晶体的光轴与电容器极板的法线方向一致，入射光沿晶体光轴入射。与观察克尔效应一样，用正交偏振片系统观察。不加电场时，入射光在晶体内不发生双折射，光不能通过 P_2。加电场后，晶体产生双折射，就有光通过 P_2。泡克耳斯效应与所加电场强度的一次方成正比。大多数压电晶体都能产生泡克耳斯效应。泡克耳斯效应与克尔效应一样常用于光闸、激光器的 Q 开关和光波调制等。

4. 旋光现象

偏振光通过某些晶体或物质的溶液时，其振动面以光的传播方向为轴线发生旋转的现象，称为**旋光现象**。具有旋光性的晶体或溶液称为**旋光物质**。最早是发现石英晶体有这种现象，后来继续发现在糖溶液、松节油、硫化汞、氯化钠等液体中和其他一些晶体中都有此现象。有的旋光物质使偏振光的振动面顺时针方向旋转，称为右旋物质，反之称为左旋物质。

习 题 15

15-1　入射到起偏振器的自然光强度为 I_0，开始时，起偏振器和检偏振器的透光轴方向平行，然后使检偏振器绕入射光的传播方向转过30°、45°、60°，试问在这三种情况下，透过检偏振器后光的强度是 I_0 的多少倍？

15-2　自然光和线偏振光的混合光束通过一个偏振片。随着偏振片以光的传播方向为轴转动,透射光的强度也随着变化,最强与最弱的光强之比为 6∶1,那么入射光中自然光和线偏振光光强之比为多少?

15-3　已知某透明介质对空气的全反射临界角等于45°,空气和该介质的折射率分别记为 n_1 和 n_2,求光从空气射向此介质时的布儒斯特角。

15-4　两尼科耳棱镜的主截面之间的夹角由60° 转到45°,在入射的自然光强度不变的条件下,透射光强度之比是多少?

15-5　一束线偏振光垂直入射到一块光轴平行于表面的冰洲石晶片上,入射光的偏振方向与晶片的主截面间成30° 角。已知冰洲石的主折射率 $n_o = 1.66$ 和 $n_e = 1.48$,求:

(1) 透过晶片的寻常光和非常光的光强之比;

(2) 用波长 760 nm 的单色光入射时,若要射出的两偏振光产生$\frac{\pi}{2}$ 的位相差,则晶片的最小厚度应为多少?

习题参考答案

习题 10

10-1 (1) $q' = -\frac{\sqrt{3}}{3}q$；(2) 与三角形的边长无关。

10-2 $f = \frac{q^2}{2\varepsilon_0 S}$。

10-3 $E = \frac{\lambda}{2\pi\varepsilon_0 R}$。

10-4 (1) $E = \begin{cases} = 0, & (r < R_1), \\ = \frac{\lambda}{2\pi\varepsilon_0 r}, & (R_1 < r < R_2), \\ = 0, & (r > R_2); \end{cases}$ (2) $U_{12} = \frac{\lambda}{2\pi\varepsilon_0}\ln\frac{R_2}{R_1}$。

10-5 (1) $U = \begin{cases} = \frac{Q_1}{4\pi\varepsilon_0 R_1} + \frac{Q_2}{4\pi\varepsilon_0 R_2}, & r \leqslant R_1, \\ = \frac{Q_1}{4\pi\varepsilon_0 r} + \frac{Q_1 + Q_2}{4\pi\varepsilon_0 R_2}, & R_1 < r < R_2, \\ = \frac{Q_1 + Q_2}{4\pi\varepsilon_0 r}, & r \geqslant R_2, \end{cases}$ (图略)； (2) $U_{12} = \frac{Q_1}{4\pi\varepsilon_0}\left(\frac{1}{R_1} - \frac{1}{R_2}\right)$。

10-6 $A = \frac{qq_0}{6\pi\varepsilon_0 R}$。

10-7 $\boldsymbol{E} = -2a(x\boldsymbol{i} + y\boldsymbol{j}) - 2bz\boldsymbol{k}$。

10-8 (1) $U = \frac{Q}{4\pi\varepsilon_0 R_1}$；(2) $U = \frac{Q}{4\pi\varepsilon_0 R_1}$。

10-9 $q_B = -1 \times 10^{-7}$ C；$q_C = -2 \times 10^{-7}$ C；$U_A = 2.3 \times 10^3$ V。

10-10 $U_{AB} = 86$ V。

10-11 $E_A = 998$ V/m；$U = 12.5$ V。

10-12 $W_e = \frac{Q^2}{8\pi\varepsilon}\left(\frac{1}{R_1} - \frac{1}{R_2}\right)$。

习题 11

11-1 略。

11-2　$B=\frac{\mu_0 I}{2\pi R}\left(1-\frac{\sqrt{3}}{2}\right)+\frac{\mu_0 I}{12R}$,方向垂直纸面向里。

11-3　$B=6.4\times10^{-5}$ T。

11-4　$R_2=2R_1$。

11-5　(1) $\Phi_m=0.24$ Wb;(2) $\Phi_m=0$;(3) $\Phi_m=0.24$ Wb。

11-6　(1) $B=4.0\times10^{-5}$ T;(2) $\Phi_m=2.2\times10^{-6}$ Wb。

11-7　(1) $B_o=\frac{\mu_0 Ir^2}{2\pi a(R^2-r^2)}$;(2) $B_{o'}=\frac{\mu_0 Ia}{2\pi(R^2-r^2)}$。

11-8　板间磁场:$B=\mu_0 j$,方向平行于板且垂直于电流;板外磁场:$B=0$。

11-9　(1) $B=1.1\times10^{-3}$ T,方向垂直于纸面向里;(2) 1.6×10^{-8} s。

11-10　(1) $F_{CD}=8.0\times10^{-4}$ N,方向垂直 CD 向左;

$F_{EF}=8.0\times10^{-5}$ N,方向垂直 EF 向右;

$F_{CF}=9.2\times10^{-5}$ N,方向垂直 CF 向上;

$F_{DE}=9.2\times10^{-5}$ N,方向垂直 DE 向下;

(2) 合力 $F=7.2\times10^{-4}$ N,方向垂直于 CD 向左;合力矩为 0。

11-11　$F=\frac{\mu_0 I^2}{\pi^2 R}$,方向沿 y 轴负向。

11-12　$p_m=\frac{I\pi}{2}(R_2^2-R_1^2)$,方向垂直纸面向外;

$M=\frac{IB\pi}{2}(R_2^2-R_1^2)$,方向在纸面内垂直磁场向上。

11-13　(1) $H=200\ \mathrm{A\cdot m^{-1}}$, $B_0=2.5\times10^{-4}$ T;

(2) $H=200\ \mathrm{A\cdot m^{-1}}$, $B=1.05$ T;

(3) $B_0=2.5\times10^{-4}$ T, $B'\approx1.5$ T。

习题 12

12-1　略。

12-2　0.4 V。

12-3　(1) $\frac{\mu_0 R^2}{2r}\frac{\mathrm{d}I}{\mathrm{d}t}$,逆时针方向;(2) $\frac{\mu_0 IR^2 v}{2r^2}$,顺时针方向。

12-4　$\frac{\pi^2 r^2 Bf}{R}$。

12-5　1.6×10^{-8} V,顺时针方向。

12-6　$\frac{1}{6}B\omega l^2$,O 点电势最高。

12-7　$-\frac{1}{2}\pi R^2\frac{\mathrm{d}B}{\mathrm{d}t}$。

12-8 $-\frac{a}{2}\frac{\mathrm{d}B}{\mathrm{d}t}$。

12-9 $\mathscr{E}_{ac}=\left(\frac{\sqrt{3}R^2}{4}+\frac{\pi R^2}{12}\right)\frac{\mathrm{d}B}{\mathrm{d}t}$,方向 $a\rightarrow c$。

12-10 略。

12-11 (1) 6.3×10^{-6} H;(2) -3.1×10^{-6} Wb/s;(3) 3.1×10^{-4} V。

12-12 2.5×10^{-6} J。

习题 13

13-1 $(n-1)d$;$\frac{2\pi(n-1)d}{\lambda}$。

13-2 $\Delta x=\frac{D}{d}\lambda$。

13-3 (1) 使观察屏远离双缝;(2) 使双缝间距变小;(3) 改用波长较大的光源。

13-4 (1) 550 nm;(2) 6.64 μm。

13-5 426 nm。

13-6 1 058 Å。

13-7 4 908 Å。

13-8 (1) 7 000 Å;(2) 14。

13-9 1 μm。

13-10 $r=0.185$ cm。

13-11 $n=1.215$。

习题 14

14-1 3;6。

14-2 明纹。

14-3 (1) $\Delta x_0=0$;(2) $\Delta x_1=15$ mm。

14-4 1 000 nm。

14-5 5.46×10^{-3} m;4.11×10^{-3} m。

14-6 3.5×10^{-6} m。

14-7 0、±1、±3。

14-8 (1) 6×10^{-3} mm;(2) 1.5×10^{-3} mm;
(3) 0、±1、±2、±3、±5、±6、±7、±9、±10,共 17 条。

习题 15

15-1 $\frac{3}{8}$ 倍、$\frac{1}{4}$ 倍、$\frac{1}{8}$ 倍。

15-2　$\frac{2}{5}$。

15-3　$i_b = \arctan\sqrt{2}$。

15-4　2。

15-5　(1) $\frac{1}{3}$；(2) 1.05×10^{-4} cm(或 1.05 μm)。

参考文献

[1] 谢柏林，陈义成. 大学物理教程(下册)[M]. 武汉：武汉理工大学出版社，2014.

[2] 张三慧. 大学物理学(第1册)[M]. 3版. 北京：清华大学出版社，2009.

[3] 廖耀发. 大学物理教程(上册)[M]. 北京：高等教育出版社，2006.

[4] 张晓燕. 大学物理[M]. 北京：高等教育出版社，2015.

[5] 黄文涛，程雪苹. 大学物理(下册)[M]. 上海：上海交通大学出版社，2017.

[6] 宋明玉. 大学物理[M]. 北京：清华大学出版社，2009.

[7] 范中和，王晋国. 大学物理(下册)[M]. 西安：西北大学出版社，2008.

[8] 吴大江. 新世纪物理学[M]. 北京：北京邮电大学出版社，2008.

[9] 郭连权. 大学物理学习指南[M]. 北京：科学出版社，2016.